全本全注全译

（下）

〔宋〕李诫 著
萧炳良 注译

团结出版社

卷第二十九

總例圖樣

圜方方圜圖

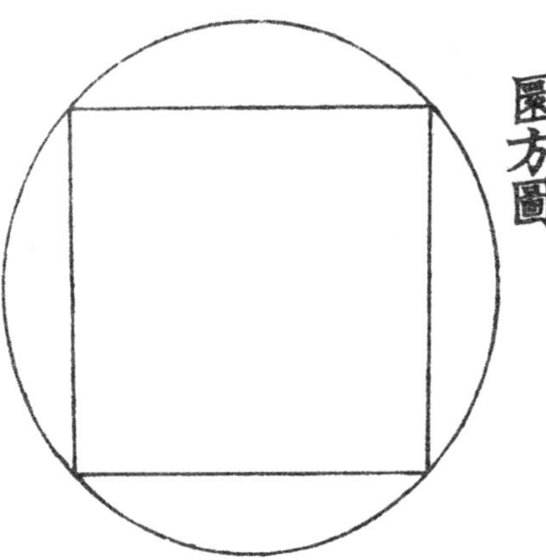

圜方圖

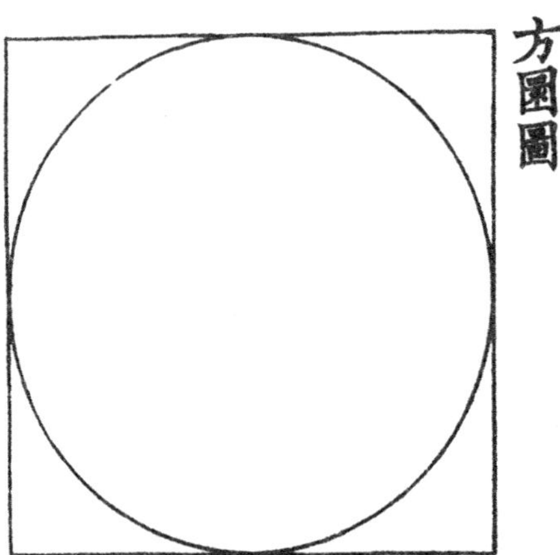

方圜圖

壕寨制度圖様

景表版等第一

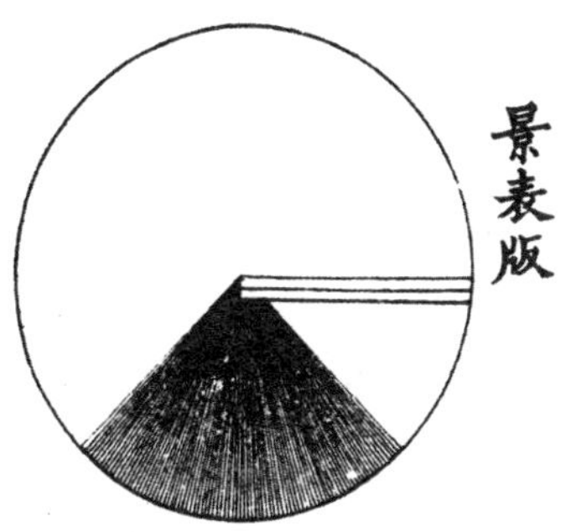

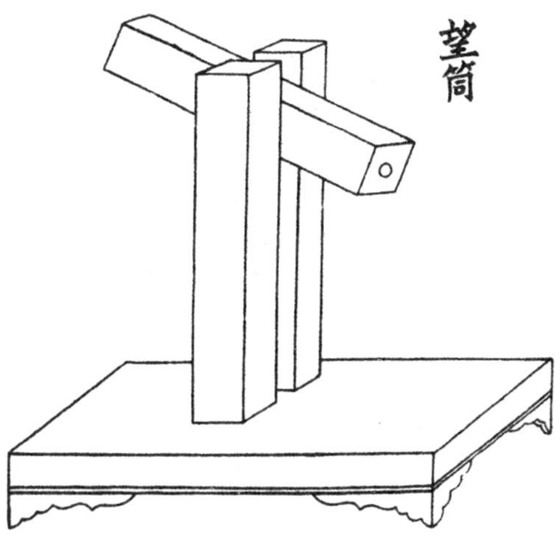

水池景表

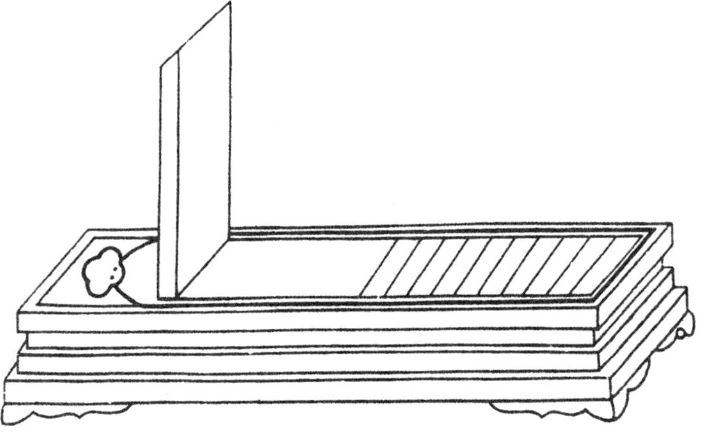

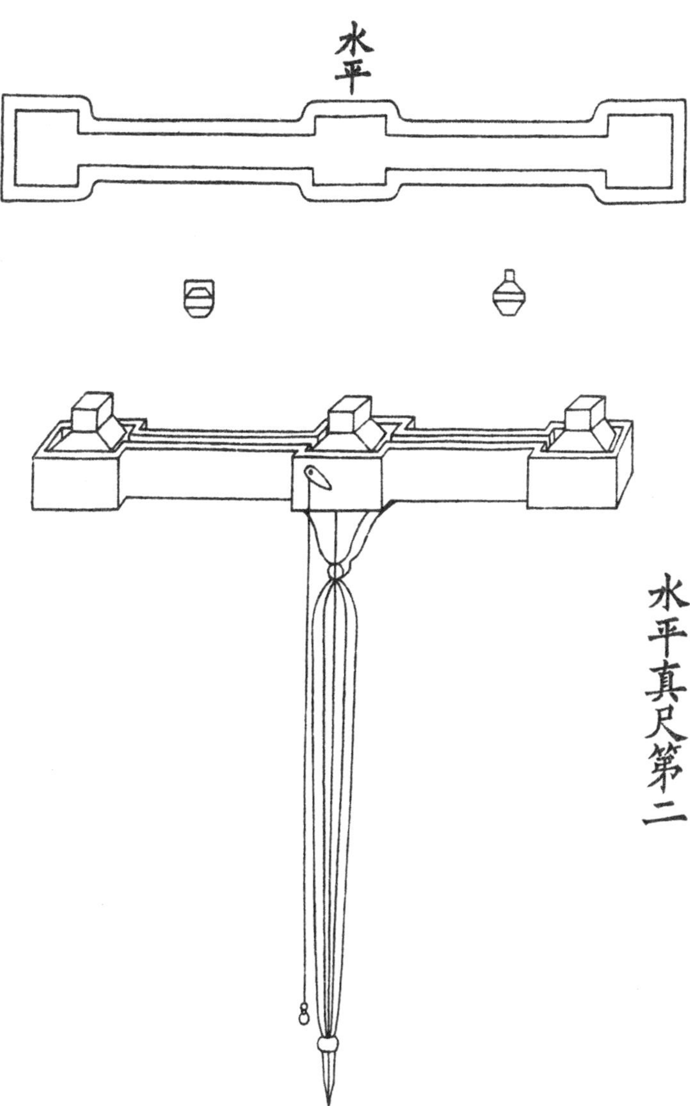

水平真尺第二

真尺

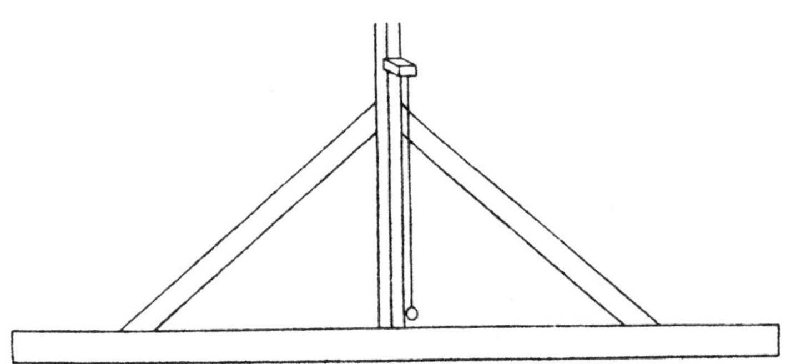

石作制度圖樣

柱礎角石等第一

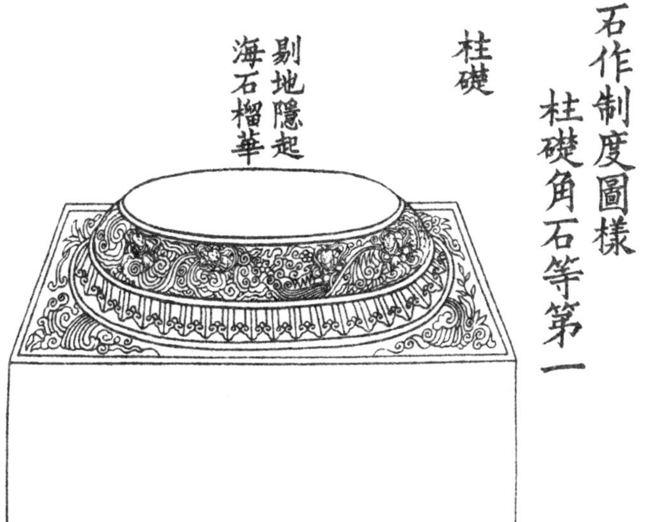

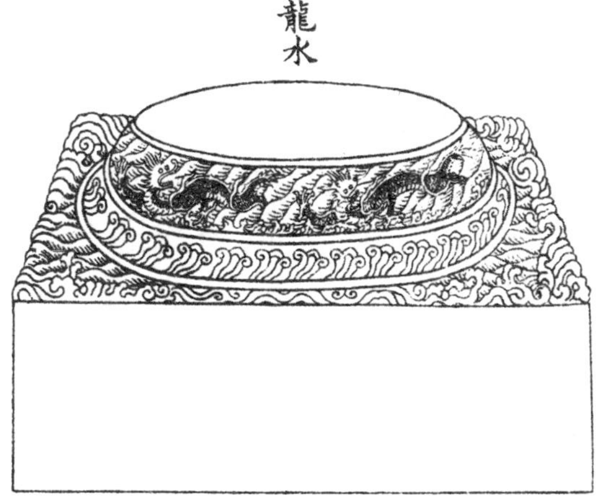

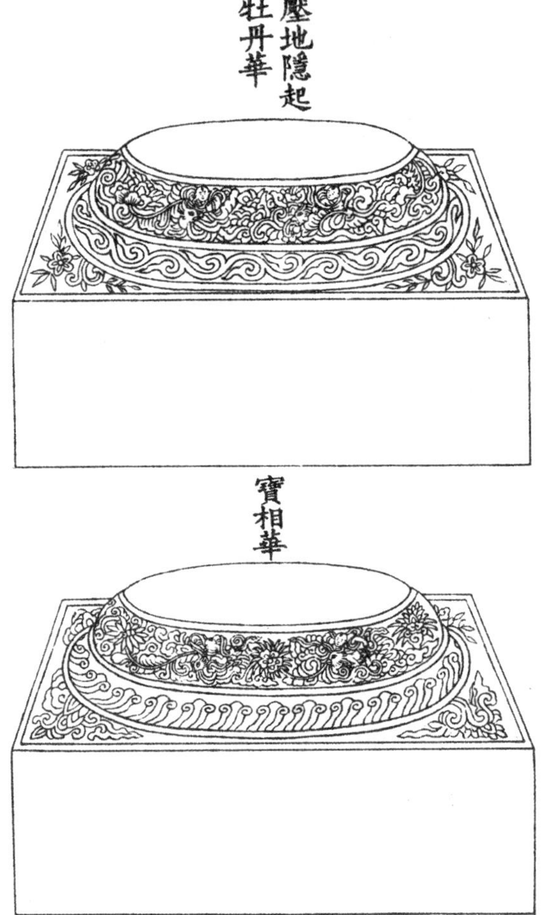
壓地隱起
牡丹華
寶相華

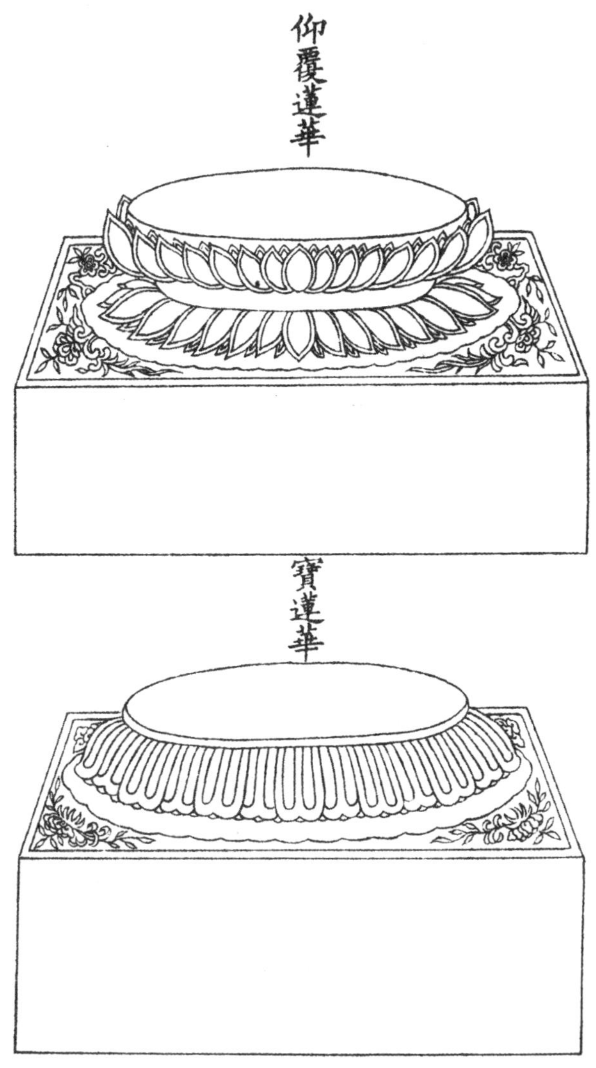
仰覆蓮華
寶蓮華

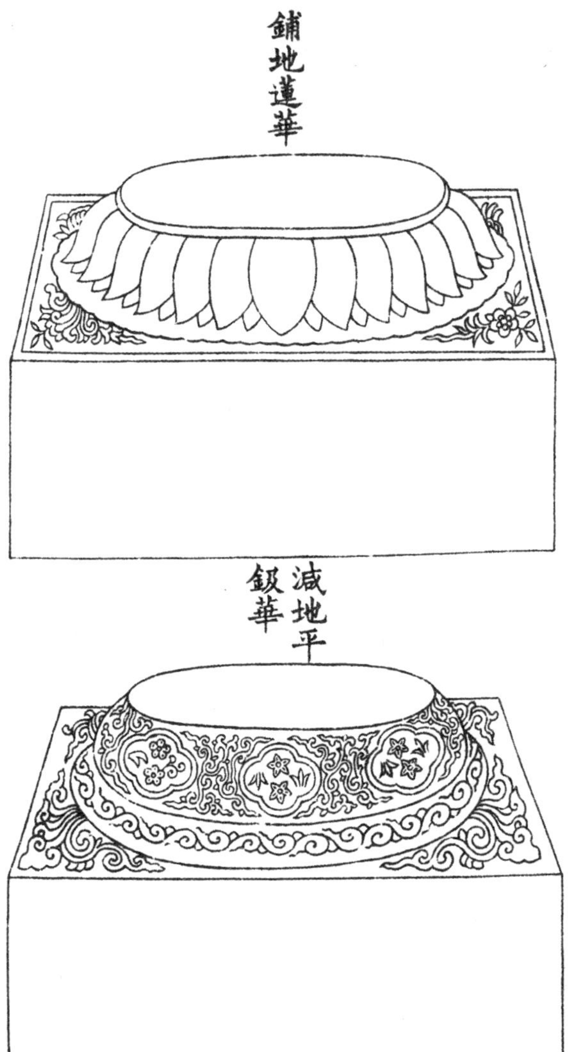
鋪地蓮華
減地平鈒華

角石

剔地起突雲龍

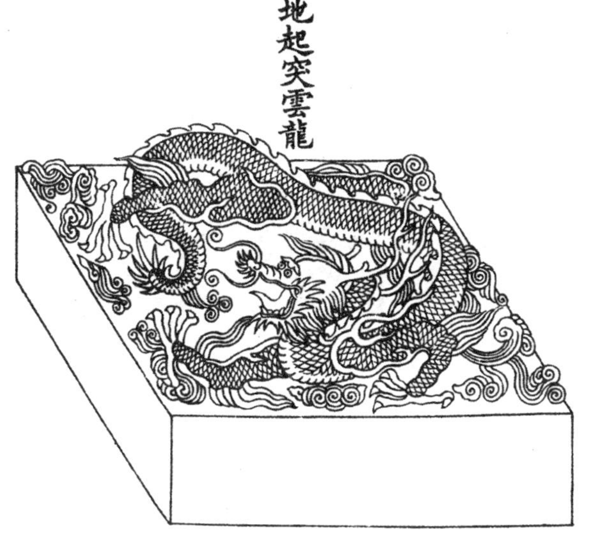

盤鳳

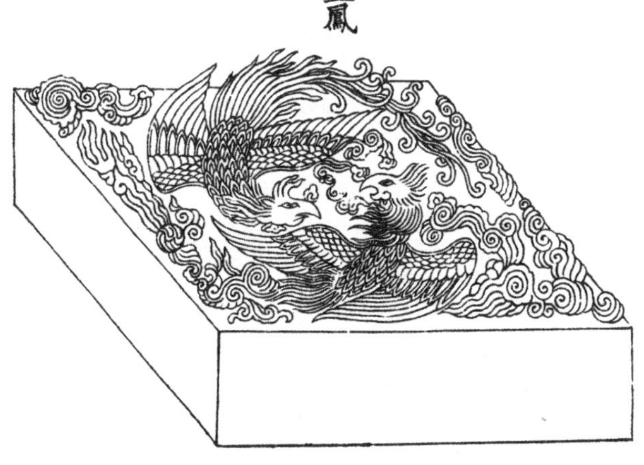

剔地起突師子

壓地隱起海石榴華

階基疊澁坐角柱

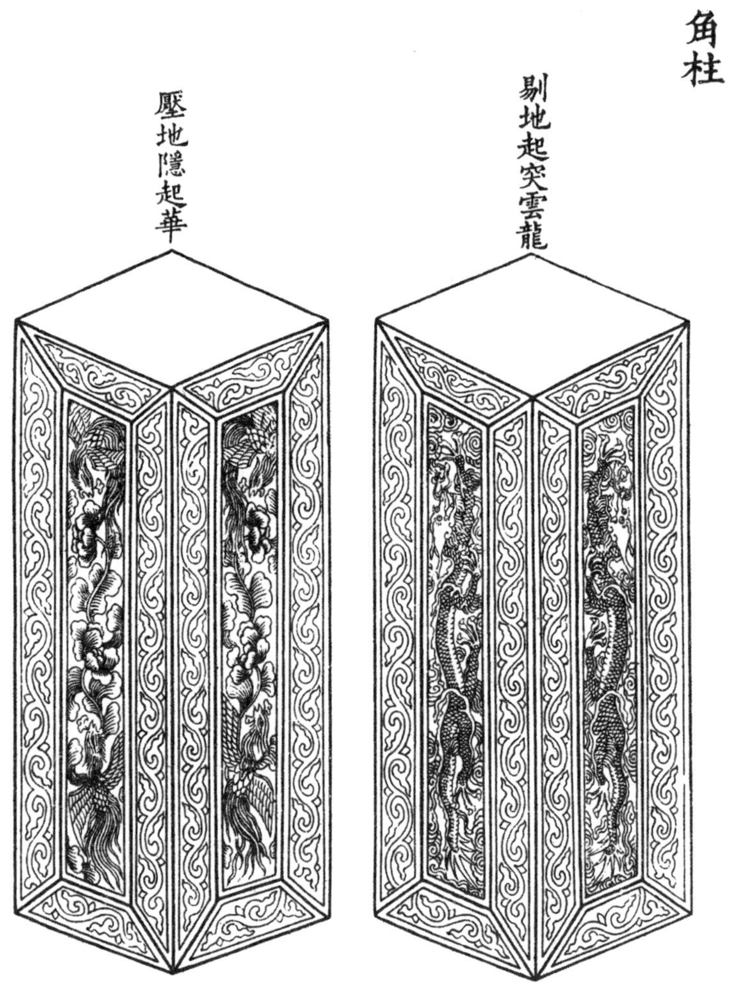
角柱
剔地起突雲龍
壓地隱起華

壓闌石

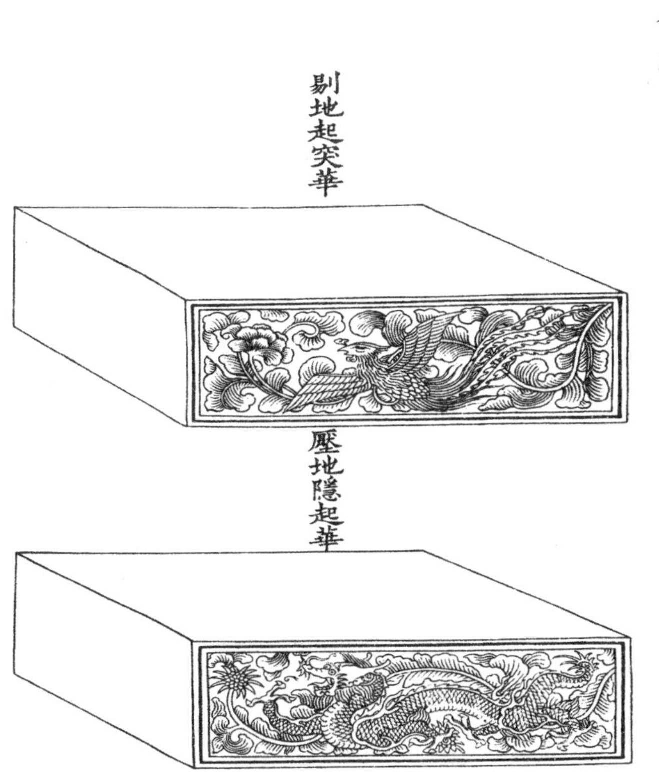

踏道螭首第二

踏道

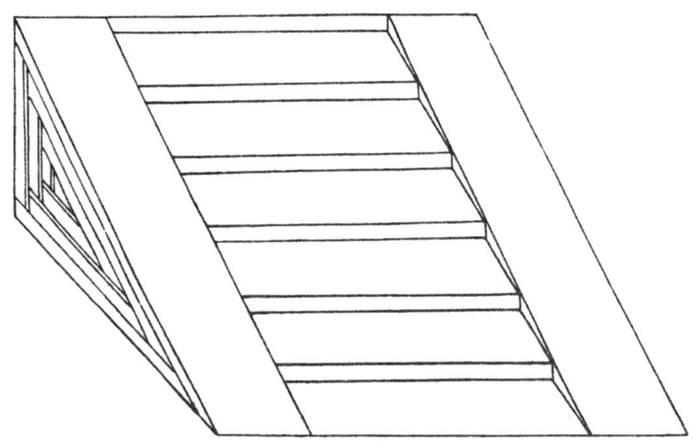

螭首

殿内鬬八第三

殿堂内地面心鬬八

鉤闌門砧第四

重臺鉤闌

單鉤闌

望柱

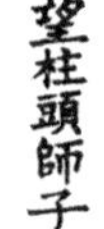

望柱下坐

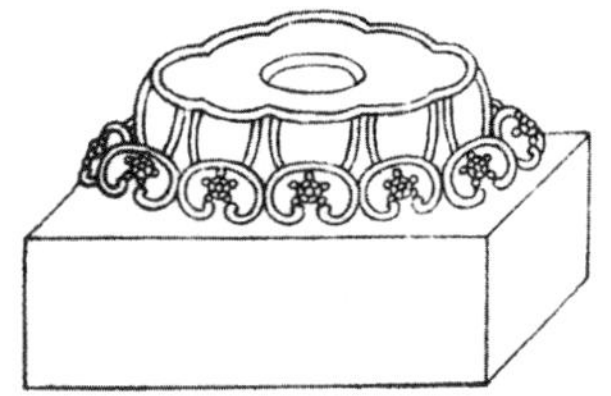

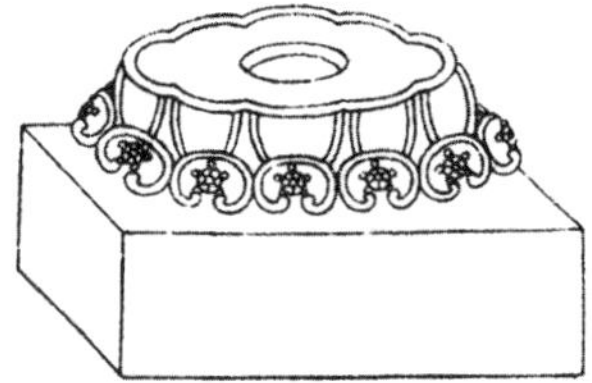

門砧

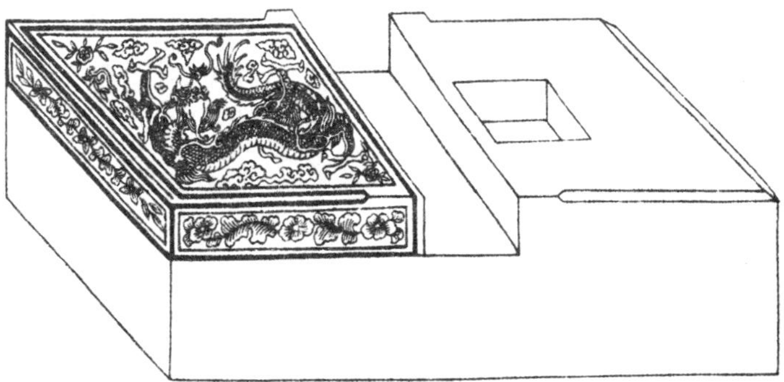

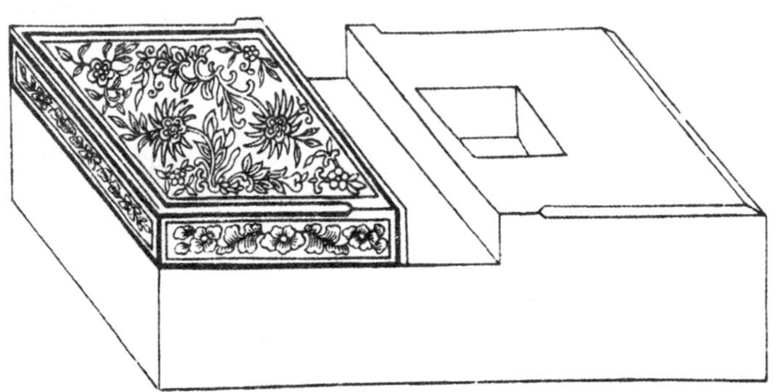

地栿

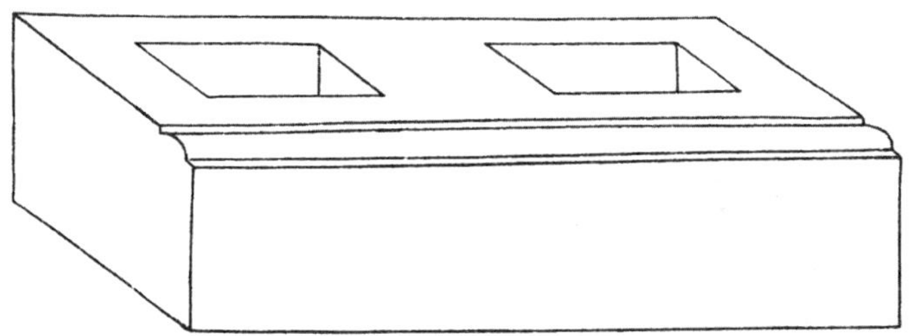

流盃渠第五

國字流盃渠

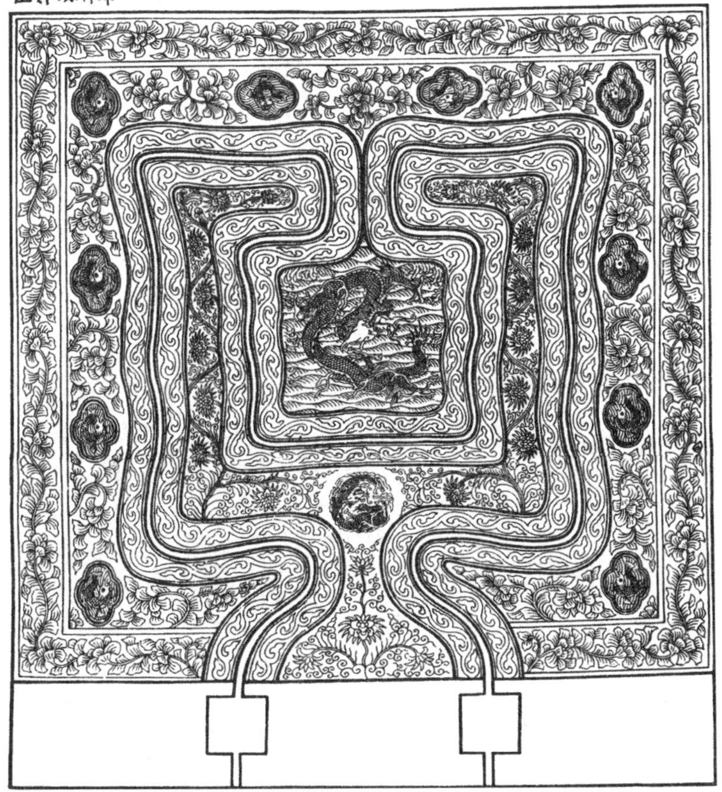

風字流盃渠

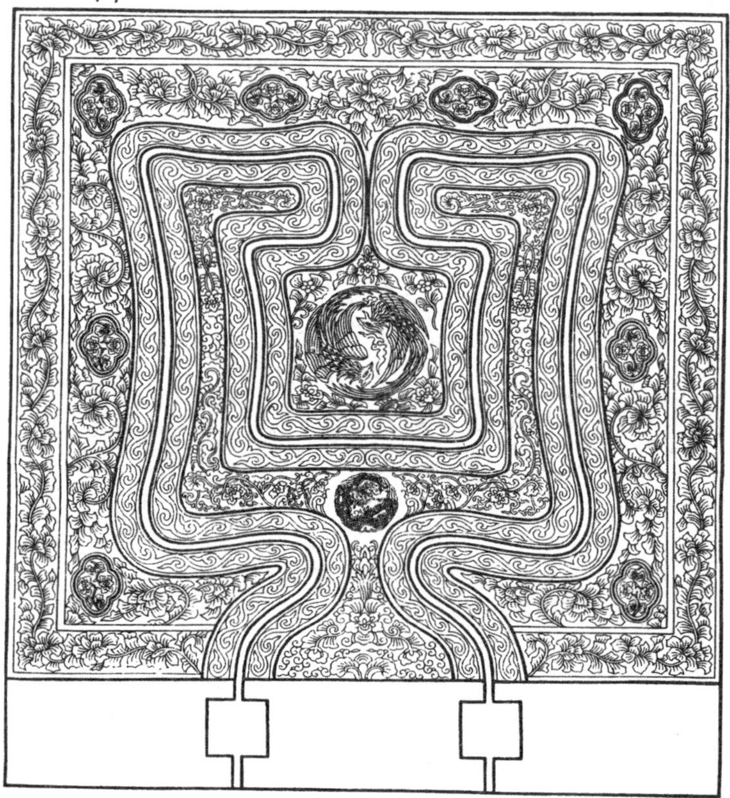

卷第三十

大木作制度图样上

大木作制度圖樣上

栱枓等卷殺第一

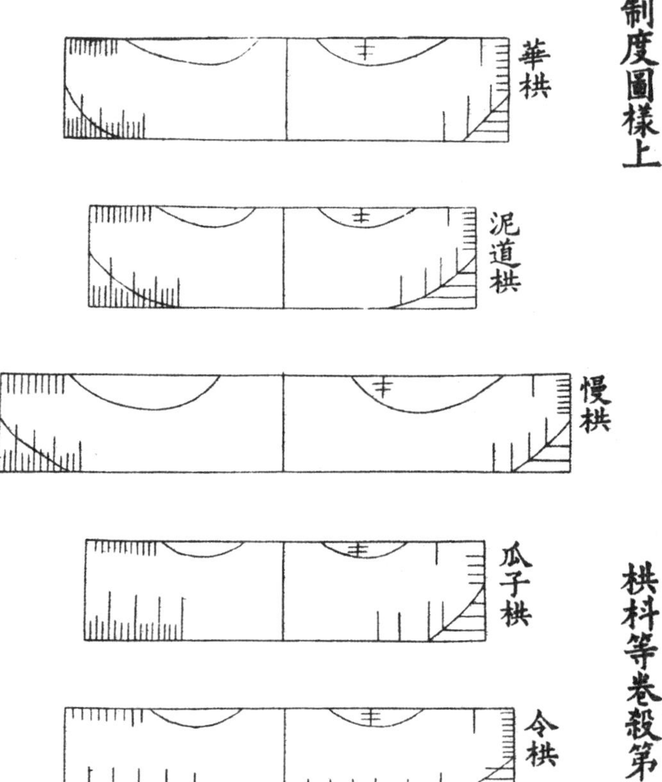

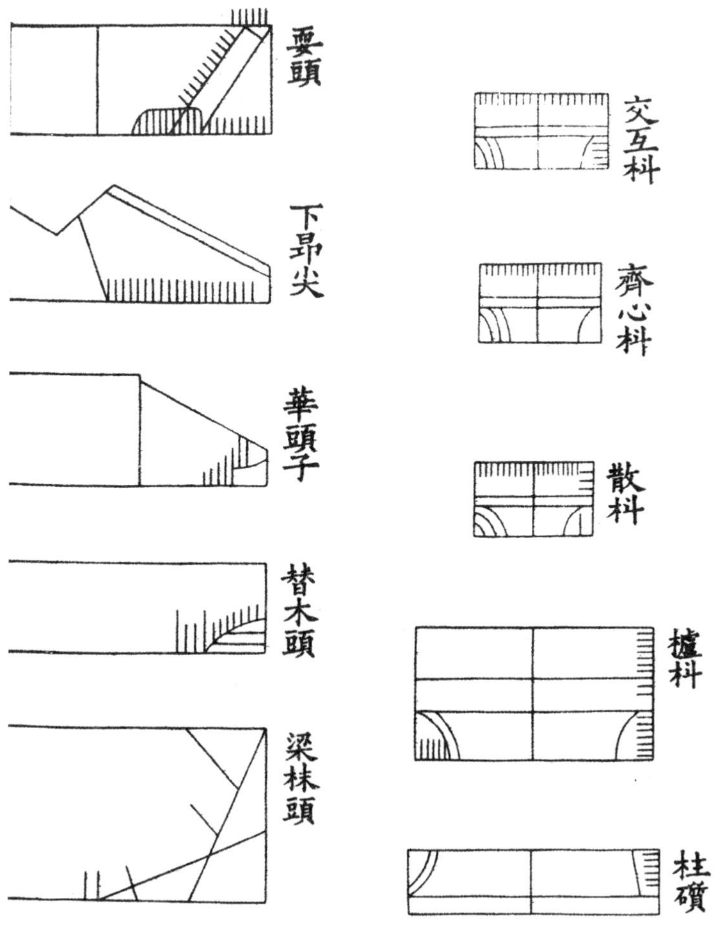
要頭
下昂尖
華頭子
替木頭
梁栿頭
交互枓
齊心枓
散枓
櫨枓
柱礩

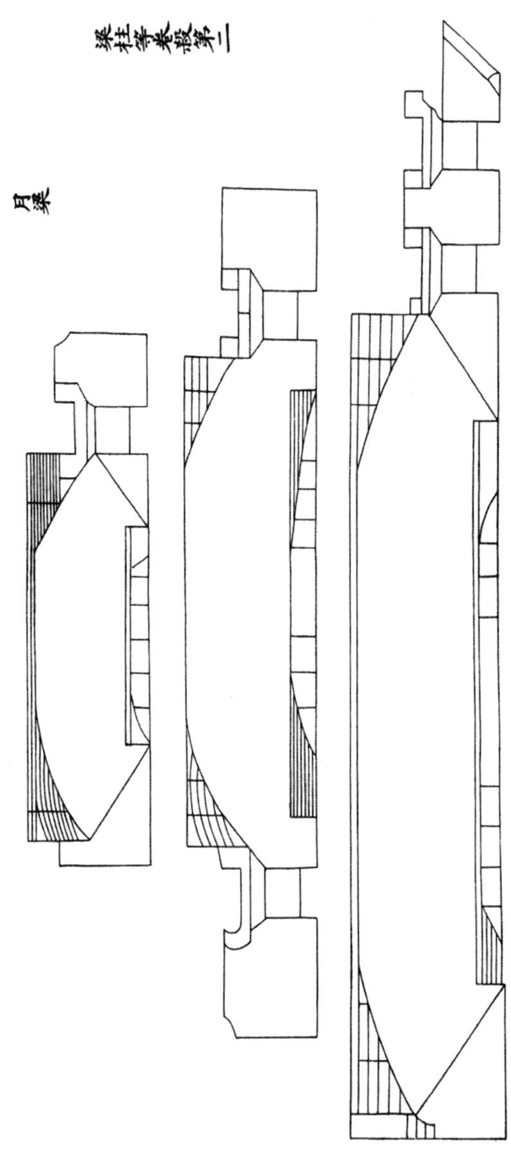
梁柱等卷殺第二
月梁

額肚并柱様

下檐額肚

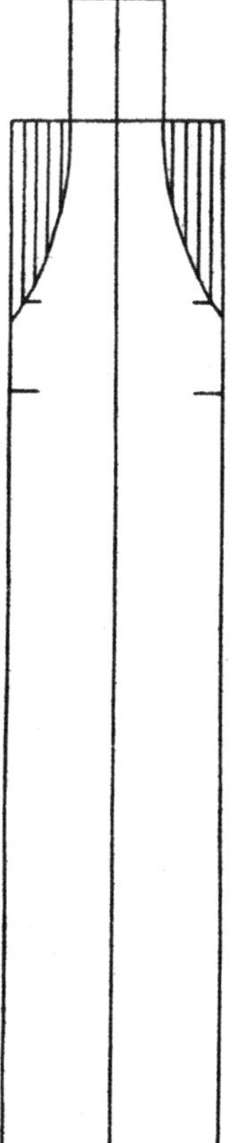

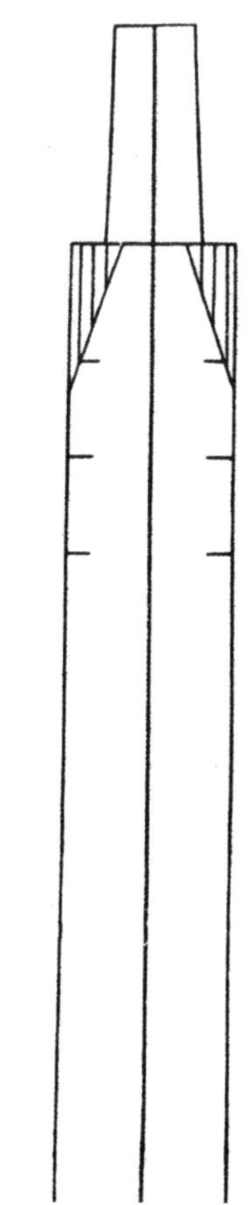

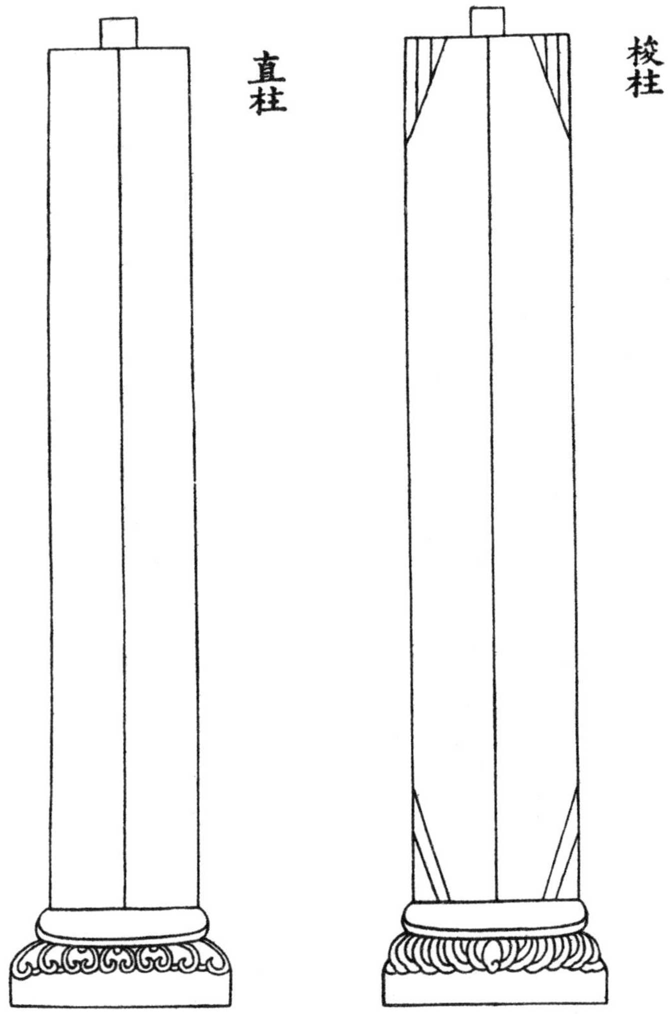
直柱
梭柱

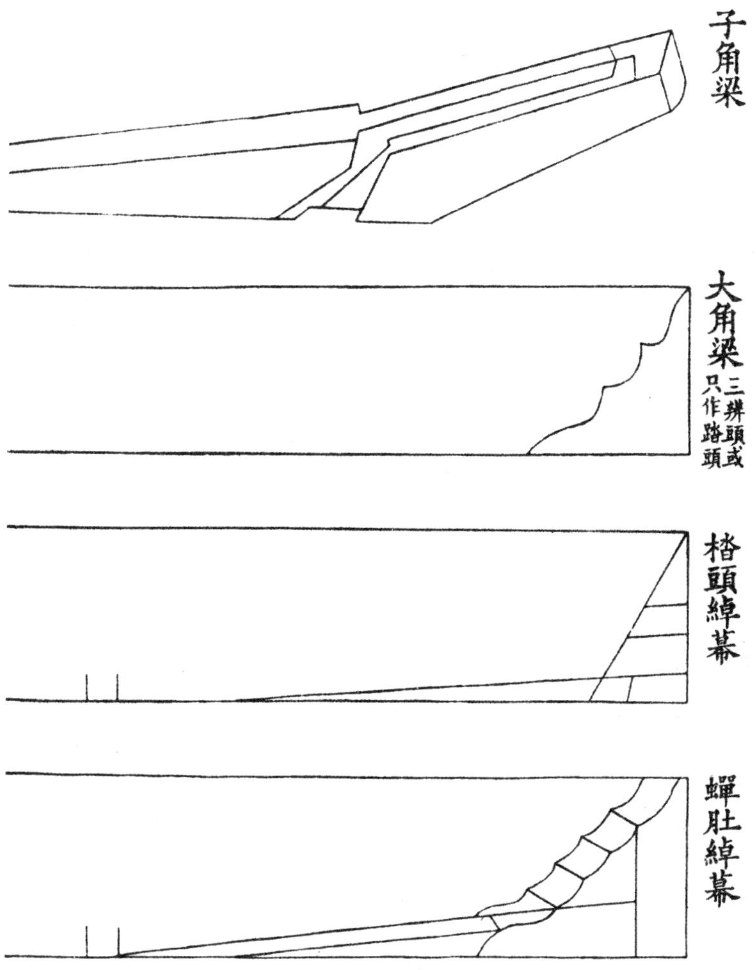
子角梁
大角梁
三瓣頭或只作踏頭
楷頭綽幕
蟬肚綽幕

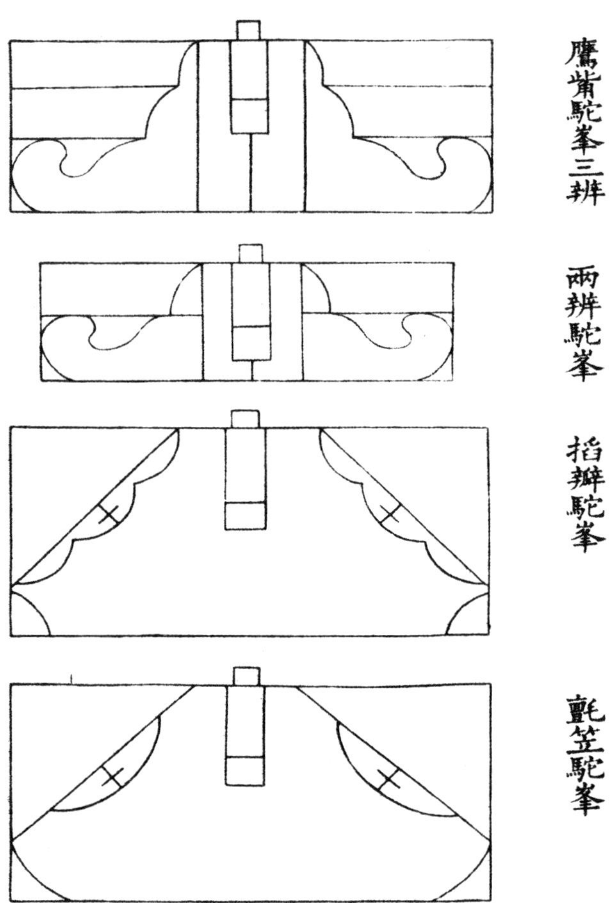
鷹觜駝峯三瓣
兩瓣駝峯
搯瓣駝峯
氊笠駝峯

下昂上昂出跳分數第三

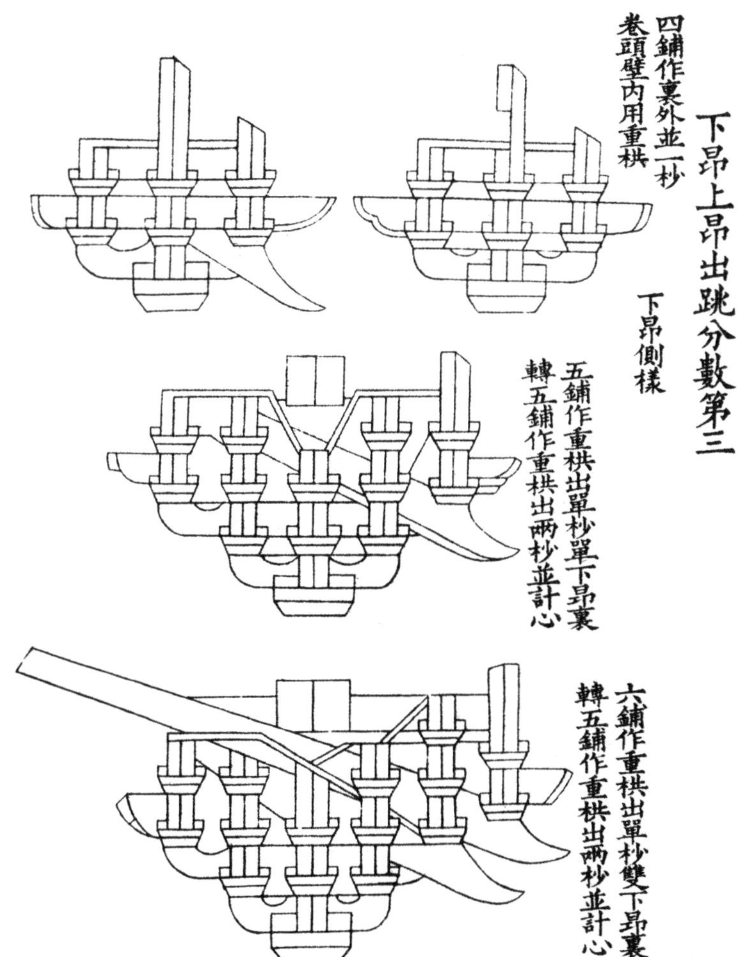
下昂側樣
四鋪作裏外並一杪卷頭壁內用重栱
五鋪作重栱出單杪單下昂裏轉五鋪作重栱出兩杪並計心
六鋪作重栱出單杪雙下昂裏轉五鋪作重栱出兩杪並計心

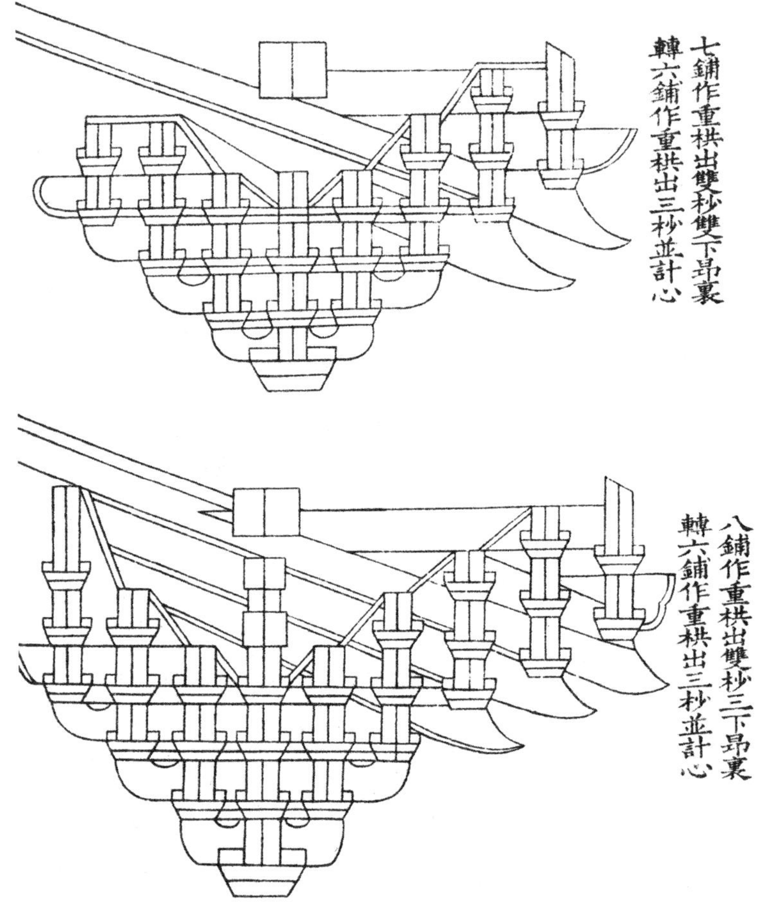

七鋪作重栱出雙杪雙下昂裏
轉六鋪作重栱出三杪並計心
八鋪作重栱出雙杪三下昂裏
轉六鋪作重栱出三杪並計心

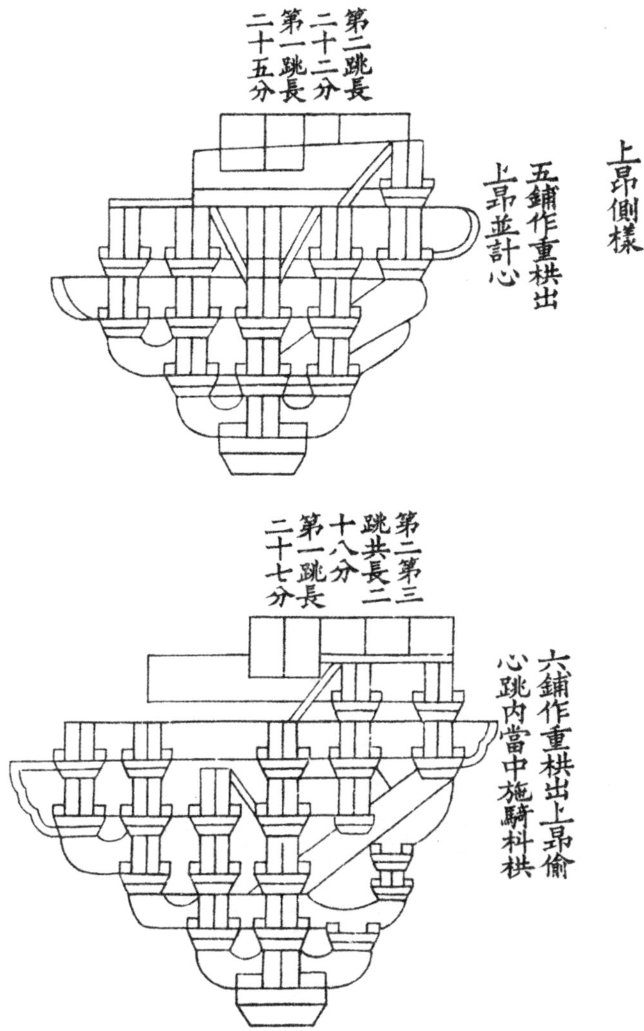
上昂側樣
五鋪作重栱出上昂並計心
第二跳長二十二分
第一跳長二十五分
六鋪作重栱出上昂偷心跳内當中施騎枓栱
第二第三跳共長二十八分
第一跳長二十七分

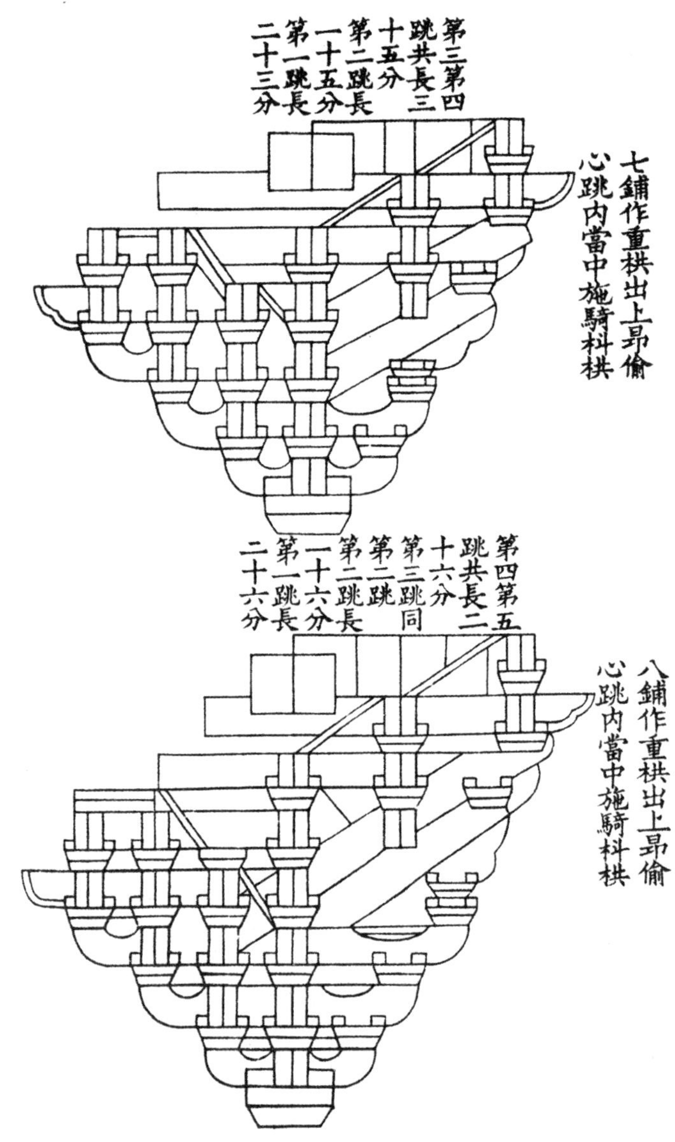
第三第四跳共長三十五分
第二跳長一十五分
第一跳長二十三分
七鋪作重栱出上昂偷心跳内當中施騎枓栱
第四第五跳共長二十六分
第三跳同
第二跳
第二跳長一十六分
第一跳長二十六分
八鋪作重栱出上昂偷心跳内當中施騎枓栱

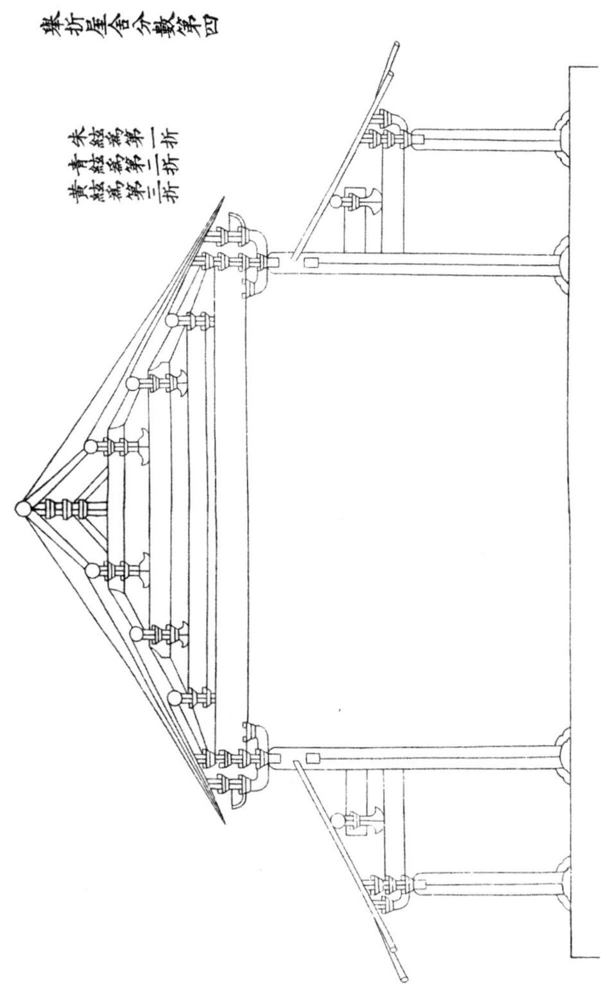
舉折屋舍分數第四
朱弦爲第一折
青弦爲第二折
黃弦爲第三折

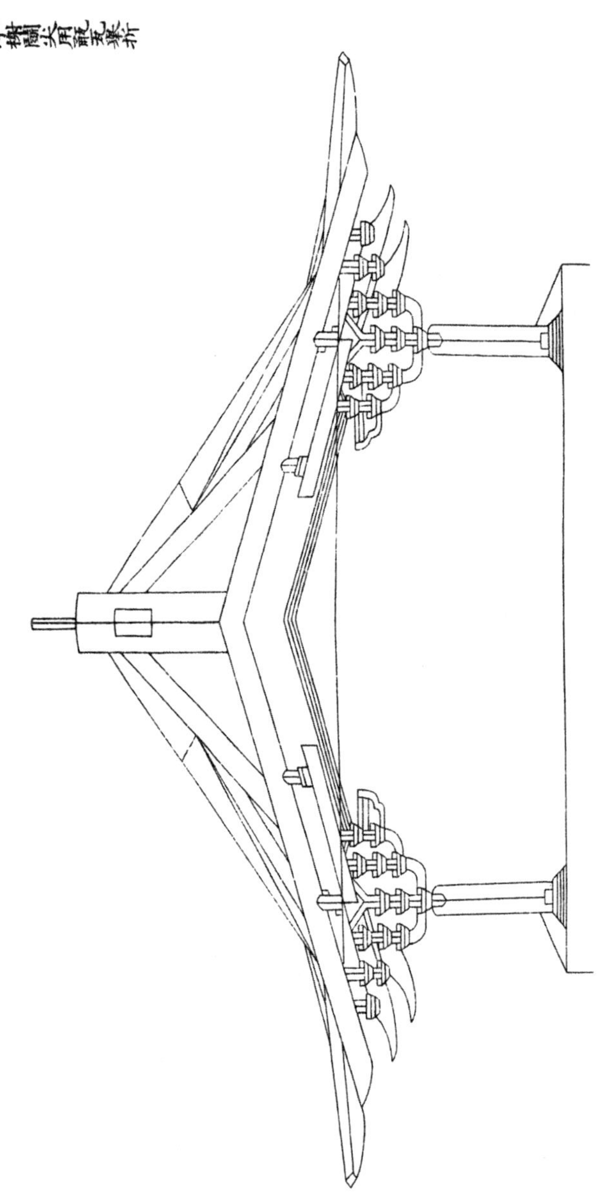

亭榭鬭尖用筒瓦舉折

亭榭鬬尖用瓪瓦舉折

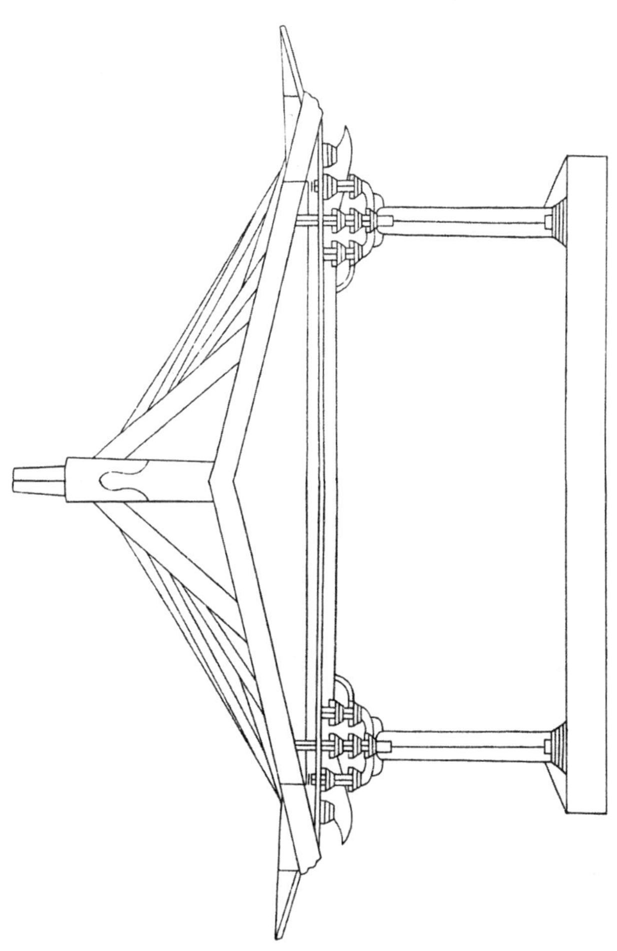

絞割鋪作栱昂枓等所用卯口第五

以五鋪作名件卯口為法其六鋪作以上並隨跳加長

華栱第二跳 外作華頭子如第三跳以上隨跳加長

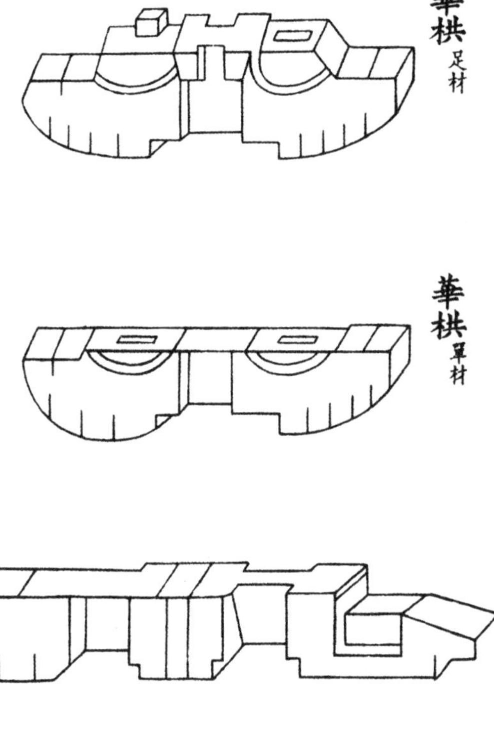

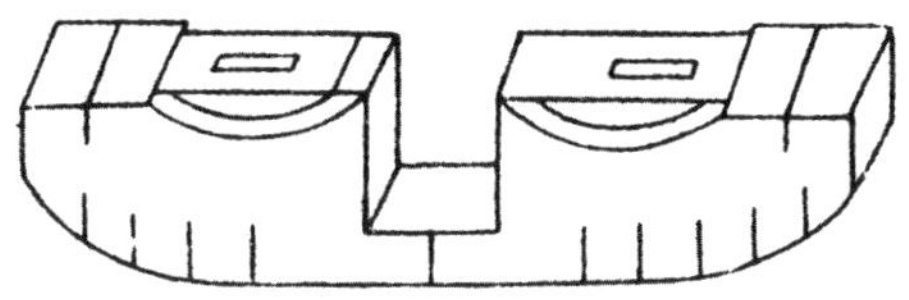

泥道栱 上施闇栔

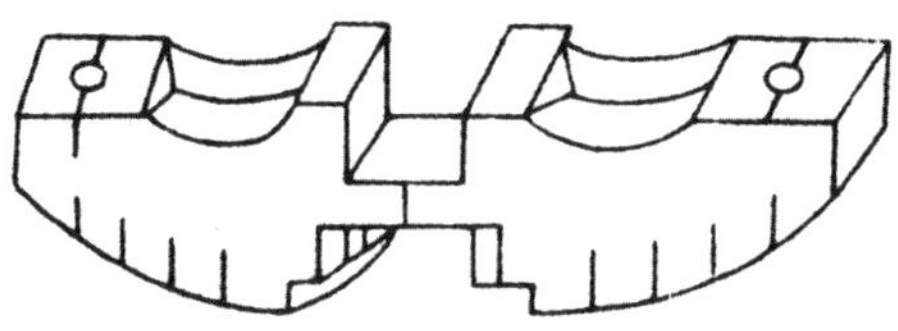

瓜子栱 外跳用

瓜子栱 裏跳用

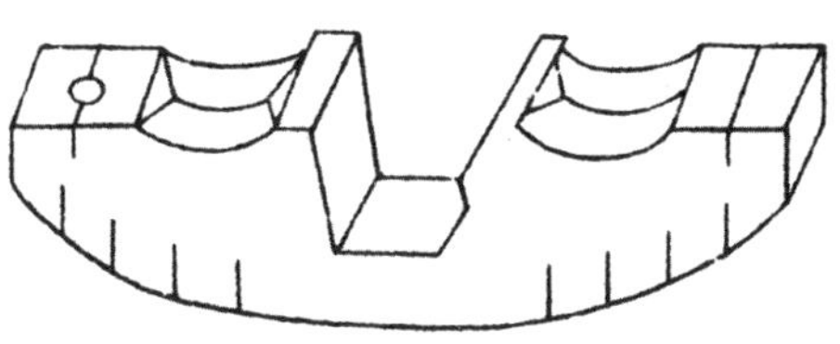

瓜子栱 絞栿用

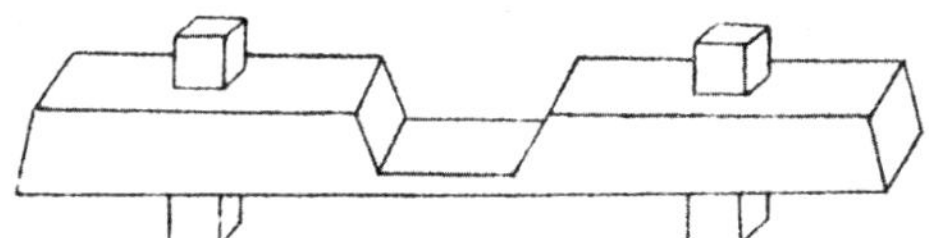

慢栱壁内用上施闇梁

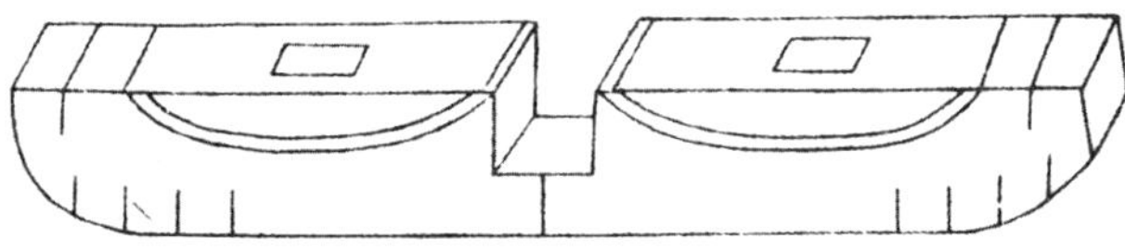

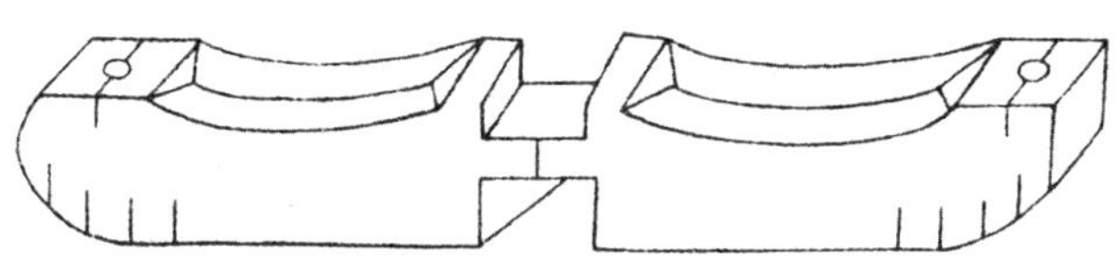

慢栱外跳騎昂用

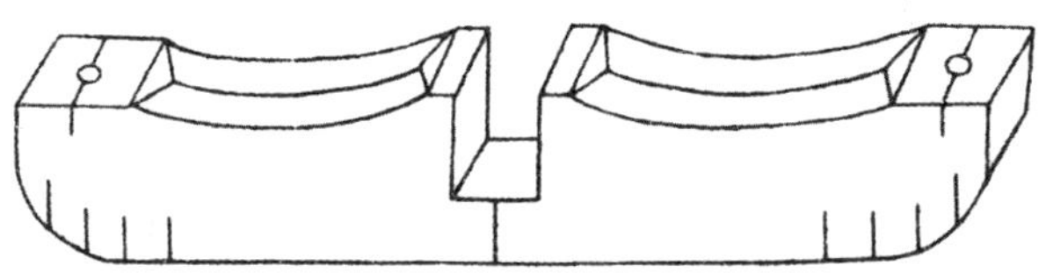

慢栱裏跳用

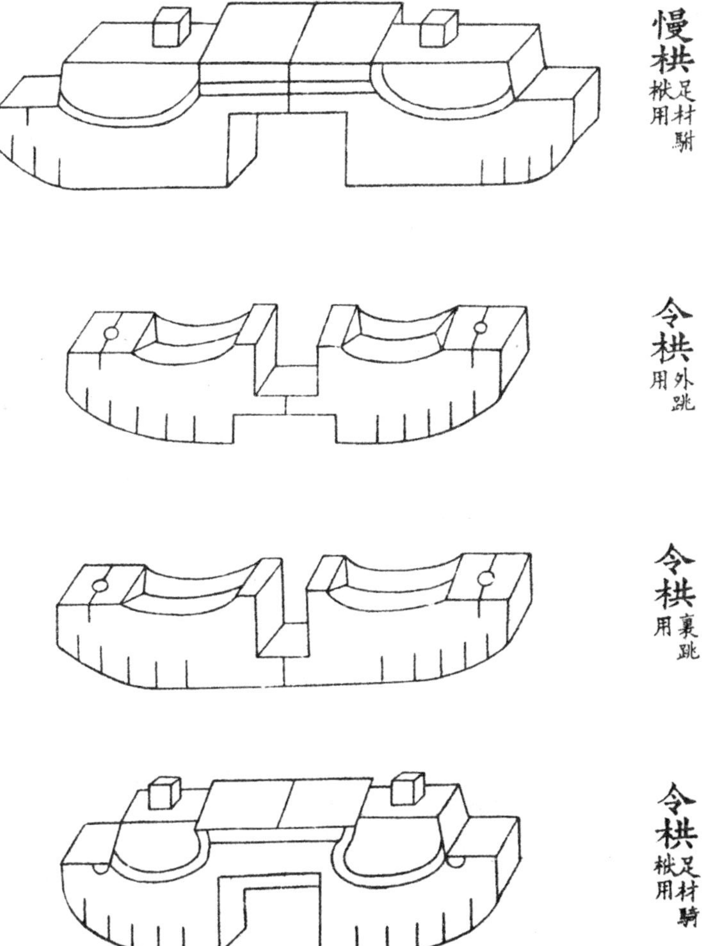
慢栱
騎栿用足材
令栱
外跳用
令栱
裏跳用
令栱
騎栿用足材

華栱與泥道栱相列外跳用

慢栱與華頭子相列外跳用七鋪作以上隨跳加長

瓜子栱與小栱頭相列外跳用

慢栱與切几頭相列外跳用

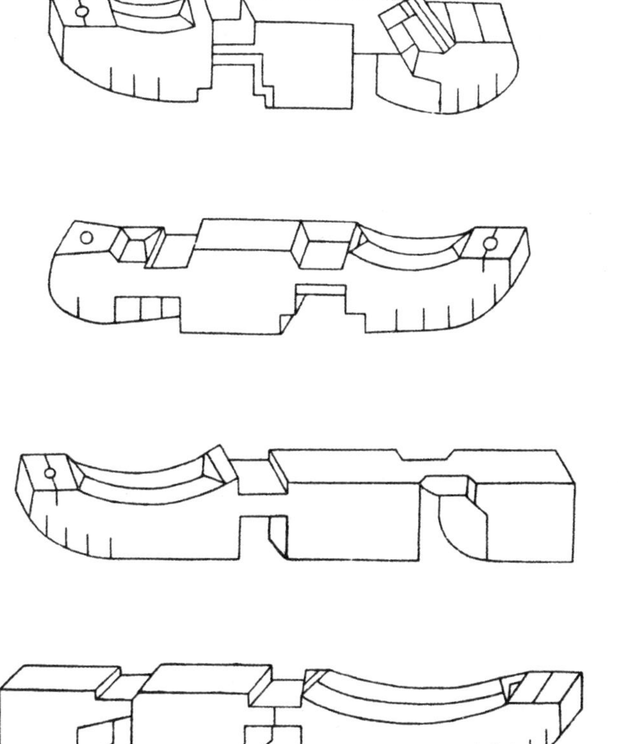

瓜子栱與令栱相列外跳鴛鴦交首栱也六鋪作以上並用瓜子栱

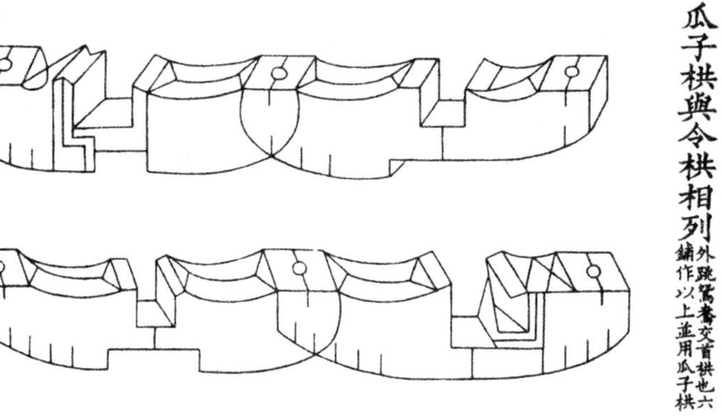

慢栱與切几頭相列裏跳用

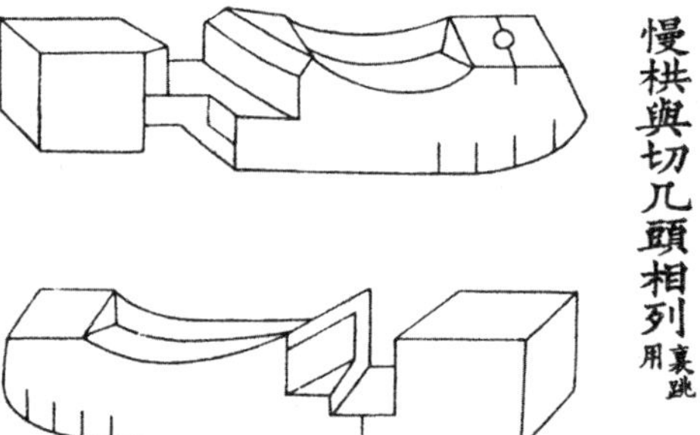

瓜子栱與小栱頭相列 裏跳用

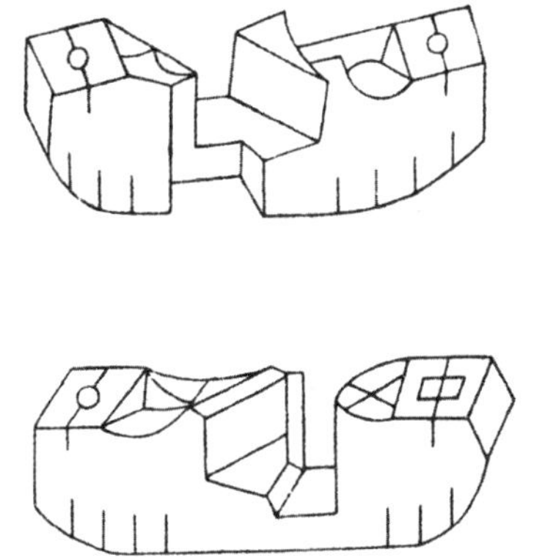

令栱與小栱頭相列 裏跳用

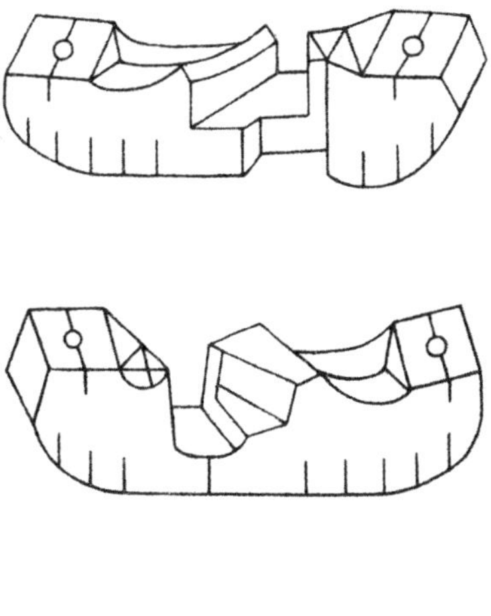

柱頭或補間鋪作内第二跳下昂 第三跳以上隨跳加長

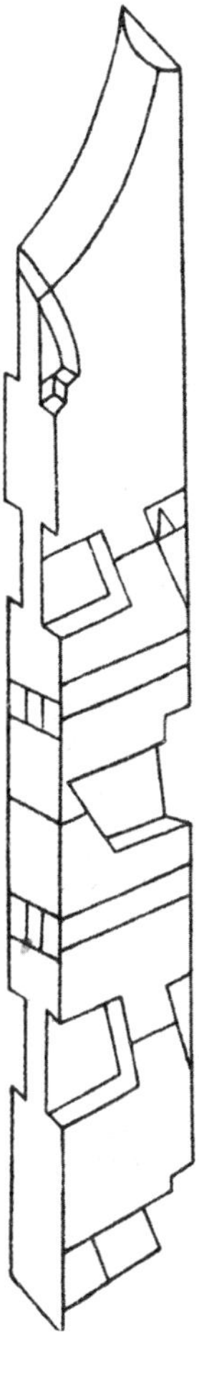

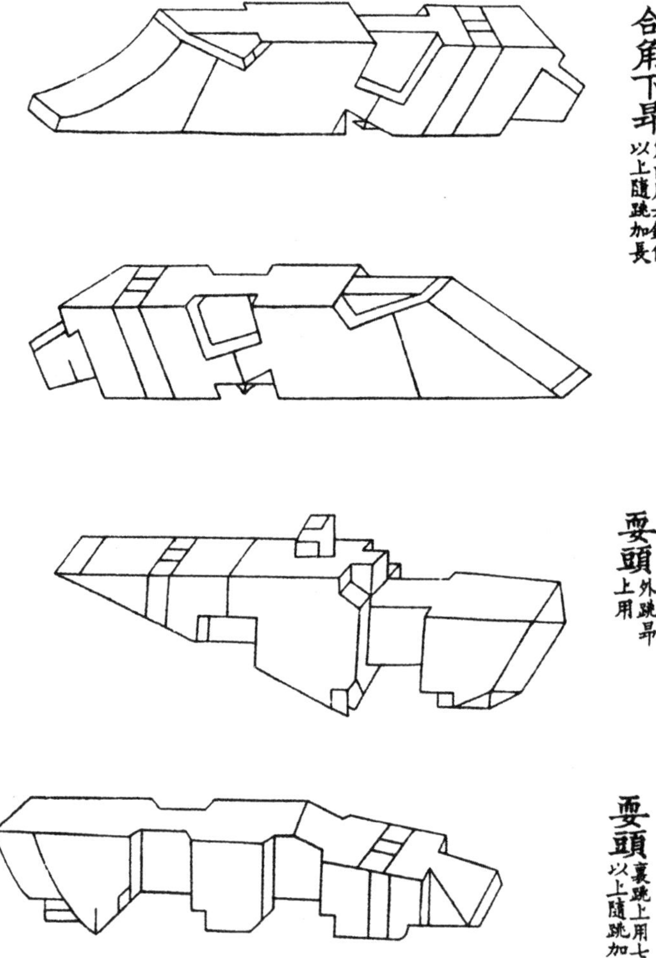
合角下昂
角内用六鋪作以上隨跳加長
耍頭
外跳昂上用
耍頭
裏跳上用七鋪作以上隨跳加長

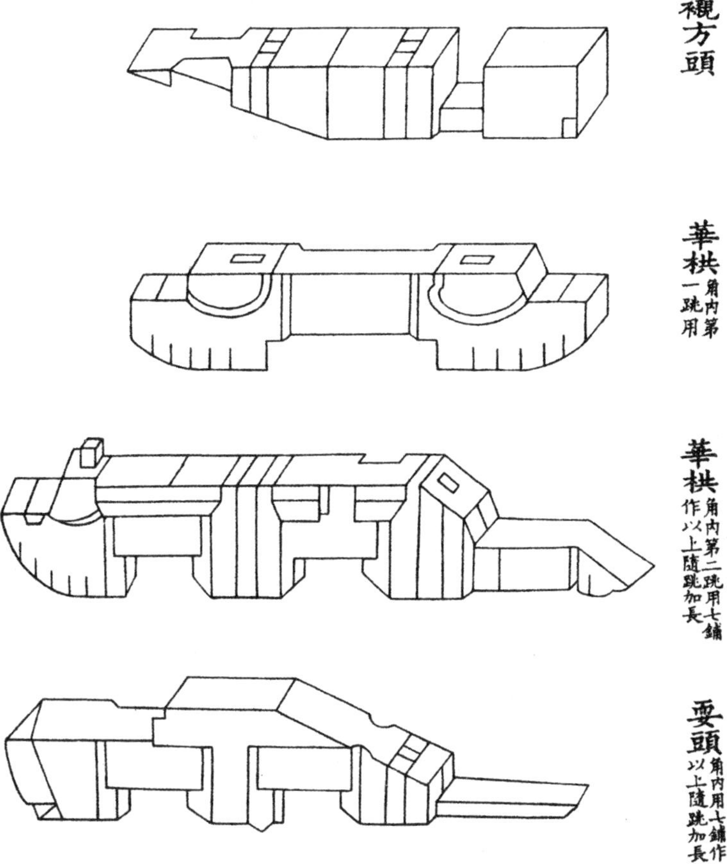
襯方頭
華栱
角內第一跳用
華栱
角內第二跳用七鋪作以上隨跳加長
耍頭
角內用七鋪作以上隨跳加長

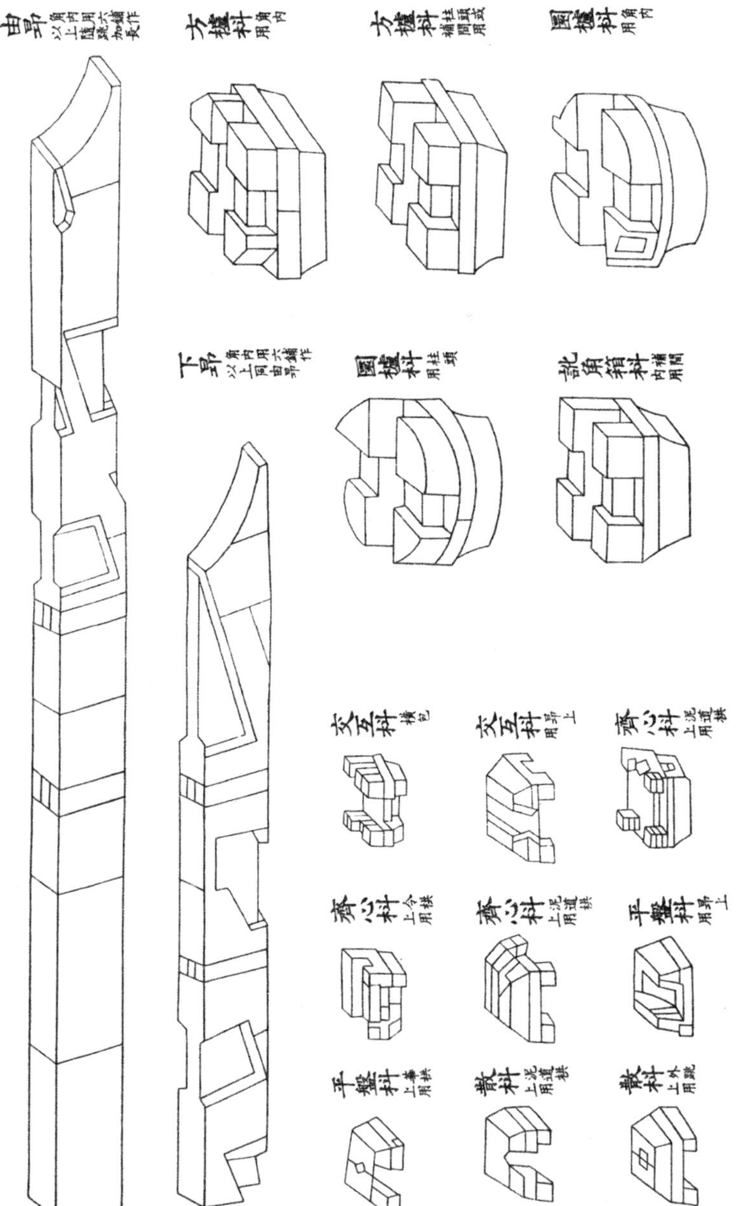
由昂
方櫨枓
方櫨枓
圜櫨枓
下昂
圜櫨枓
訛角箱枓
交互枓
交互枓
齊心枓
齊心枓
齊心枓
平盤枓
平盤枓
散枓
散枓

梁額等卯口第六

梁柱 鑷口鼓卯

梁柱 鼓卯

梁柱對卯 藕批搭掌 簫眼穿串

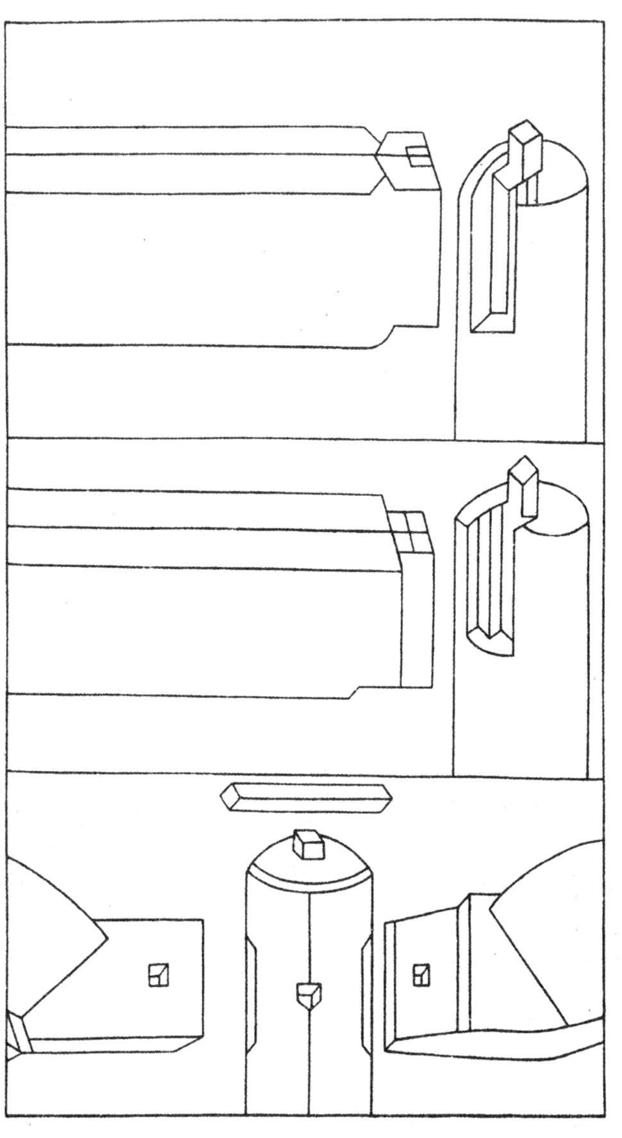

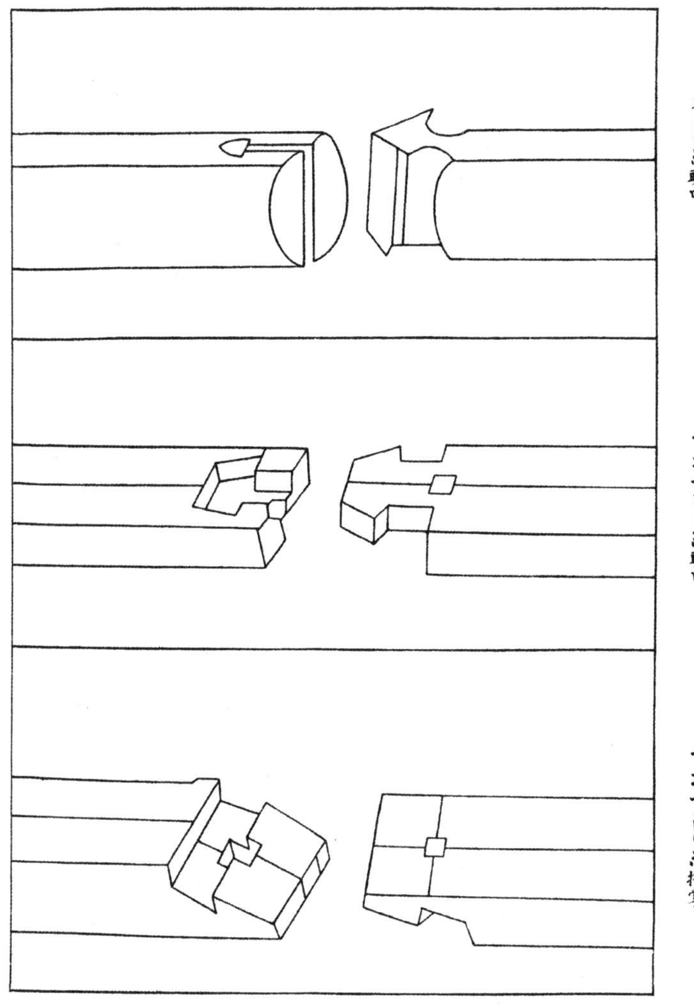
榑間縫螳螂頭口
普拍方間縫螳螂頭口
普拍方間縫勾頭搭掌

合柱鼓卯第七

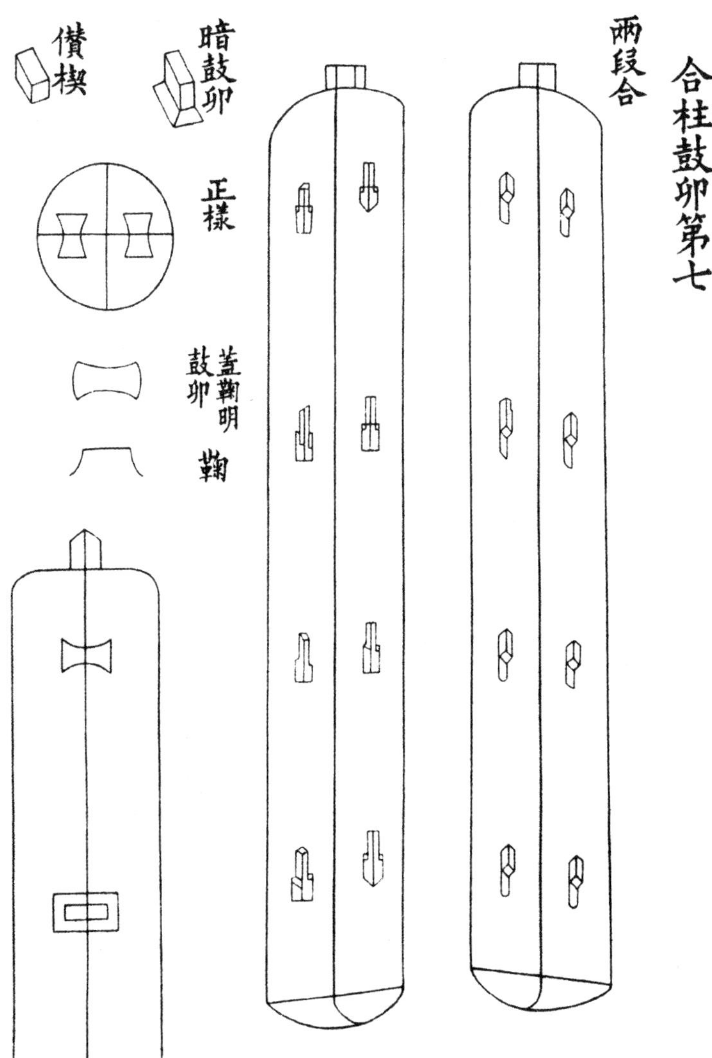

三段合 四段合同

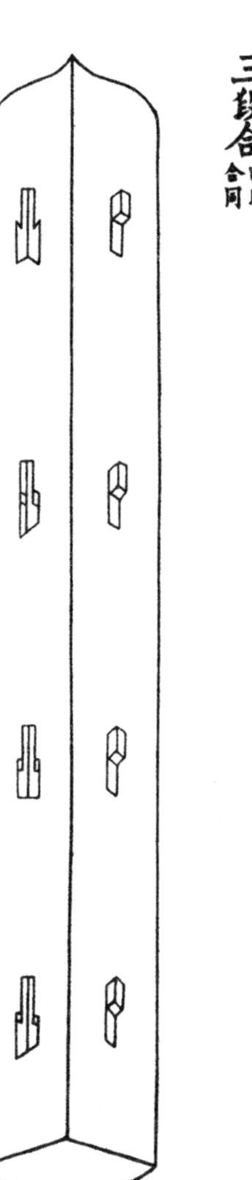

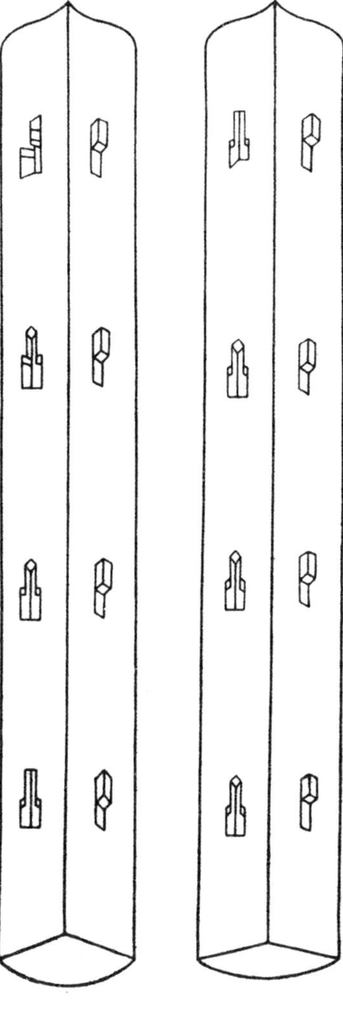

槫縫襻間第八

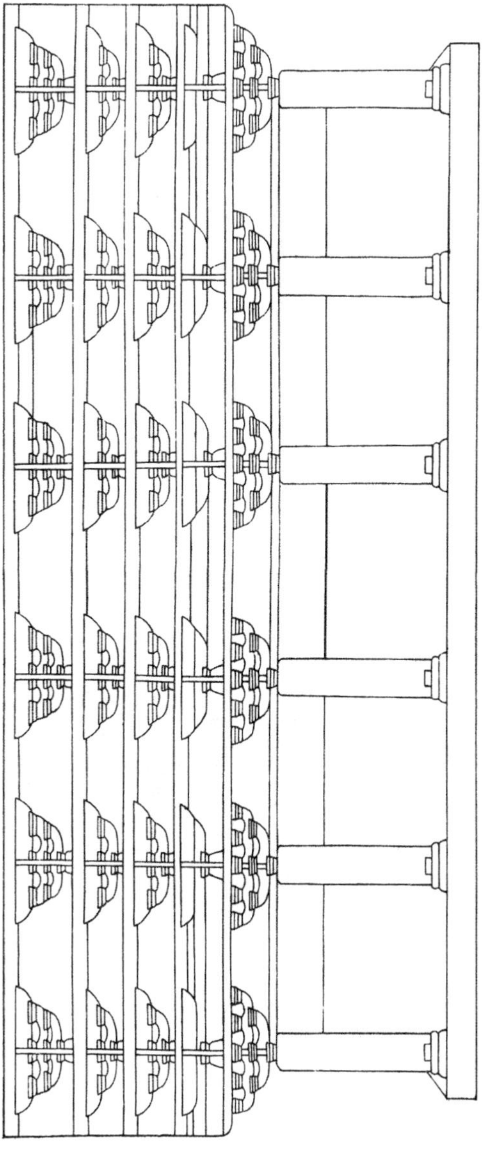

兩材襻間

單材襻間

捧節令栱

實拍襻間

鋪作轉角正樣第九

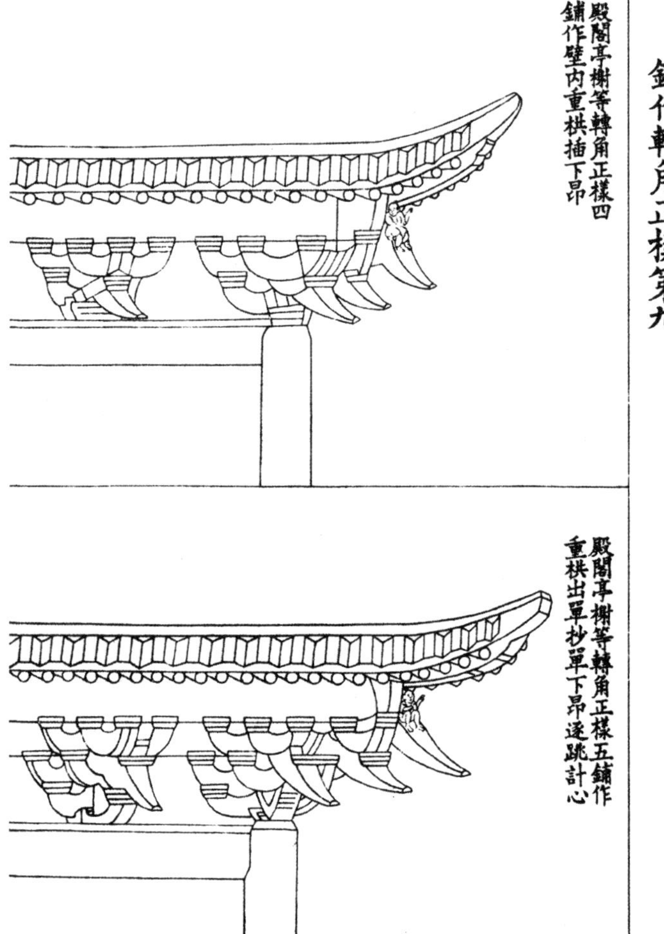

殿閣亭榭等轉角正樣四鋪作壁内重栱插下昂

殿閣亭榭等轉角正樣五鋪作重栱出單抄單下昂逐跳計心

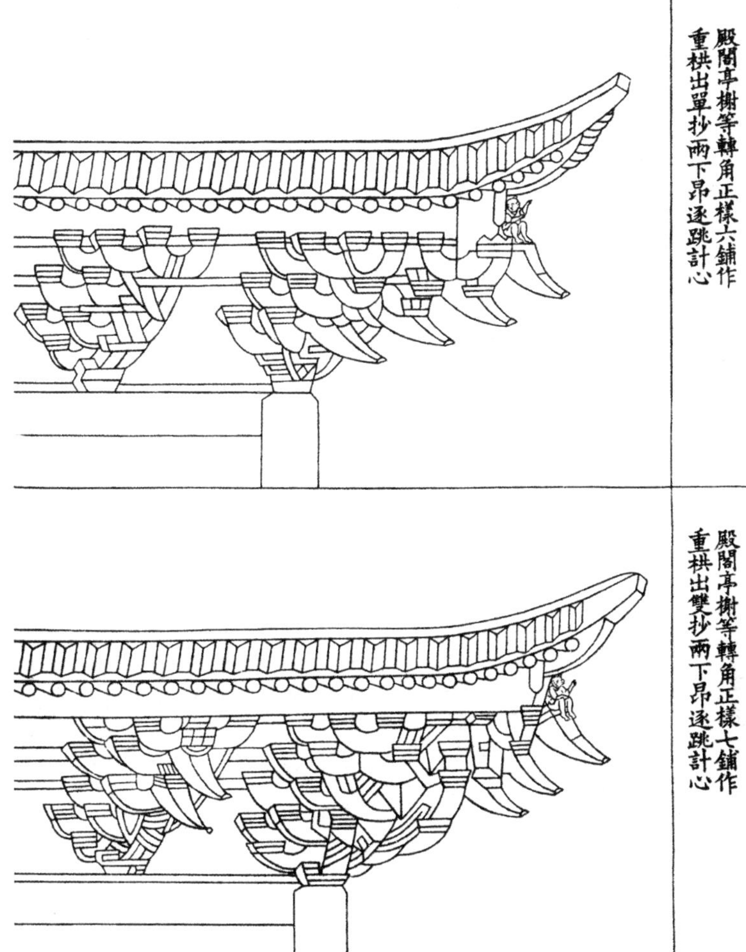

殿閣亭榭等轉角正樣六鋪作重栱出單抄兩下昂逐跳計心

殿閣亭榭等轉角正樣七鋪作重栱出雙抄兩下昂逐跳計心

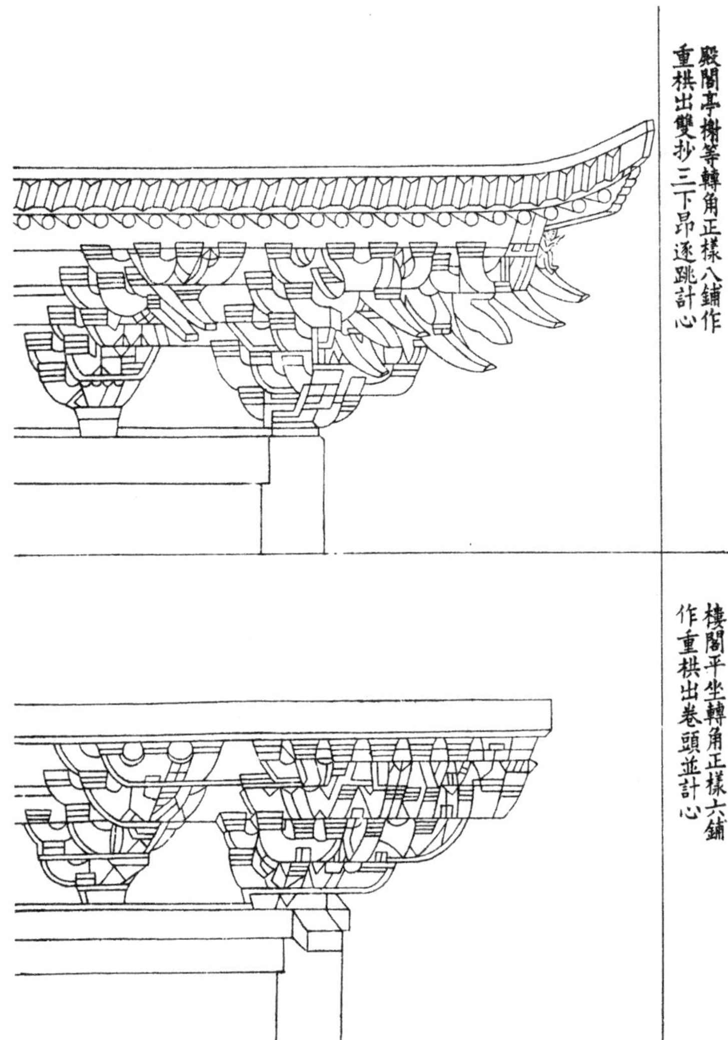

殿閣亭榭等轉角正樣八鋪作重栱出雙抄三下昂逐跳計心

樓閣平坐轉角正樣六鋪作重栱出卷頭並計心

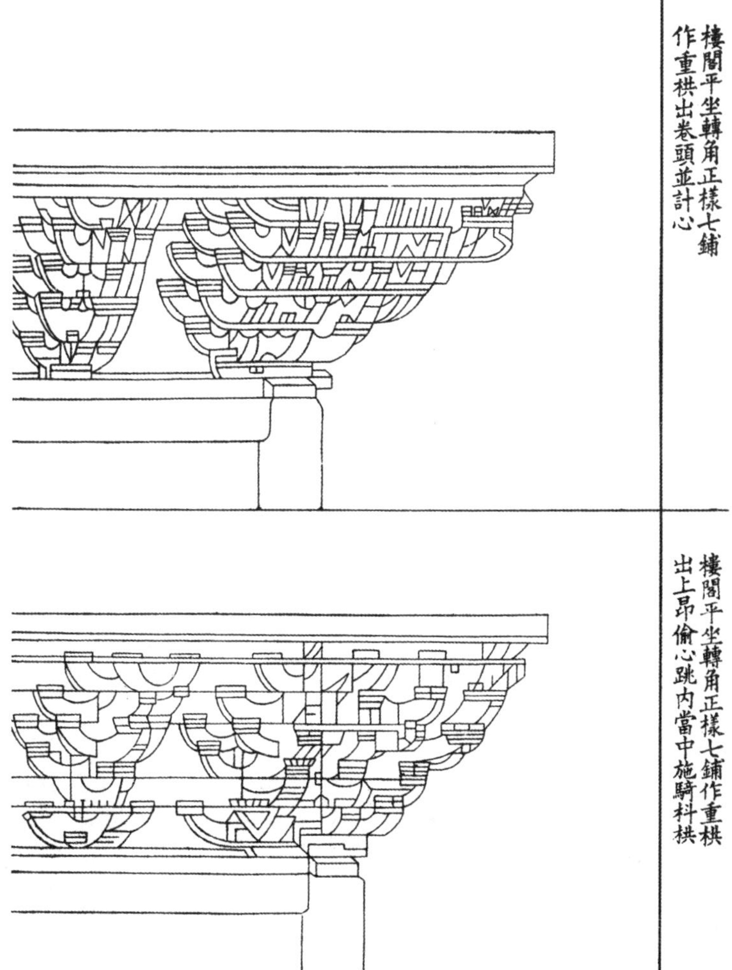

樓閣平坐轉角正樣七鋪作重栱出卷頭並計心

樓閣平坐轉角正樣七鋪作重栱出上昂偷心跳内當中施騎枓栱

栱斗等卷殺第一

斗科相傳規矩以斗口尺寸爲定論如斗口（即拱昂中之口）一寸應定瓜拱長六寸二分萬拱應長九寸二分廂拱應長七寸二分此三種拱子用於柱外爲外拽單彩瓜拱外拽單彩萬拱外拽廂拱（此不稱單彩者僅此一種無他分別只分裏外）俱以斗口二份定高單彩者應除去一升底六分應定高一寸四分以斗口一份定厚一寸○柱内裏拽單彩各拱子相同外拽尺寸○正心瓜拱正心萬拱（在柱中者）長同單彩惟按二斗口定高二寸以斗口一寸應加三分定厚一寸三分○此五種拱子勿論三彩五彩起至十一彩止僅用此五種拱子而已惟分別裏外拽頭層二層名稱庶免相混以上拱子等件係用於宮殿正面○柱中心正身上之側面斗科統謂之出彩料件○坐斗以斗口二份定高二寸以三份定長三寸以斗口一寸加三分定進深一寸三分○出彩頭二層上下翹頭出彩頭二層上下昂及耍頭撐頭俱以斗口二份定高二寸以斗口一份定厚一寸槽桁椀定長厚同出彩料高以舉架定之（說見後）出彩各料以幾彩幾拽架定長○拽架以斗口一寸三份定之每拽架應寬三寸○螞蚱頭六分頭蘇葉頭等以一拽架定長○正心枋同正心拱子裏外拽枋同單彩拱子定高厚以面闊定長○瓜三萬四廂五言之以分定拱彎之瓣也起二回三搭拉十而定昂嘴之斜垂也以升腰二份三份定之餘仿此

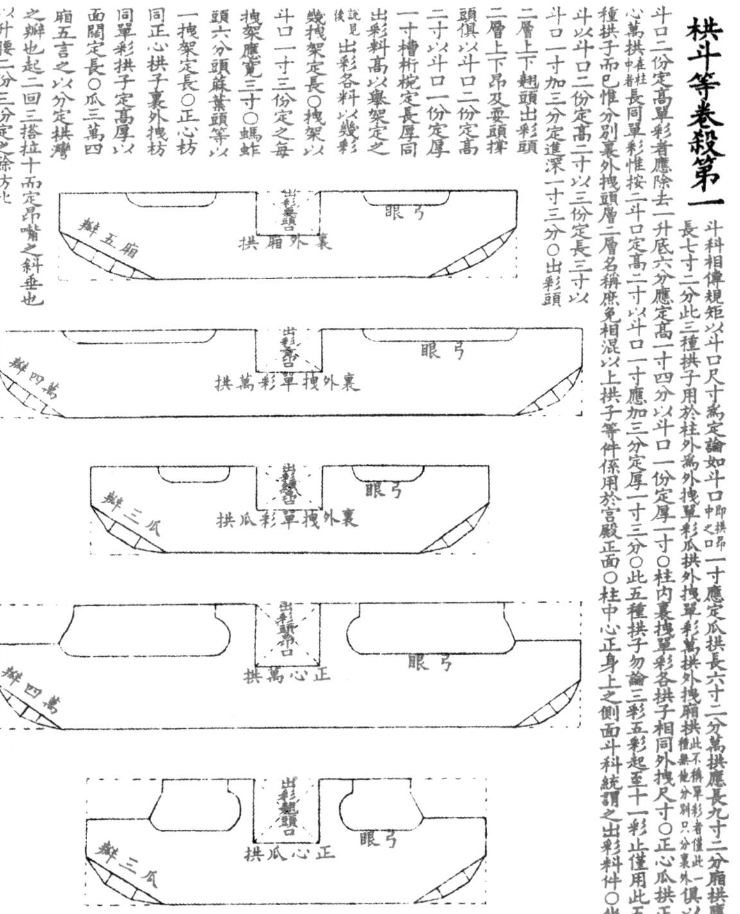

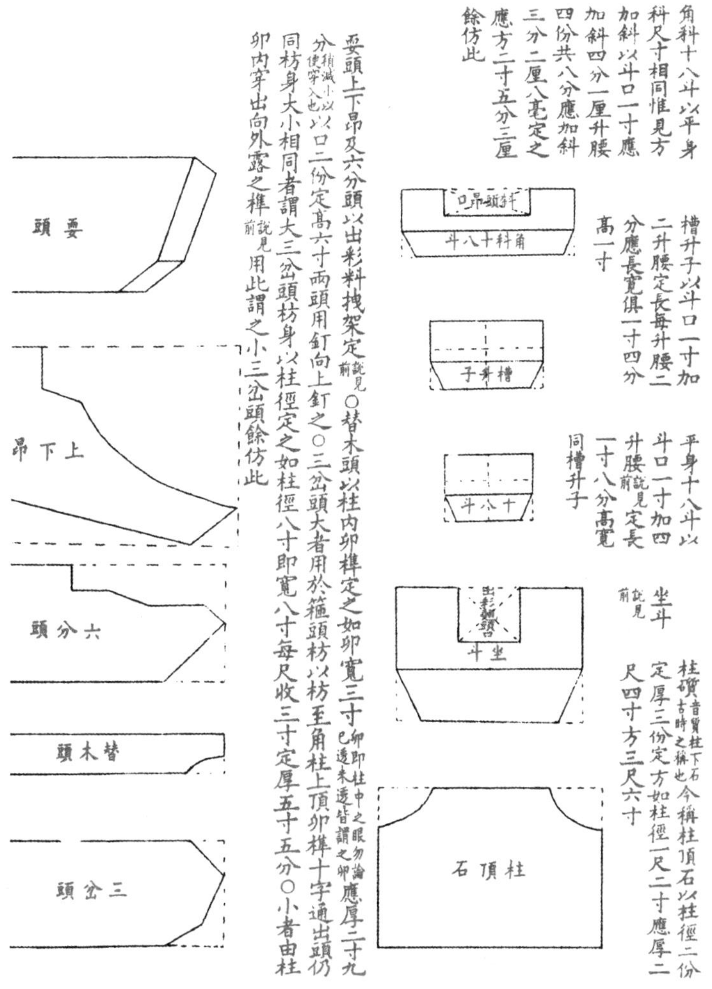

角科十八斗以平身科尺寸相同惟見方加斜以斗口一寸應加斜四分一厘升腰四份共八分應加斜三分二厘八毫定之應方二寸五分三厘餘仿此

槽升子以斗口一寸加二升腰定長每升腰二分應長寬俱一寸四分高一寸

平身十八斗以斗口一寸加四升腰（說見前）定長一寸八分高寬同槽升子

坐斗（說見前）

柱礩（音質柱下石古時之稱也）今稱柱頂石以柱徑二份定厚三份定方如柱徑一尺二寸應厚二尺四寸方三尺六寸

耍頭上下昂及六分頭以出彩料拽架定（說見前）○替木頭以柱內卯榫定之如卯寬三寸（卯即柱中之眼勿論已透未透皆謂之卯）應厚二寸九分（稍減小以便穿入也）以口二份定高六寸兩頭用釘向上釘之○三岔頭大者用於箍頭枋以枋至角柱上頂卯榫十字通出頭仍同枋身大小相同者謂大三岔頭枋身以柱徑定之如柱徑八寸即寬八寸每尺收三寸定厚五寸五分○小者由柱卯內穿出向外露之榫（說見前）用此謂之小三岔頭餘仿此

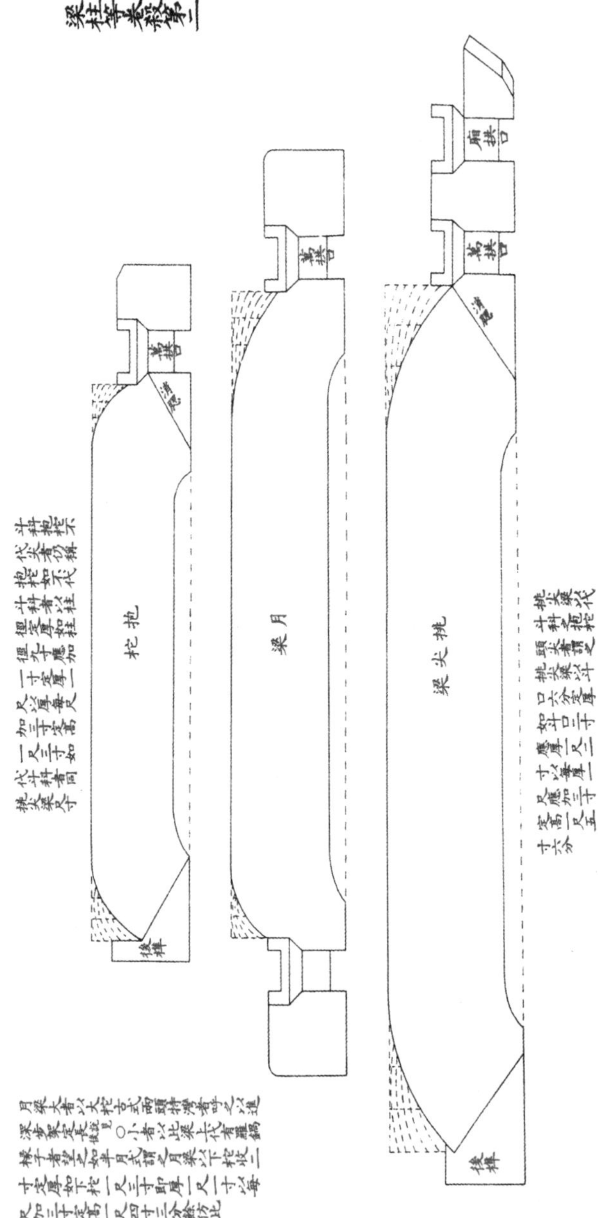
梁柱等卷殺第二
抱柁
萬拱口
溜裡
後榫
斗科抱柁不代尖者仍稱抱柁如不代斗科者以柱徑定厚如柱徑九寸應加一寸定厚一尺以厚每尺加三寸定高一尺三寸如代斗科者同挑尖梁尺寸
月梁
萬拱口
月梁大者以大柁古式兩頭特灣者呼之以進深步架定長說見後○小者以此梁上代有羅鍋椽子者望之如半月式謂之月梁以下柁收二寸定厚如下柁一尺三寸即厚一尺一寸以每尺加三寸定高一尺四寸三分餘仿此
挑尖梁
後榫
溜裡
萬拱口
廂拱口
挑尖梁以代斗科之抱柁頭尖者謂之挑尖梁以斗口六分定厚如斗口二寸應厚一尺二寸以每厚一尺應加三寸定高一尺五寸六分

額枋并柱樣

額枋以斗口六份定高如斗三寸應高一尺八寸以每尺減三寸定厚應厚一尺二寸六分○卯榫以每枋一尺十分之三定厚應厚五寸四分高同枋身尺寸餘倣此

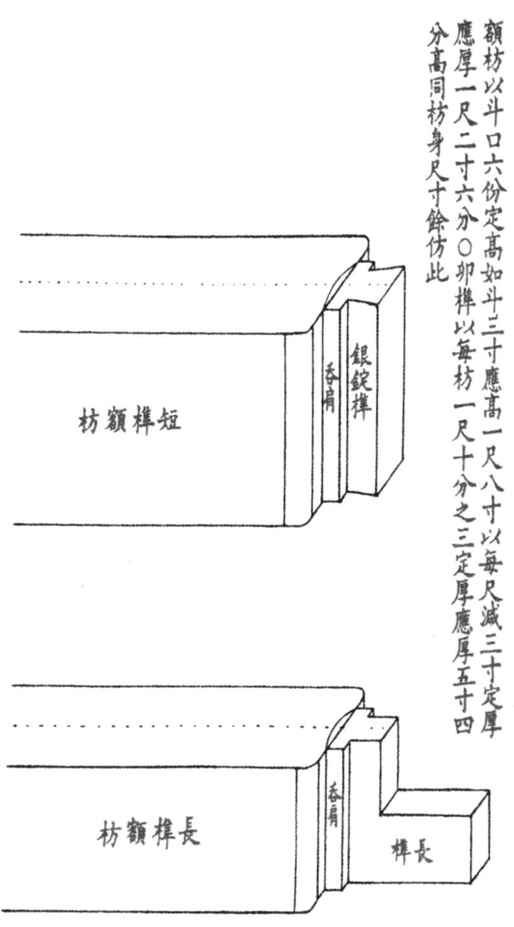

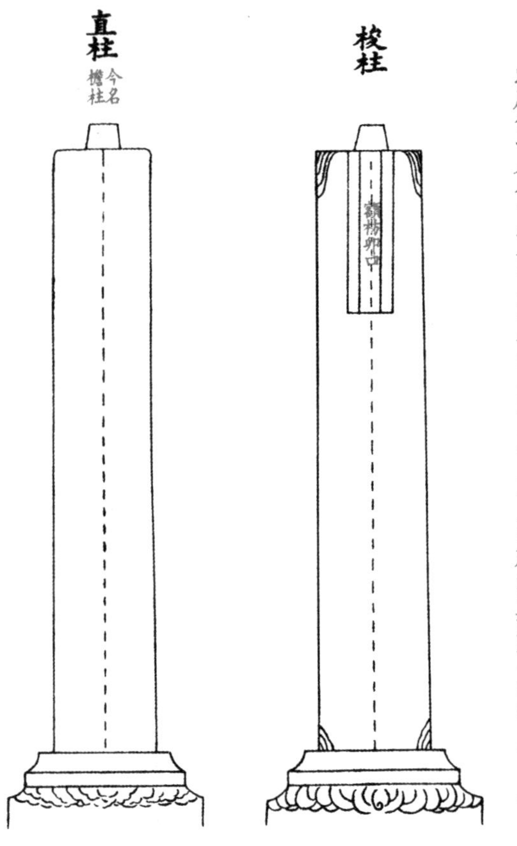

梭柱古式以上下消腮之謂也直柱即今檐柱式〇檐柱以斗口六份定圓徑如斗口三寸即應徑一尺八寸以斗口六十份定高即高一丈八尺柱子上小下大每高一丈上應小一寸謂之緒卯榫說見前餘仿此

梓角梁以椽徑二份定厚如椽徑三寸即厚六寸以三份定高即九寸外加斜加長之法如步架七尺見說後加出檐六尺九寸加衝三椽徑九寸共長一丈四尺八寸即以此每丈加斜長四尺一寸即定長二丈零八寸六分八厘外加榫頭

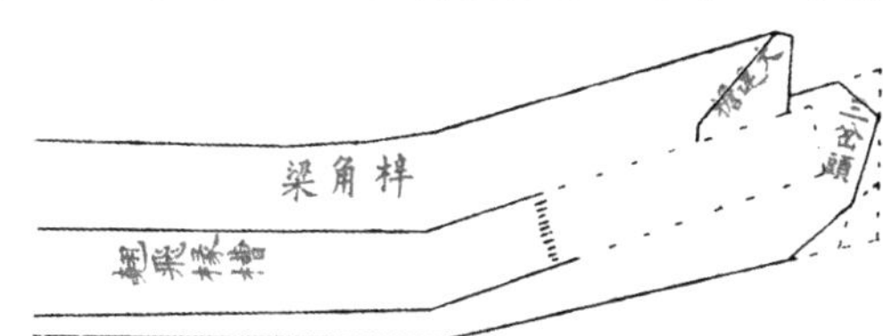

大角梁高厚同梓角梁定長應退減一翹飛椽頭斜長三尺二寸四分三厘再退減二斜椽徑八寸四分六厘共斜長一丈六尺七寸七分九厘外加後榫○

檐頭博縫以步架出檐加舉見說後定長如步架五尺出檐三尺六寸外加頭當一檐徑二寸五分共通長八尺八寸五分再加舉長以每尺加長二寸統長一丈零六寸二分以七椽徑定寬應寬一尺七寸五分以一椽徑定厚即厚二寸五分蝉肚頭斜一半分七份凸凹圓式為之博縫內定標中立正之線法以博縫寬定標中斜線如五舉每尺斜五寸六舉每尺斜六寸將博縫立起時標中上下即正檐頭綽幕音昌奇 檐音搭即今齊頭博縫同檐頭博縫餘仿此

柁墩角背普稱駝峯以舉架定高見後說如舉高二尺刨去上平水五寸下柁背三寸五分應定高一尺一寸五分以一步架定長見後說如步架二尺五寸五分即定長二尺五寸五分以柁厚一尺每尺收三寸定厚即厚七寸〇瓜柱角背除長同柁墩角背以瓜柱二份定高如瓜柱高一尺六寸五分應高一尺一寸以瓜柱徑九寸以徑三分之一定厚即厚三寸餘倣此

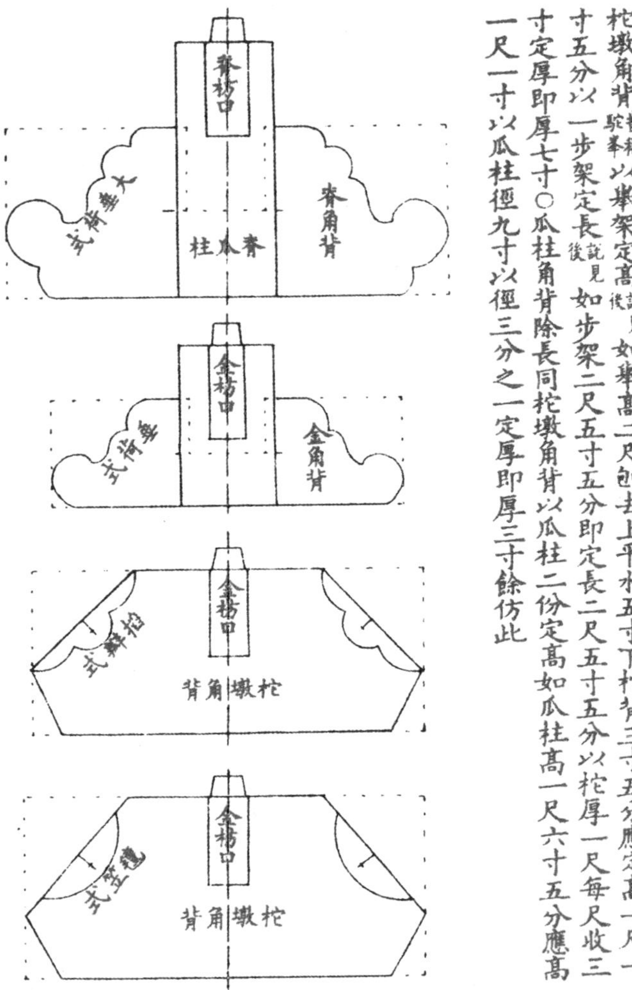

下昂上昂出跳分數第三

斗科側面長料昔云出跳今云出彩左列各升斗以每攢側面繪之逐件標註名稱所有瓜拱萬拱廂拱及出彩昂翹攢架各件之規矩詳見前二篇

下昂側樣 昔云幾鋪今云幾彩

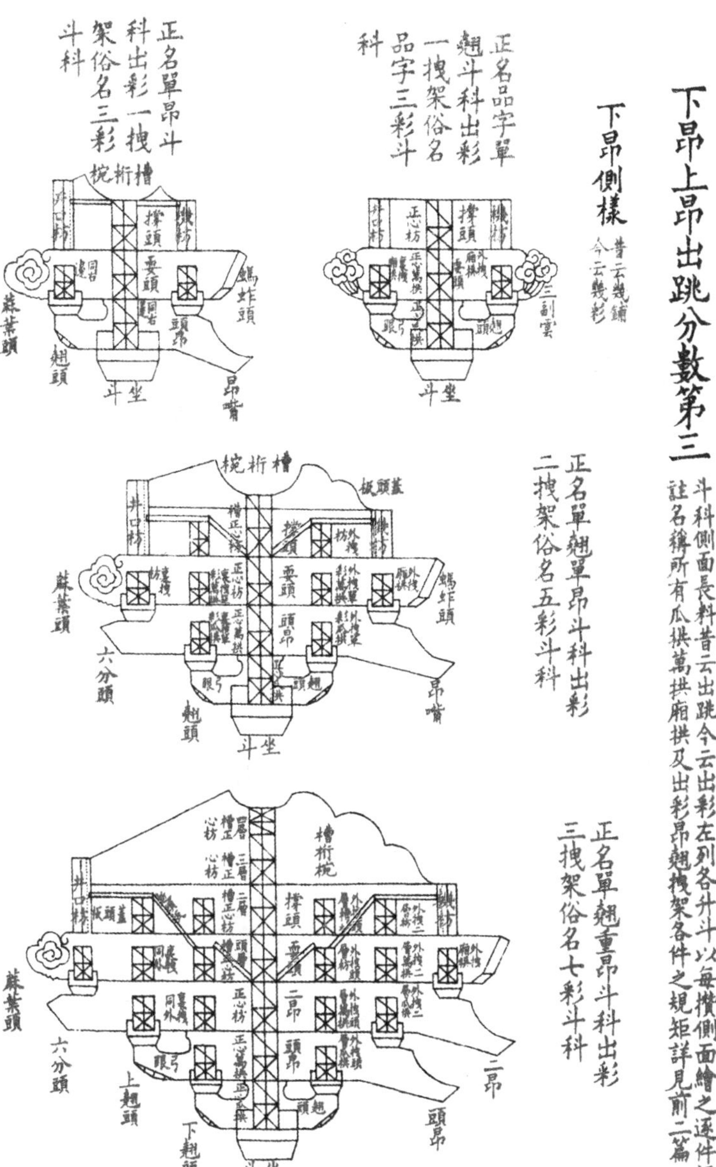

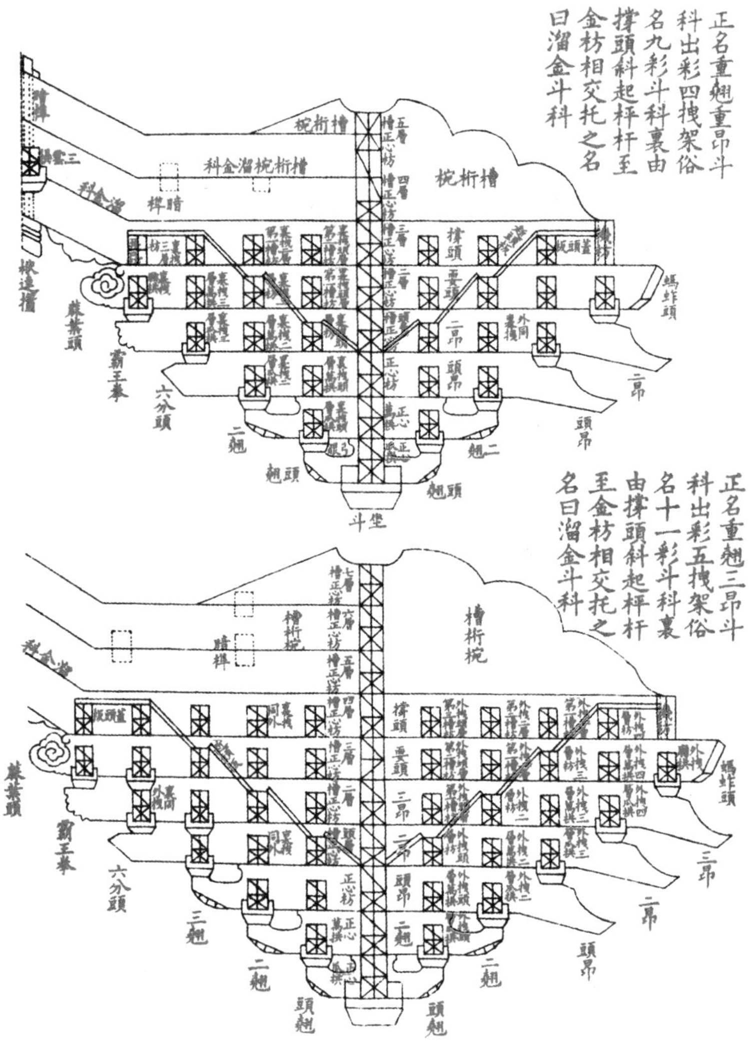

正名重翹重昂斗科出彩四拽架俗名九彩斗科裏由撐頭斜起秤杆至金枋相交托之名曰溜金斗科
正名重翹三昂斗科出彩五拽架俗名十一彩斗科裏由撐頭斜起秤杆至金枋相交托之名曰溜金斗科

品字科科側面式

品字科科之規矩尺寸(詳見第一篇各說明)品字之取義以所有出彩料件皆不出昂尖皆以翹頭出彩兩頭皆無昂者其形有類倒置品字是以謂之品字科此科用挂落(即平台)如北京正陽門樓大木為三層檐一挂落是也(即平檐)殿閣內部或亦用之餘仿此

上昂側樣

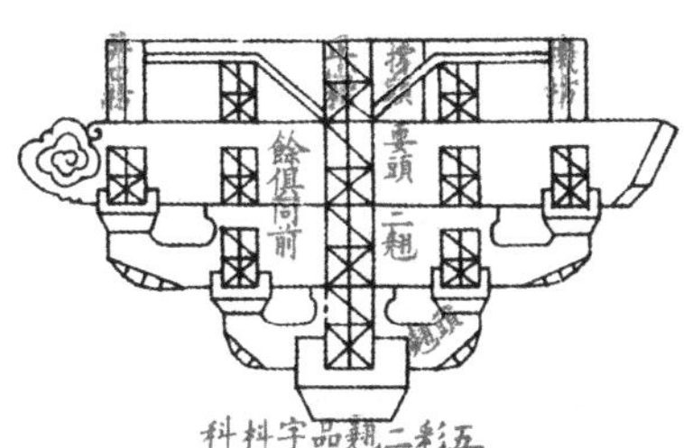

五彩二翹品字料科

七彩三翹品字料科

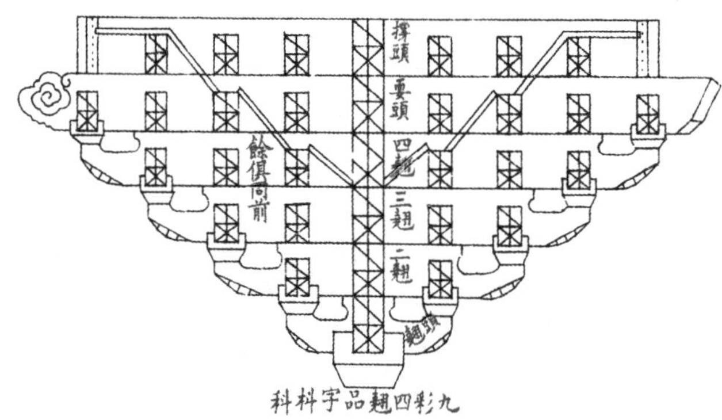

九彩四翹品字枓科

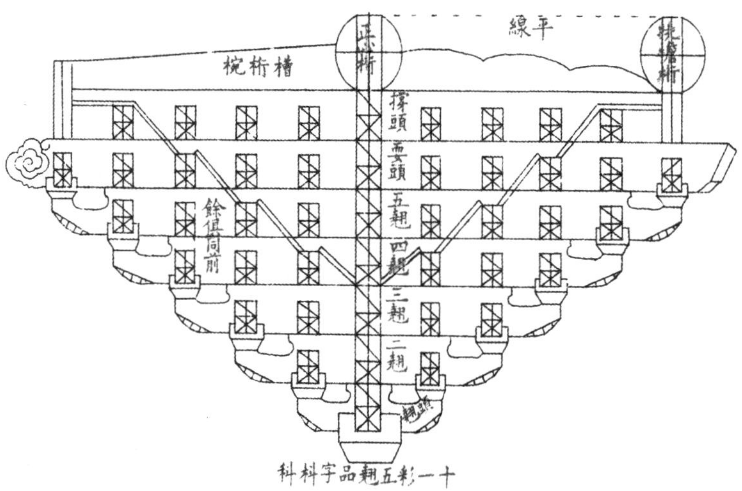

十一彩五翹品字枓科

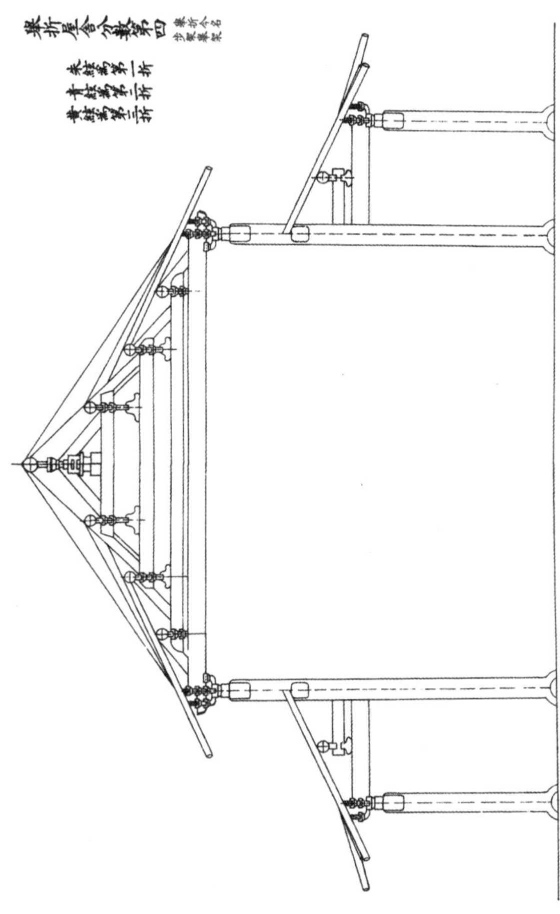

舉折屋舍分數第四
舉折今名步架舉架
朱線爲第一折
青線爲第二折
黄線爲第三折

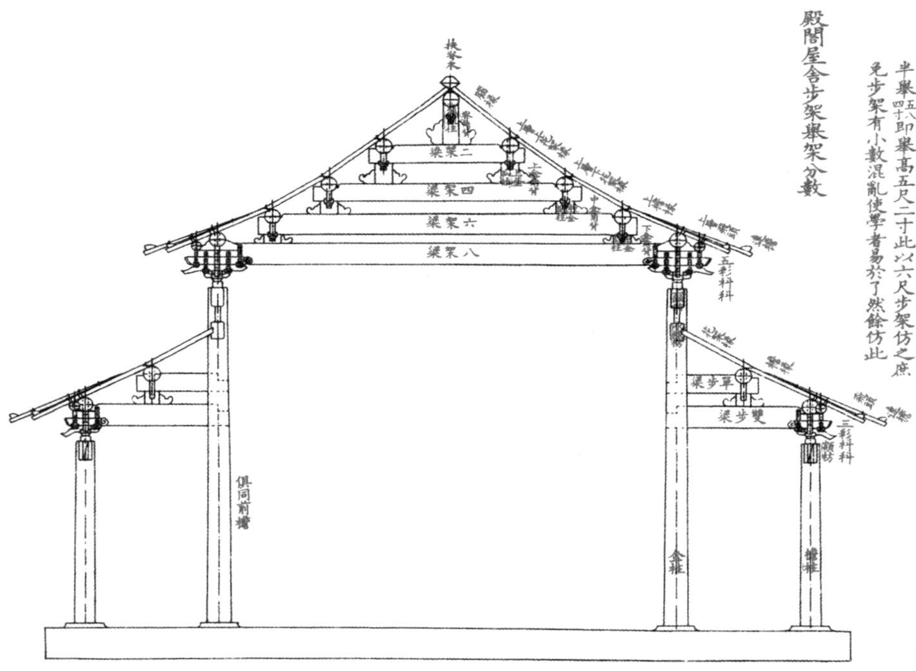
殿閣屋舍步架舉架分數
大木架有料科者尺寸以口定之如料口三寸即料科之口以料口六份定柱徑即應徑一尺八寸以料口六十
份定柱高即應高一丈八尺額枋同柱徑大柁以柱徑加二定厚即二尺以厚加三定高即高二尺六寸
其二柁挨次以二成遞減挑檐桁以料口三份定徑即徑九寸正心桁以料口四份半定之即徑一尺五
寸椽子以料口一份半定之即方圓四寸五分出檐三探者以料口二十三份定之即出檐長六尺九寸
即柱上椽子出頭者步架者由前柱至後柱共分若干份為若干步架由檐正心桁至脊桁為舉架以若干桁為若干
舉架步架即如每步六尺初舉按五舉即五六三尺舉架即高三尺二舉按六舉即六六三尺六寸即舉架高三尺六寸三
舉應加半舉按七舉五以六七四尺二寸再加半舉五七三寸五分即舉高四尺五寸五分四舉按八舉加半舉六八四尺八寸再加
半舉五八四寸即舉高五尺二寸此以六尺步架仿之庶
免步架有小數混亂使學者易於了然餘仿此
扶脊木
梁架二
梁架四
梁架六
梁架八
雙步梁
單步梁
五彩料科
三彩料科
額枋
俱同前檐
金柱
檐柱

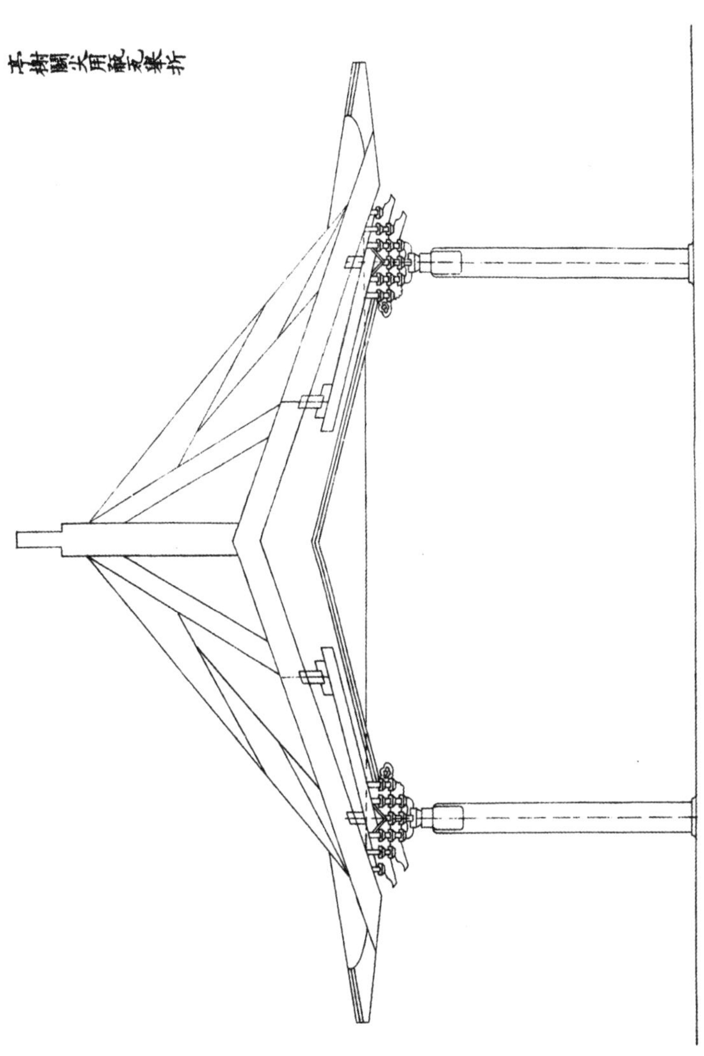
亭榭鬬尖用甋瓦舉折

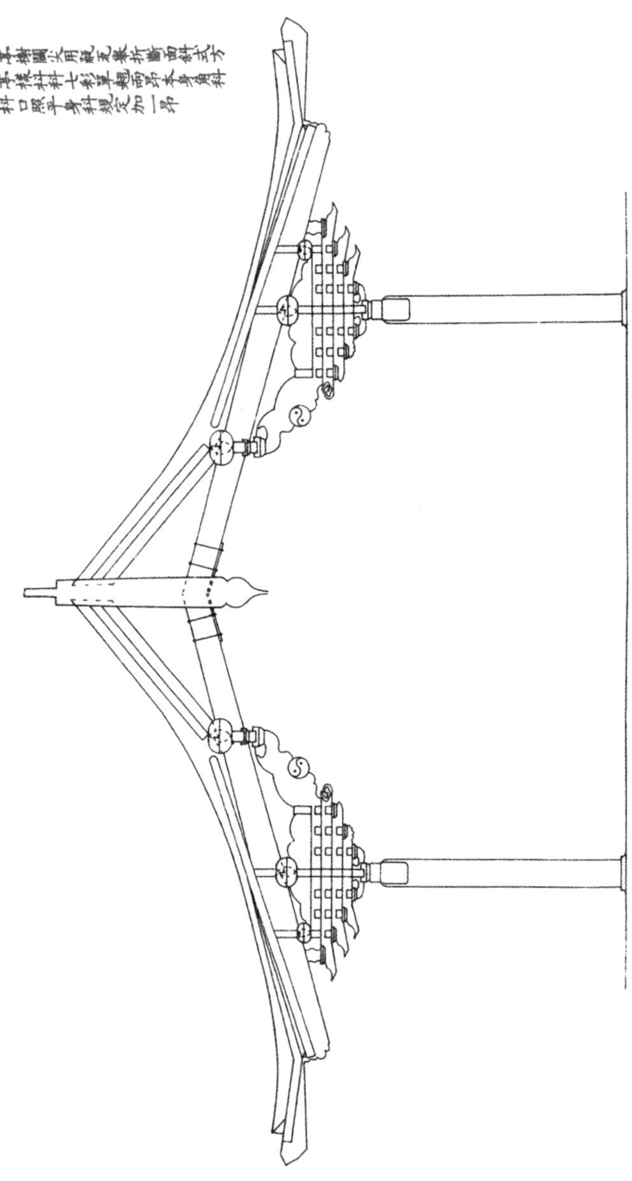
亭榭鬬尖用甋瓦舉折斷面斜式方
亭樣枓科七彩單翹兩昂本身角科
枓口照平身科規定加一昂

亭榭攢尖瓪瓦步架舉架單翹重科科昂式

其大木尺寸步架舉架規矩前已詳明惟大角梁梓角梁之規矩詳見第四篇其由戧同大角梁勒拱柱徑同檐柱高以步架一份定高抹角以桁徑加二定厚以厚加三定高餘仿此

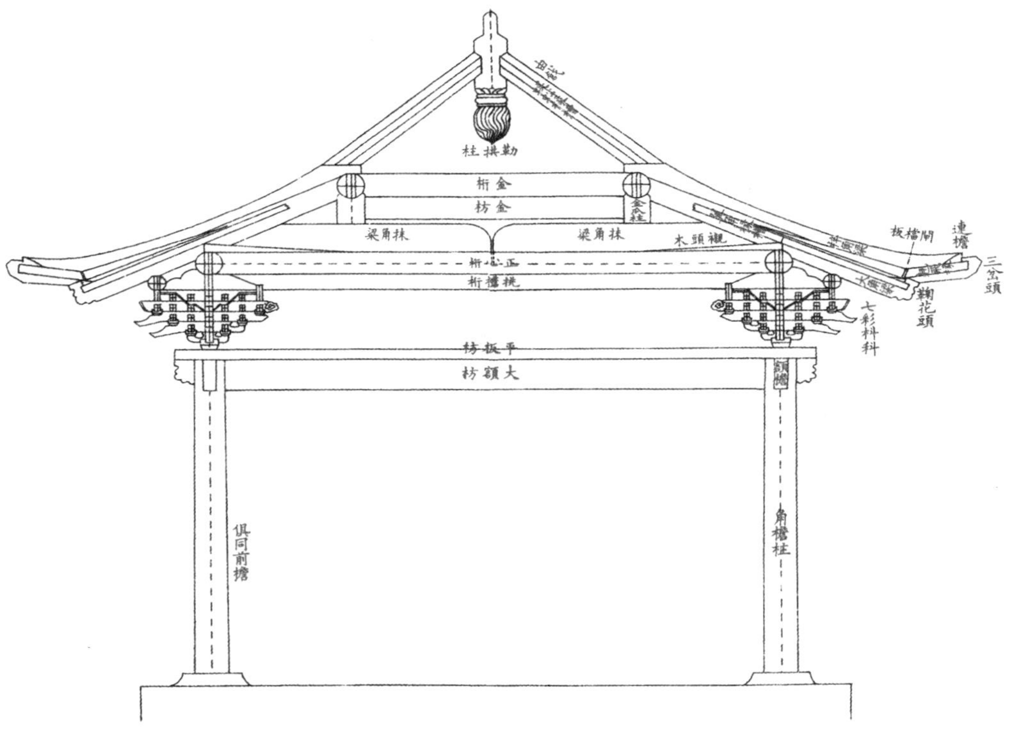

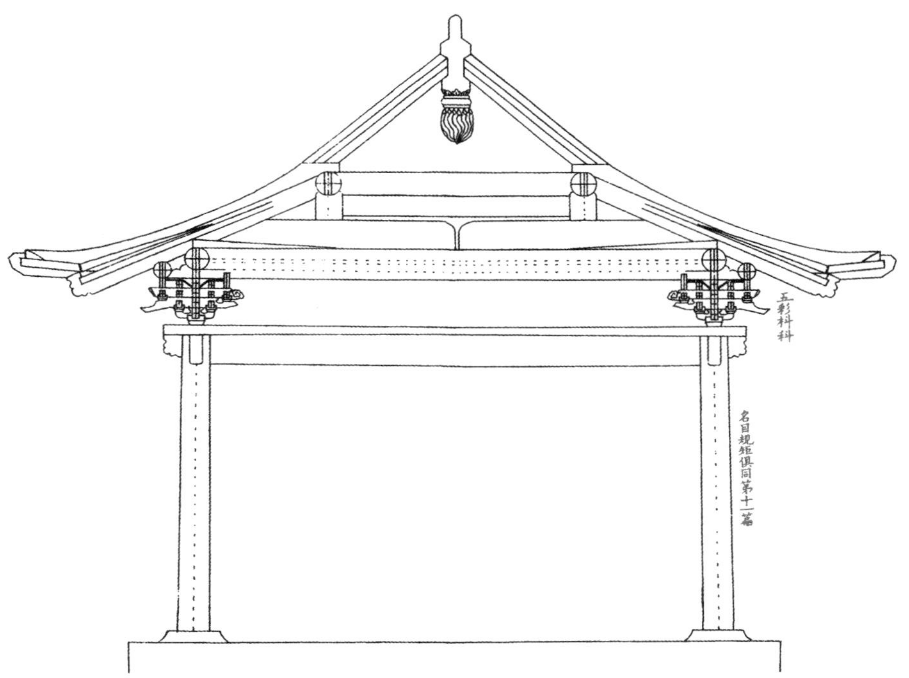

亭榭攢尖甋瓦步架舉架單翹單枓科昂式 大木步架舉架之規矩詳見第十一篇餘仿此

絞割鋪作拱昂科等所用卯口第五

正身科規矩尺寸詳見第一篇所有正身科由三彩五彩七彩應需各分件均繪圖如後至九彩十一彩每加二彩須加一拽架定出彩之長規矩詳見第一篇餘仿此

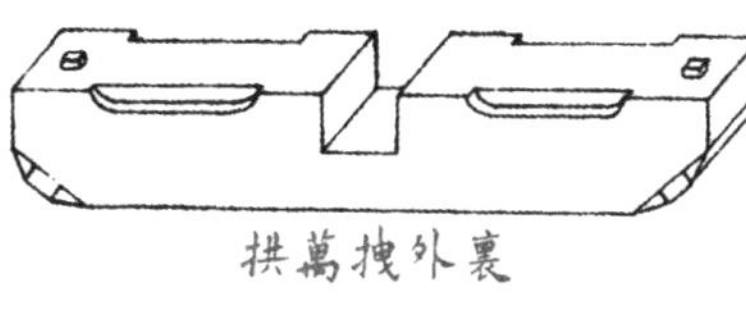
裏外拽萬拱

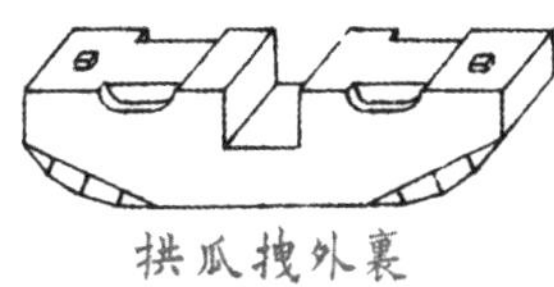
裏外拽瓜拱

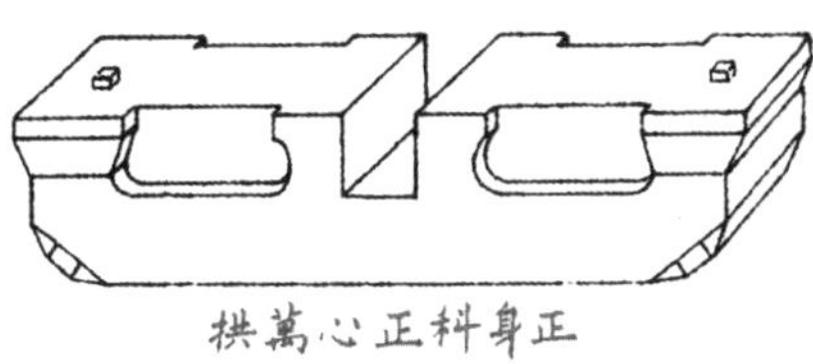
正身科正心萬拱

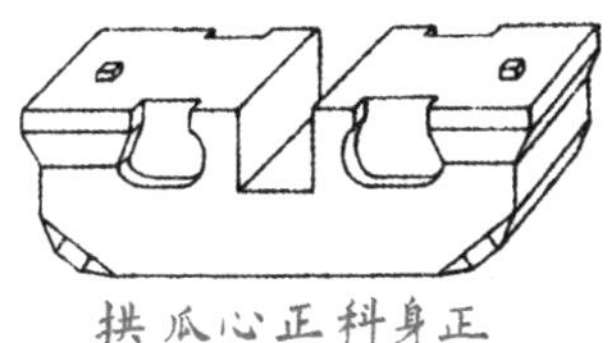
正身科正心瓜拱

正身科出彩料所用枓口各分件

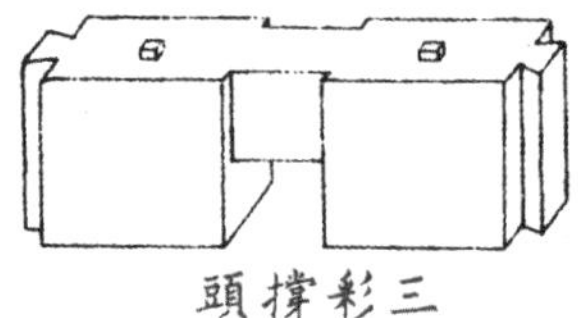

三彩撑頭

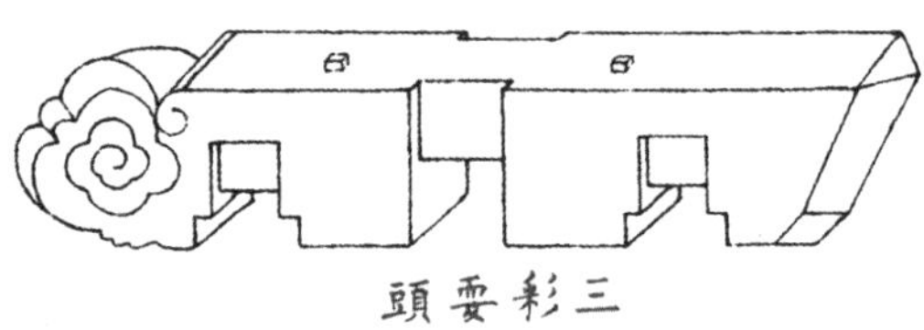

三彩耍頭

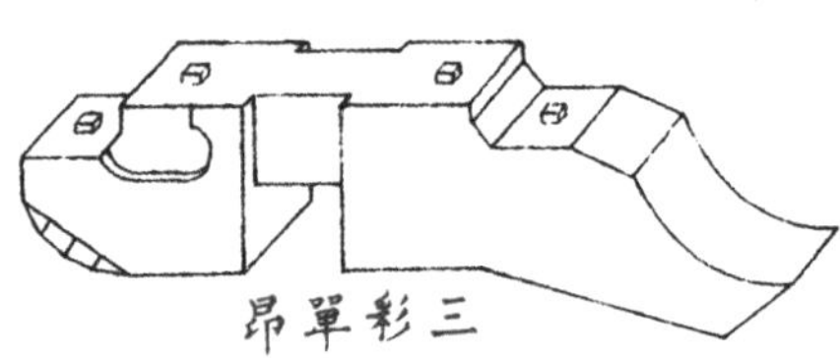

三彩單昂

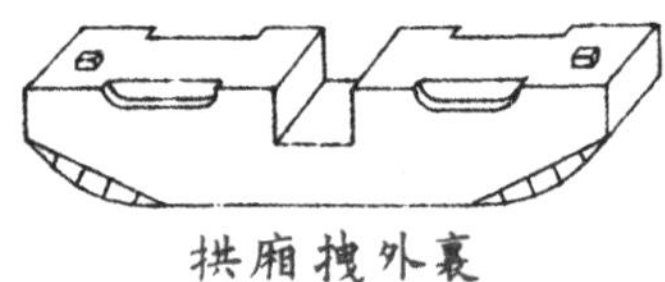

裏外拽廂拱

正身科出彩料所用料口各分件

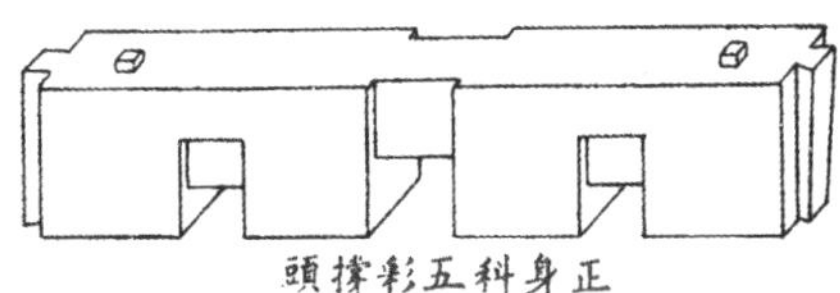
正身科五彩撑頭

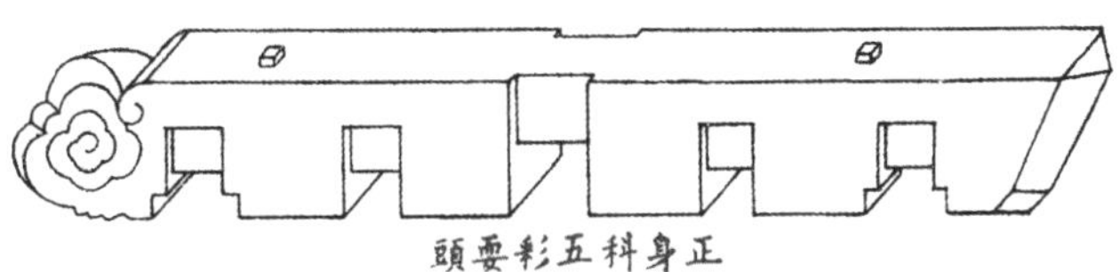
正身科五彩耍頭

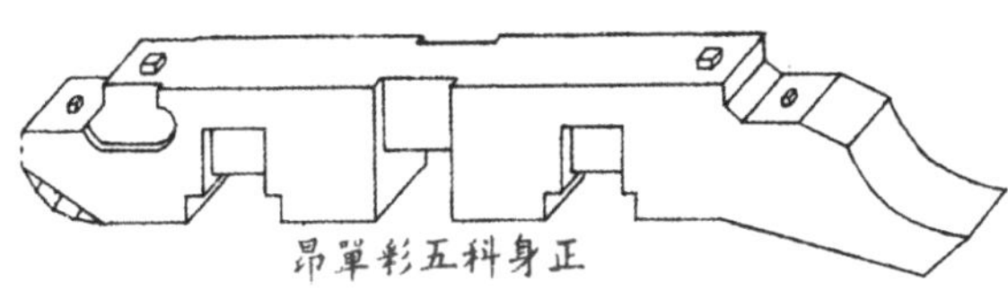
正身科五彩單昂

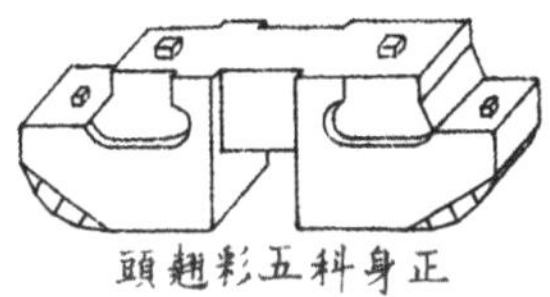
正身科五彩翹頭

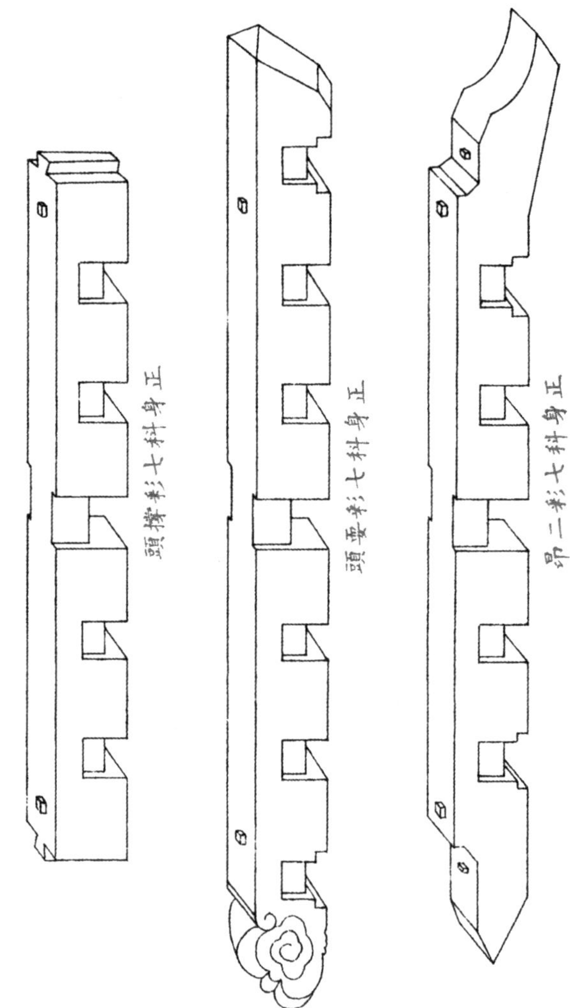
正身科七彩撑頭
正身科七彩耍頭
正身科七彩二昂

溜金科規矩以柱內裏後尾起秤杆以托定金桁為止以舉架定之（舉架法詳見前）其餘以柱外面如三彩者同三彩科科五彩者同五彩科科餘仿此

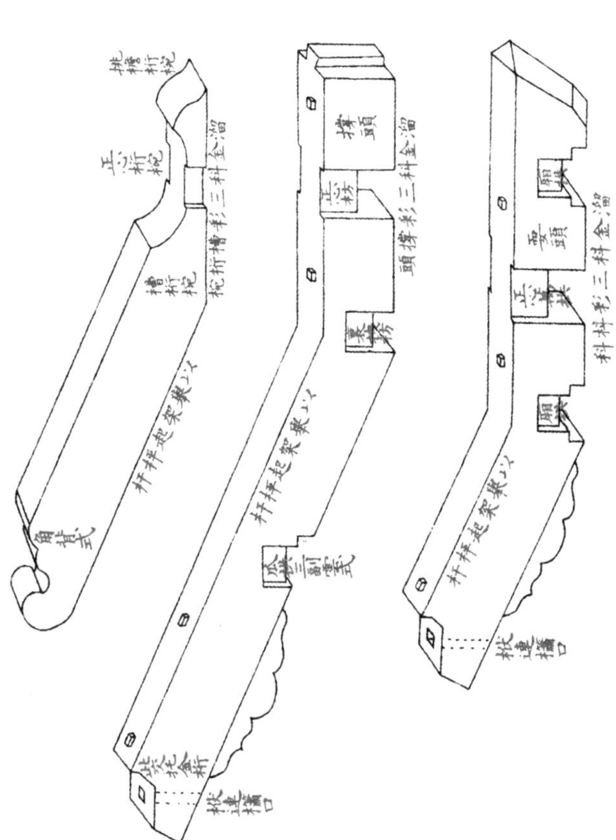

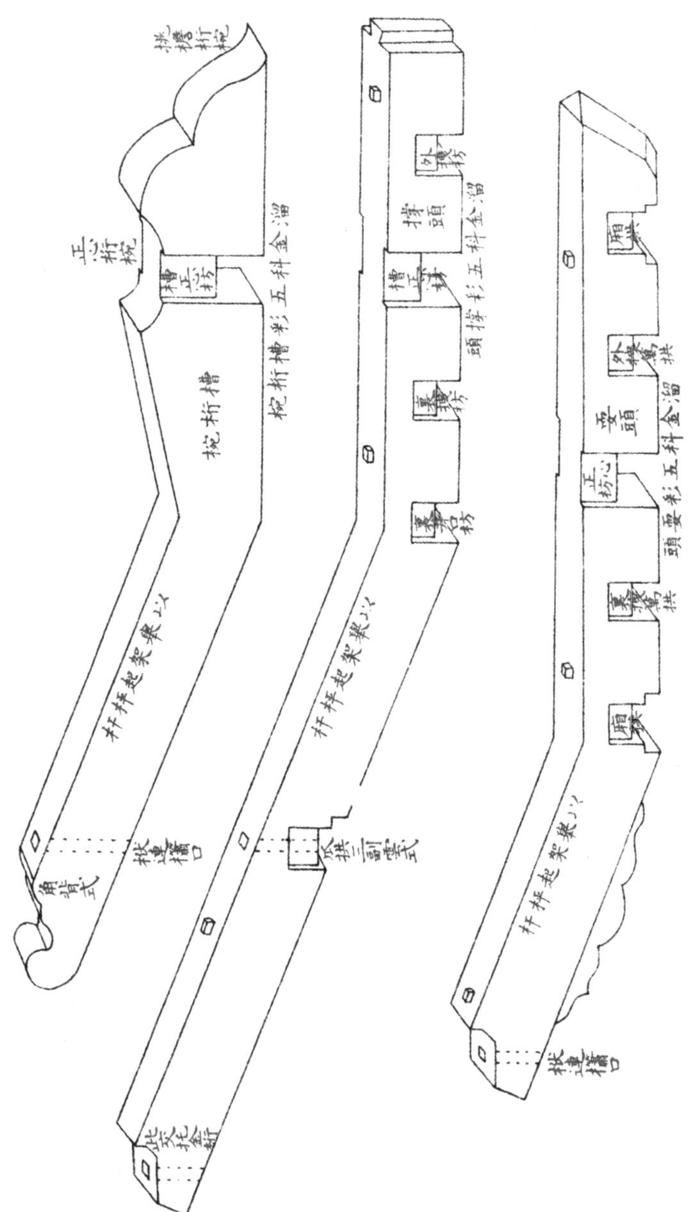

角科分件正面側面互交之式

正面側面名目相同拱翹由三彩五彩至七彩應需各件料口均繪圖如後惟九彩十一彩每加二彩須加一拽架（詳見第一篇）加長定之餘仿此

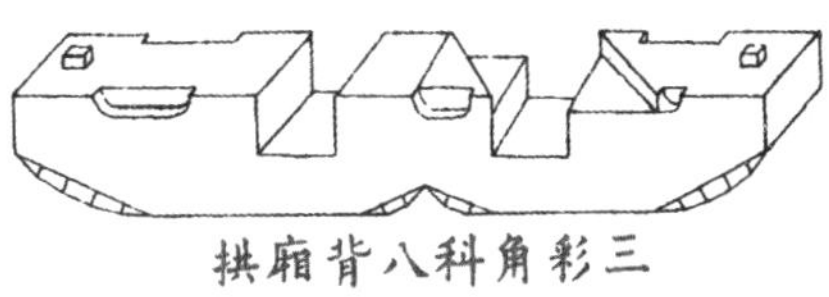

三彩角科八背廂拱

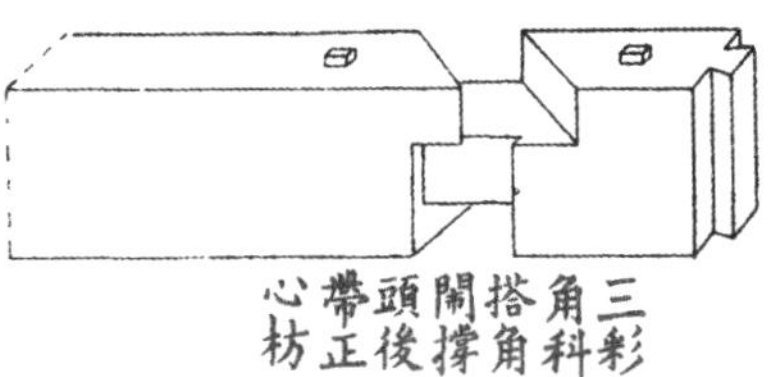

三彩角科搭角鬧撐頭後帶正心枋

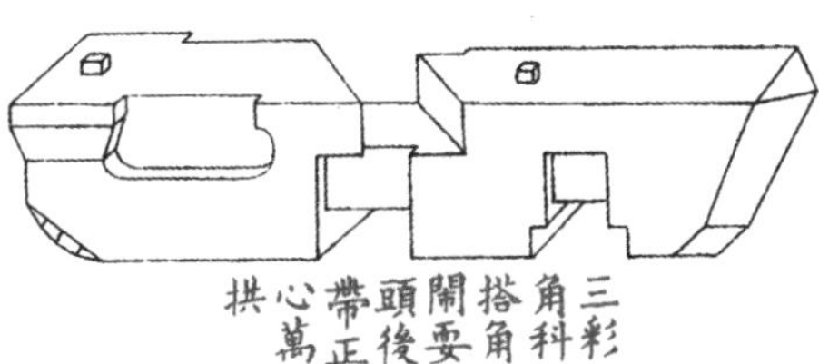

三彩角科搭角鬧要頭後帶正心萬拱

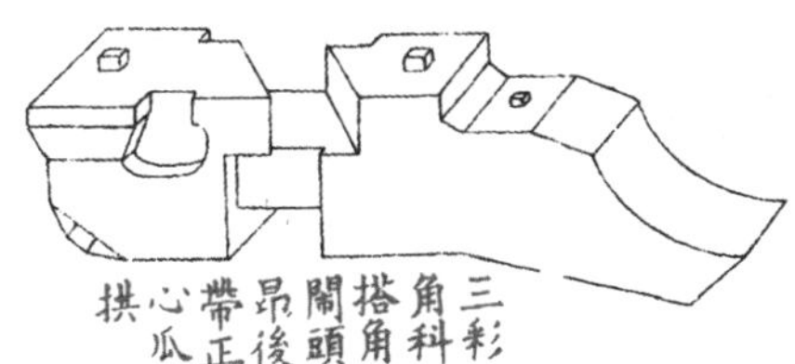

三彩角科搭角鬧頭昂後帶正心瓜拱

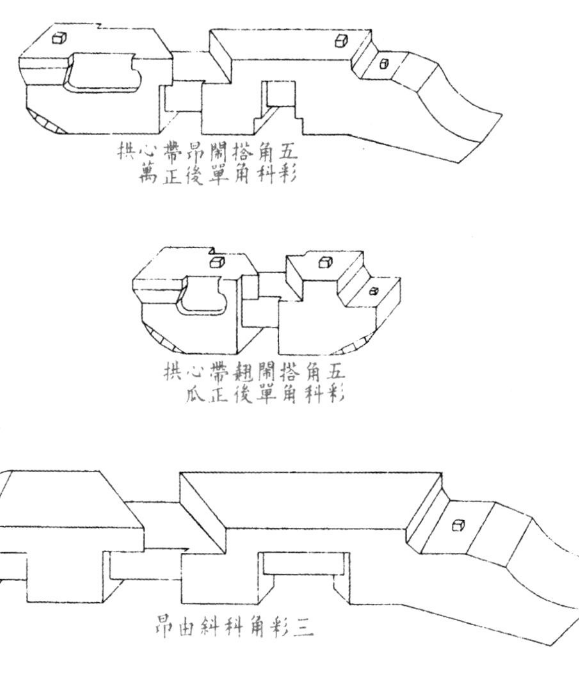

昂頭斜科角彩三

角科分件

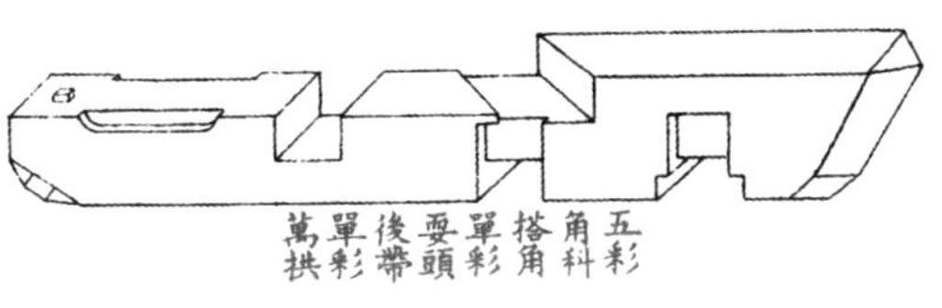

五彩角科搭角單彩耍頭後帶單彩萬拱

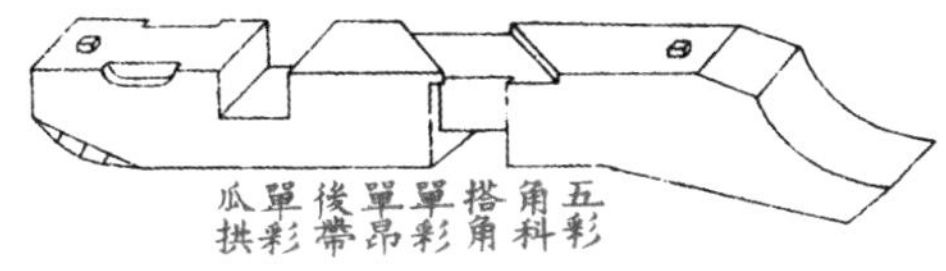

五彩角科搭角單彩單昂後帶單彩瓜拱

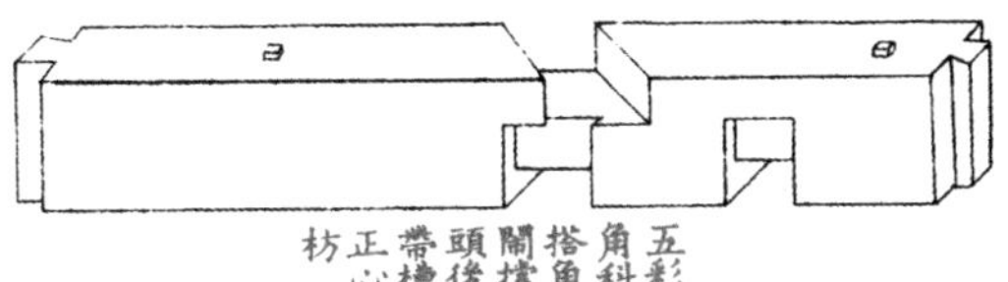

五彩角科搭角鬧撑頭後帶槽正心枋

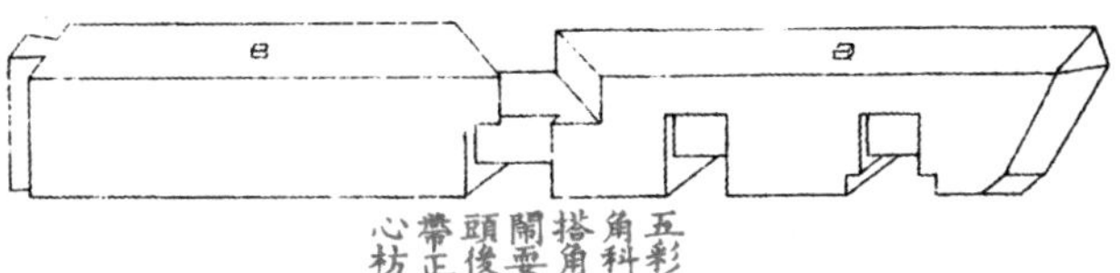

五彩角科搭角鬧耍頭後帶正心枋

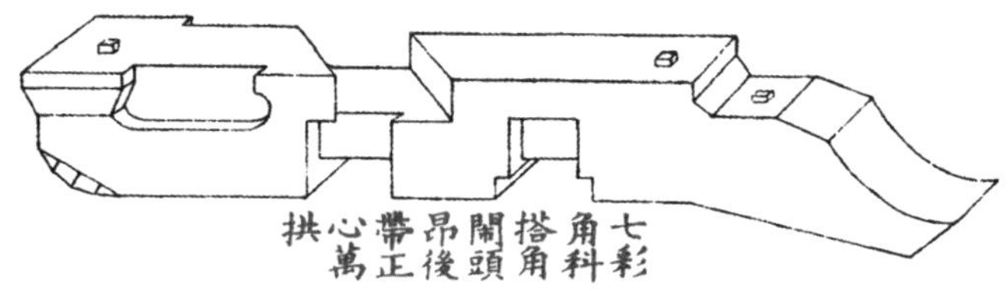

七彩角科搭角闇頭昂後帶正心萬拱

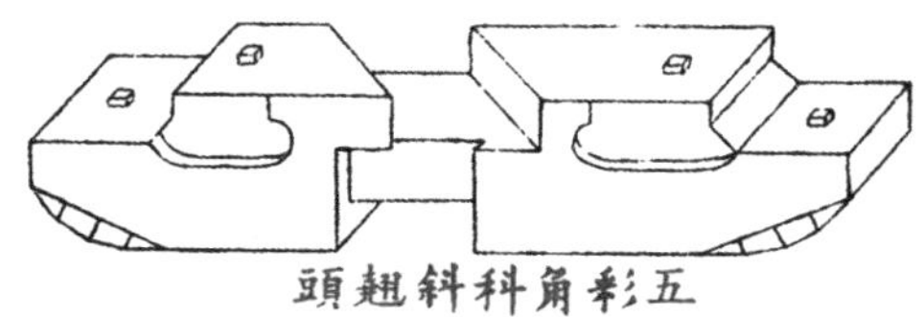

五彩角科斜翹頭

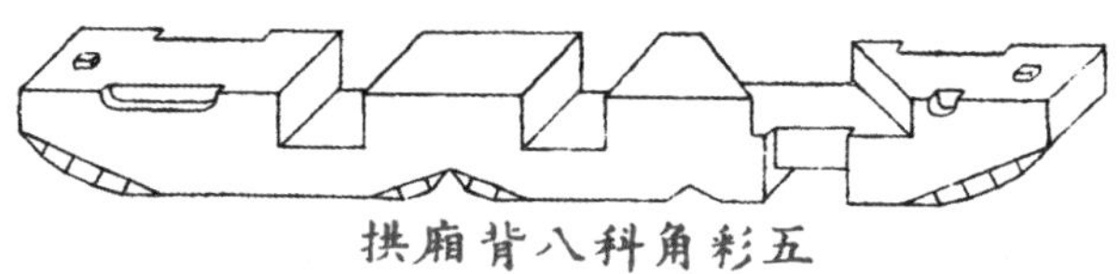

五彩角科八背廂拱

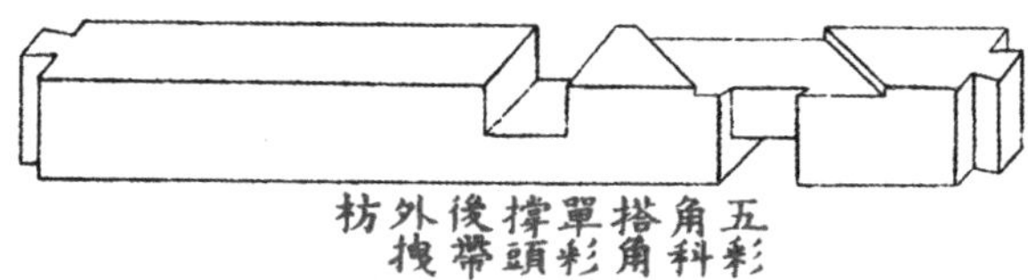

五彩角科搭角單彩撑頭後帶外拽枋

角科分件

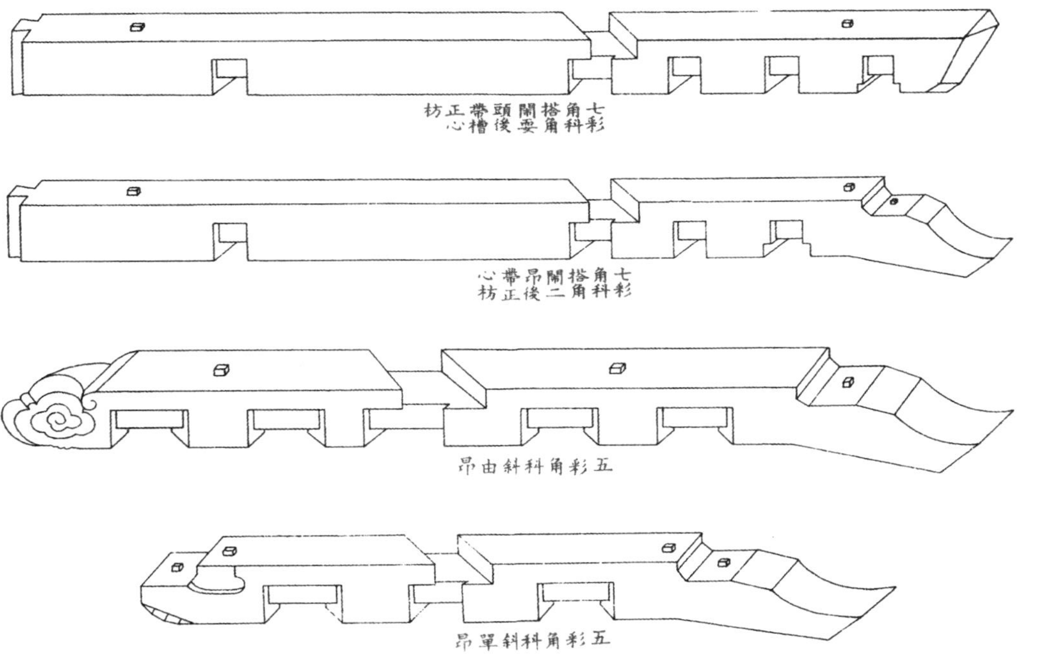

角科分件

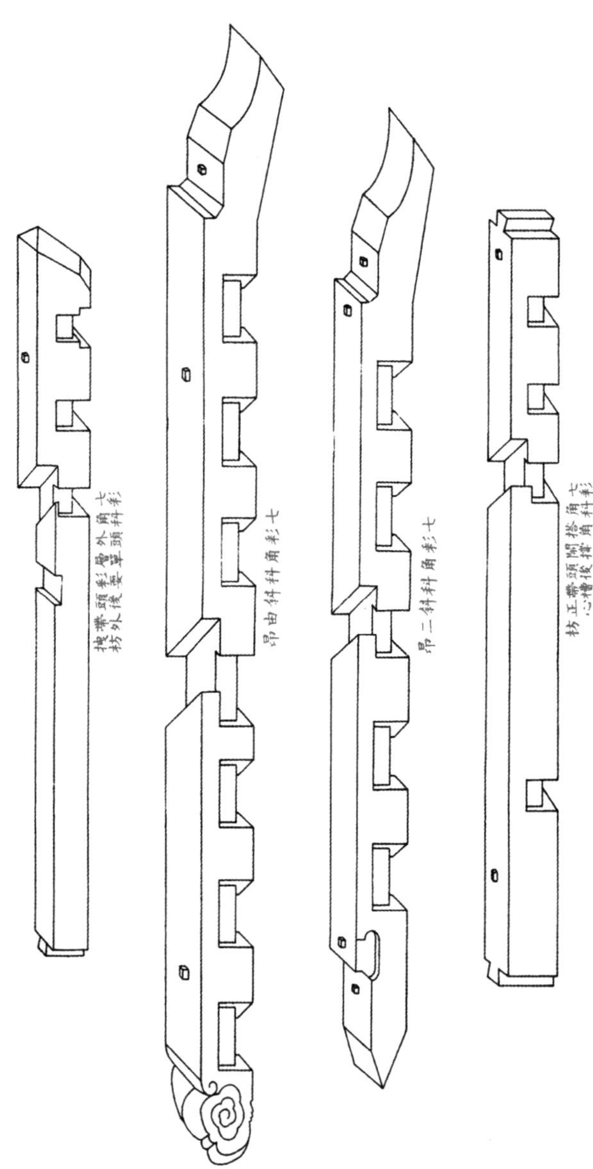

角科分件

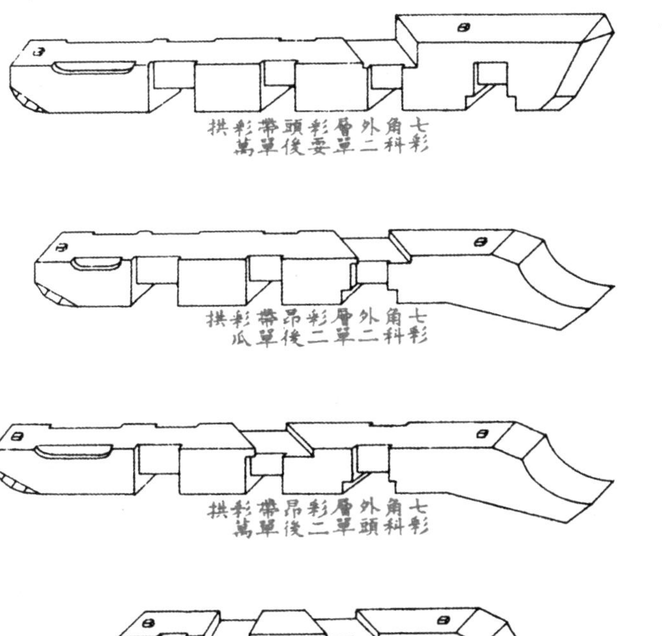
七彩角科外二層單彩要頭後帶單彩萬拱
七彩角科外二層單彩二昂後帶單彩瓜拱
七彩角科外頭層單彩二昂後帶單彩萬拱
七彩角科外頭層單彩頭昂後帶單彩瓜拱

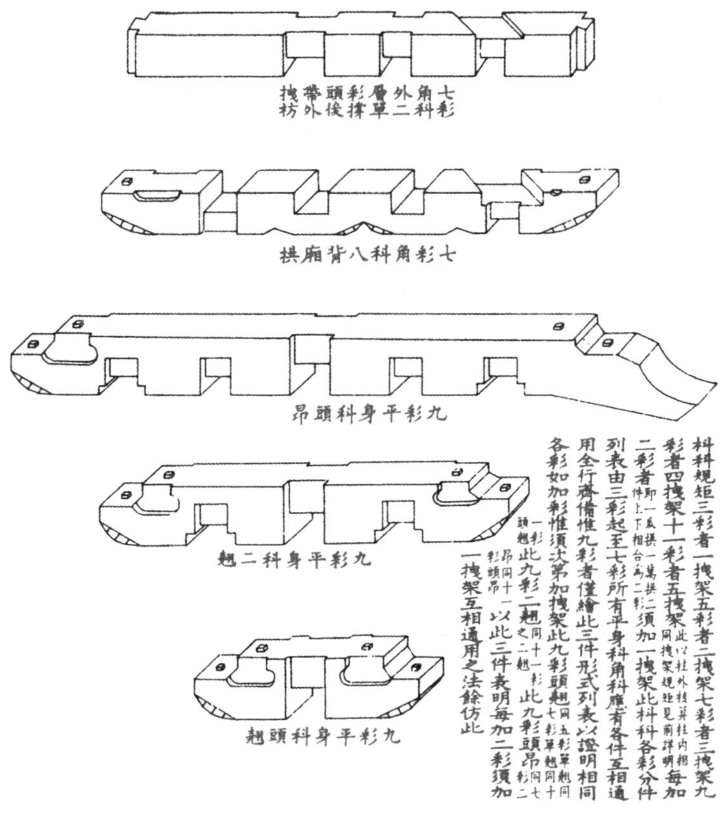

科科規矩三彩者一拽架五彩者二拽架七彩者三拽架九彩者四拽架十一彩者五拽架（此以柱外挑算柱內相同拽架規矩見前詳明）每加二彩者（即一瓜拱一萬拱二件上下相合爲二彩）須加一拽架此科科各彩分件列表由三彩起至七彩所有平身科角科應有各件互相通用全行齊備惟九彩者僅繪此三件形式列表以證明相同各彩如加彩惟須次第加拽架此九彩頭翹（同五彩單翹同七彩單翹同十一彩頭翹）此九彩二翹（同十一彩之二翹）此九彩頭昂（同七彩二昂同十一彩頭昂）以此三件表明每加二彩須加一拽架互相通用之法餘仿此

枓科分件尺寸規矩詳見第一篇所有平身科角科柱櫨科各坐枓十八枓槽升子升耳等件規矩俱同前餘仿此

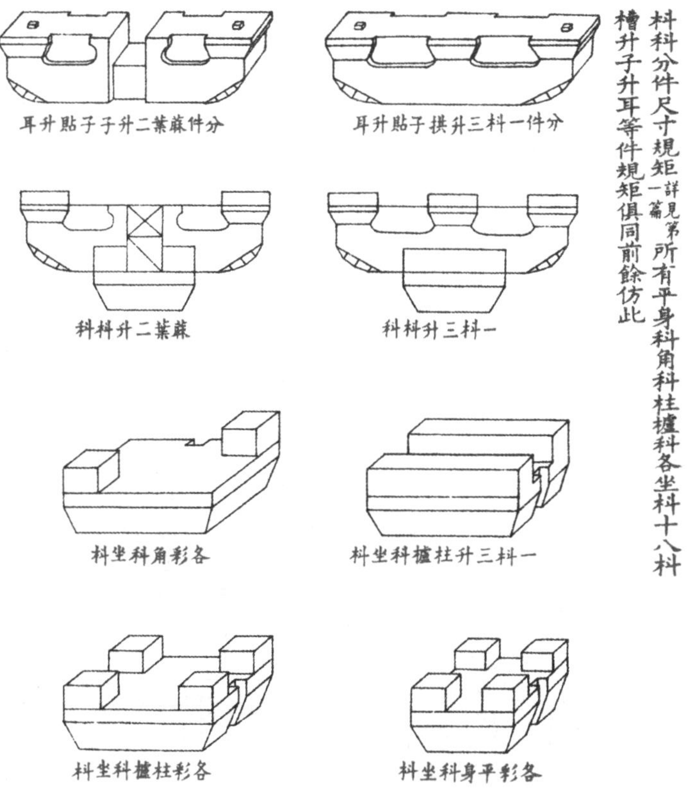

坐科十八科槽升子升耳及溜金科栿連橚寶瓶等各分件式寶瓶者用於角科由昂上以頂托角梁之立木也

梁額等卯口第六

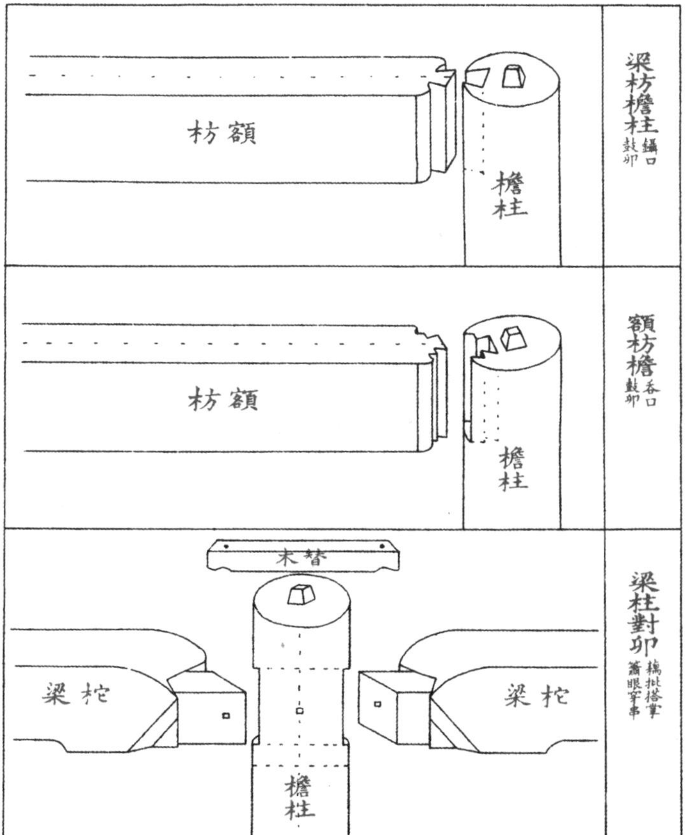

梁枋檐柱 鑷口 鼓卯

枋額

檐柱

額枋檐 吞口 鼓卯

枋額

檐柱

梁柱對卯 鵝枇搭掌 簫眼穿串

木替

梁柁

梁柁

檐柱

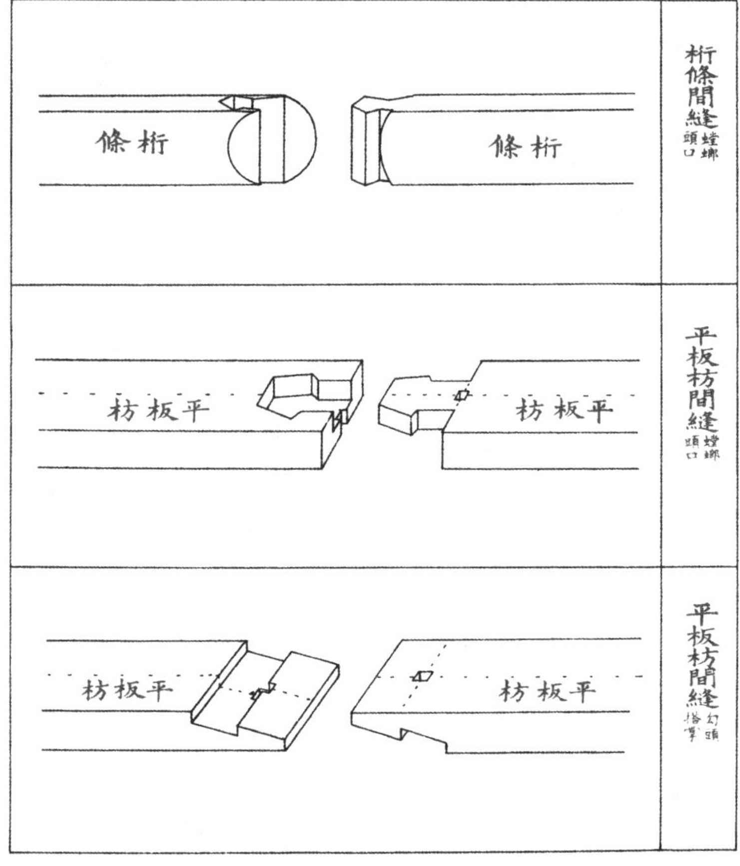
桁條間縫 螳螂頭口
桁條
桁條
平板枋間縫 螳螂頭口
平板枋
平板枋
平板枋間縫 勾頭搭掌
平板枋
平板枋

合柱鼓卯第七

兩段合

如柱木尺寸有不敷用者則以兩段合法爲一柱餘倣此

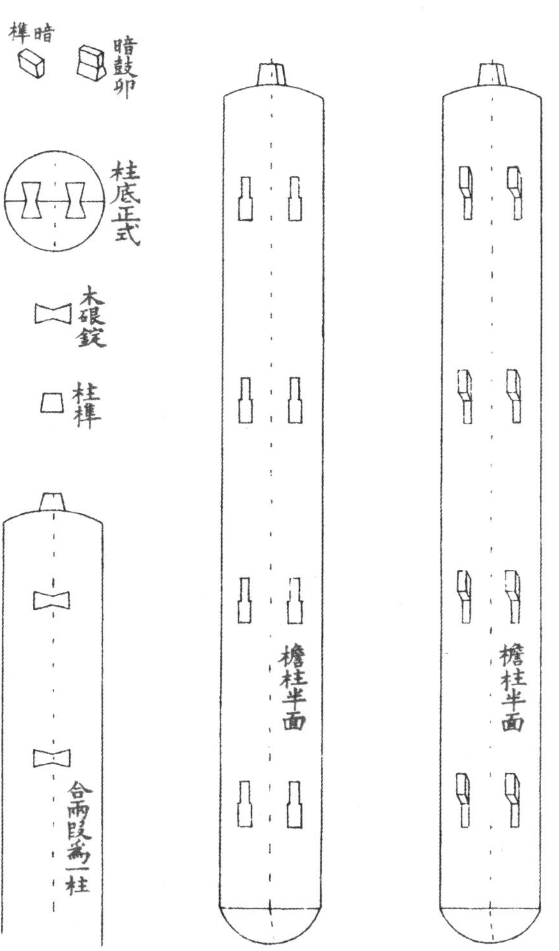

三段合 四段合同

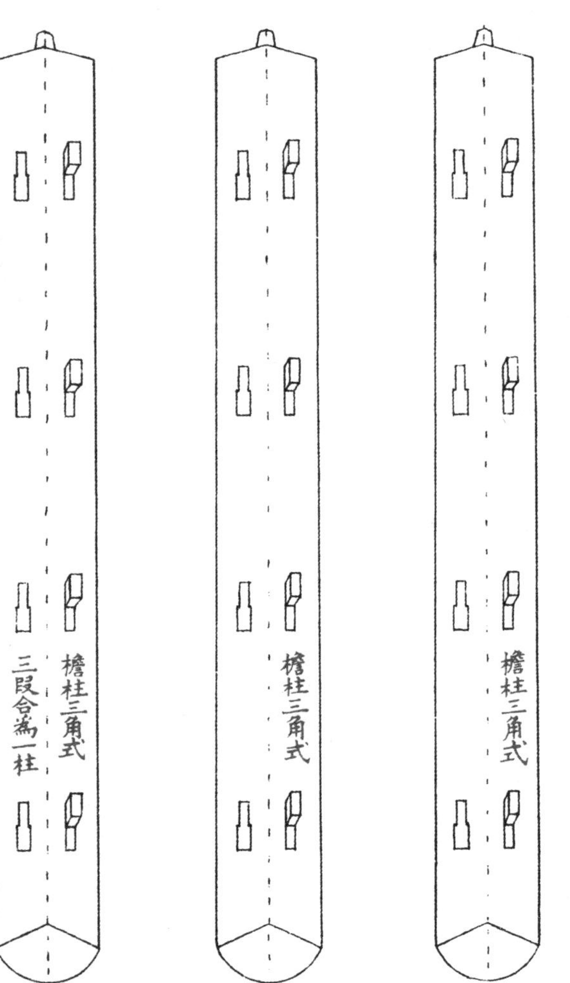

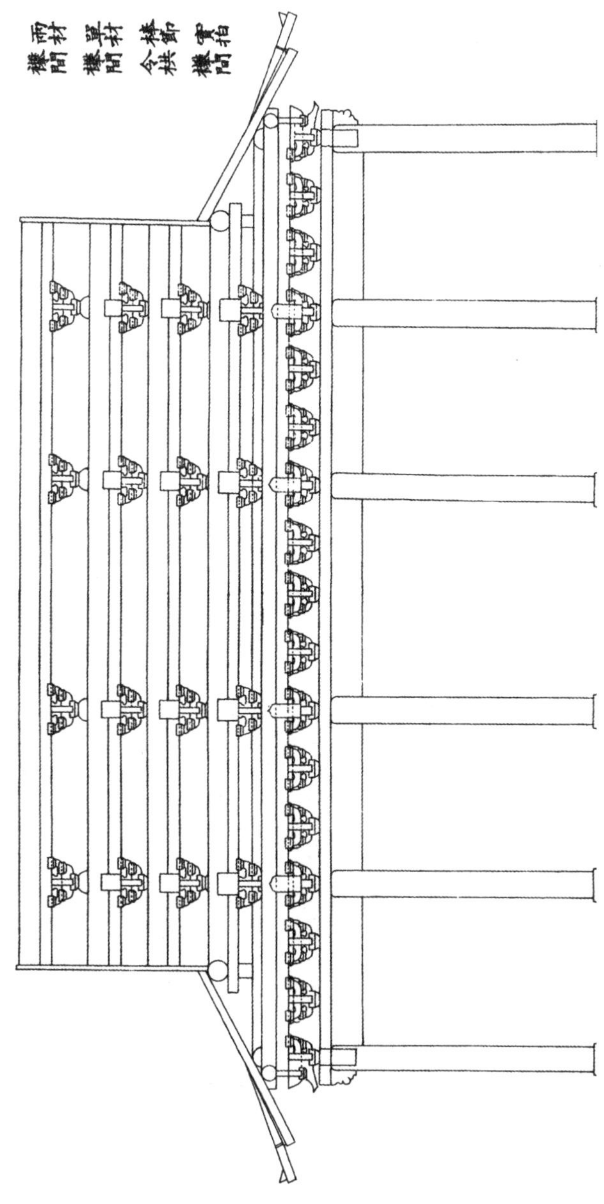
實拍襻間
捧節令栱
單材襻間
兩材襻間
槫縫襻間第八

鋪作轉角正樣第九

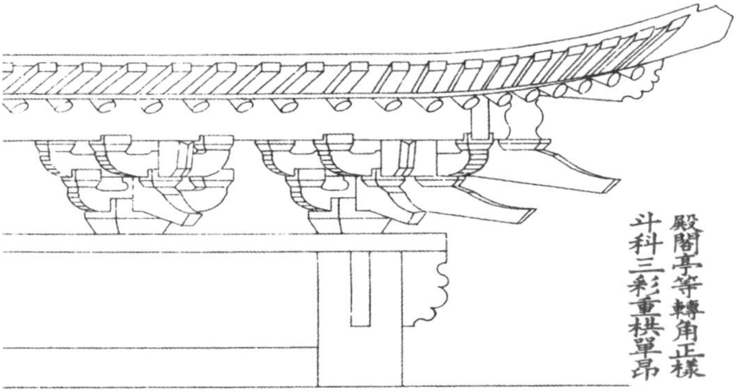

殿閣亭等轉角正樣
斗科三彩重栱單昂

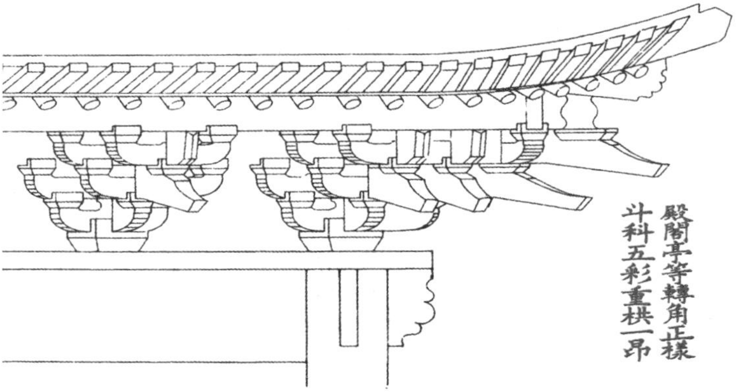

殿閣亭等轉角正樣
斗科五彩重栱一昂

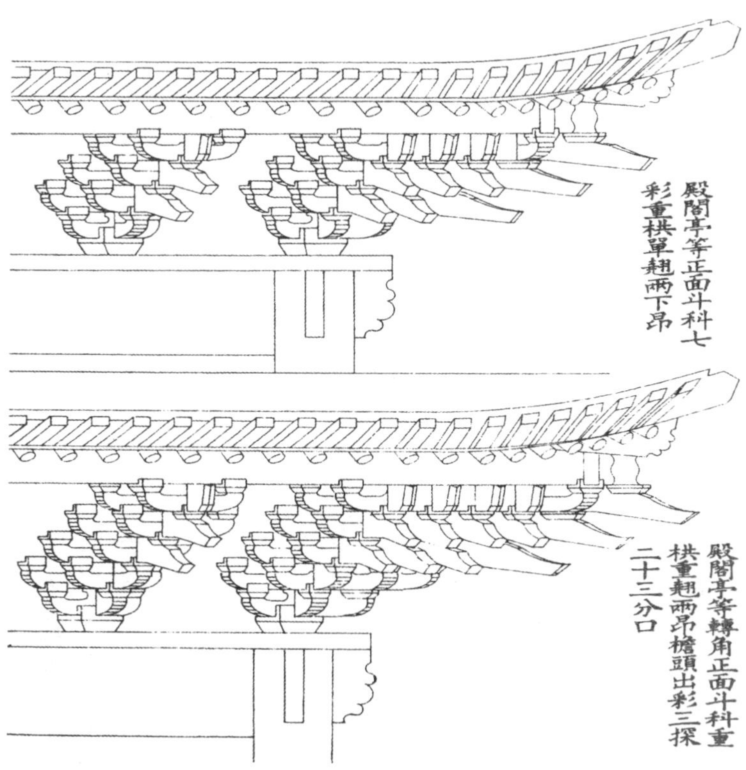

殿閣亭等正面斗科七彩重栱單翹兩下昂

殿閣亭等轉角正面斗科重栱重翹兩昂檐頭出彩三採二十三分口

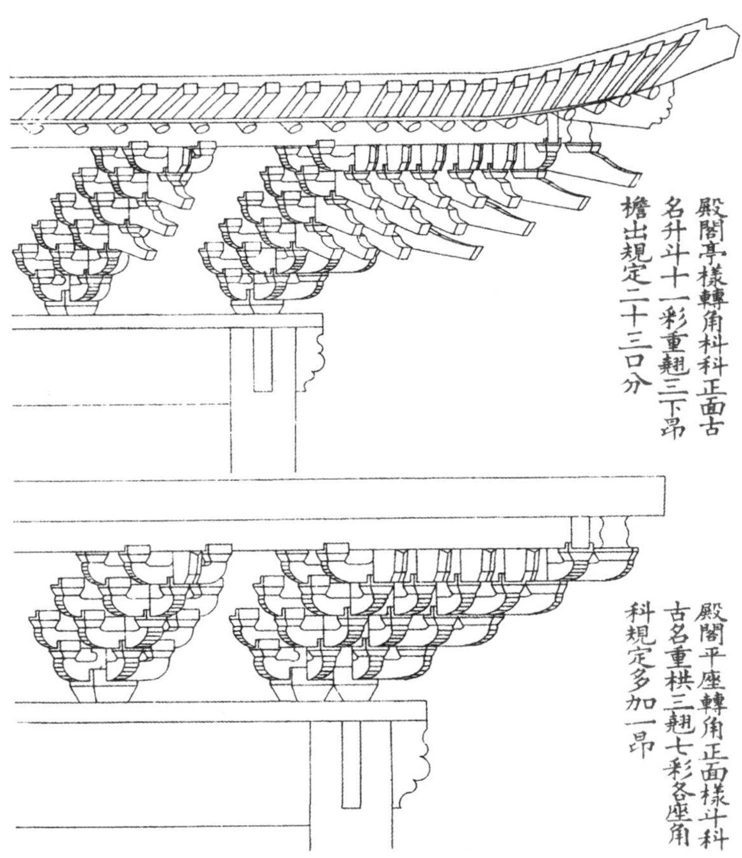
殿閣亭榭轉角枓科正面古
名升斗十一彩重翹三下昂
檐出規定二十三口分
殿閣平座轉角正面樣斗科
古名重栱三翹七彩各座角
科規定多加一昂

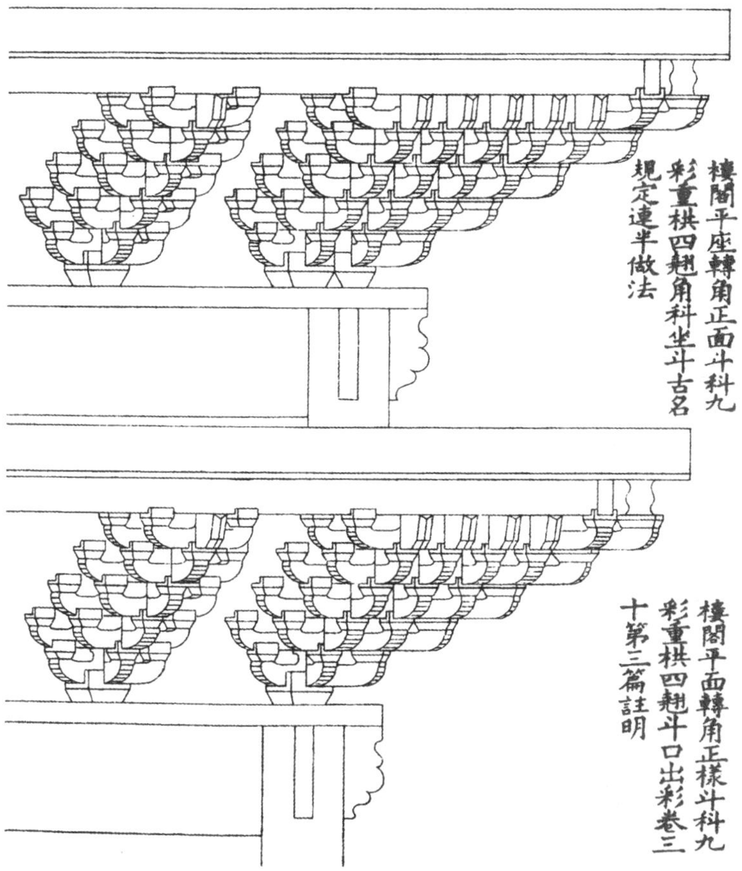

樓閣平座轉角正面斗科九彩重栱四翹角科坐斗古名規定連半做法

樓閣平面轉角正樣斗科九彩重栱四翹斗口出彩卷三十第三篇註明

卷第三十一

大木作制度图样下

殿阁地盘分槽等第十

殿堂等八铺作副阶六铺作双槽斗底槽准此,下双槽同草架侧样第十一

殿堂等七铺作副阶五铺作双槽草架侧样第十二

殿堂等五铺作副阶四铺作单槽草架侧样第十三

殿堂等六铺作分心槽草架侧样第十四

厅堂等自十架椽至四架椽间缝内用梁柱第十五

大木作制度圖樣下

殿閣地盤分槽等第十

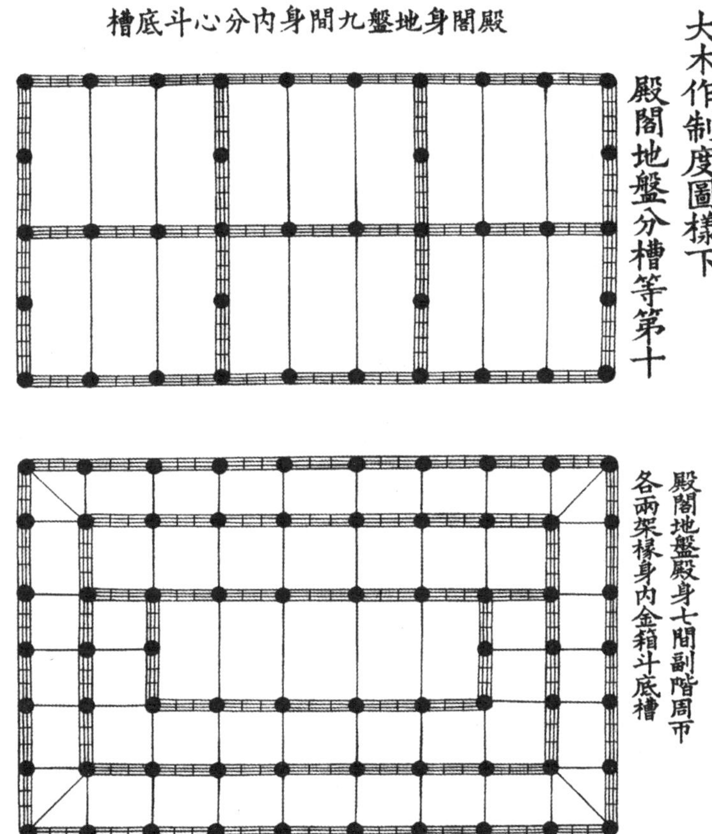

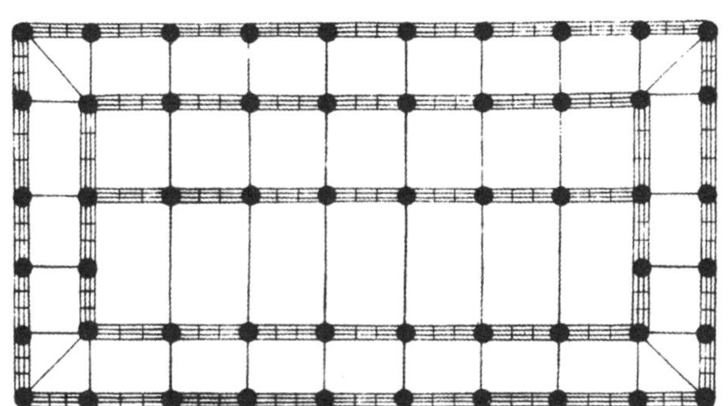

殿閣地盤殿身七間副階周帀各兩架椽身內單槽

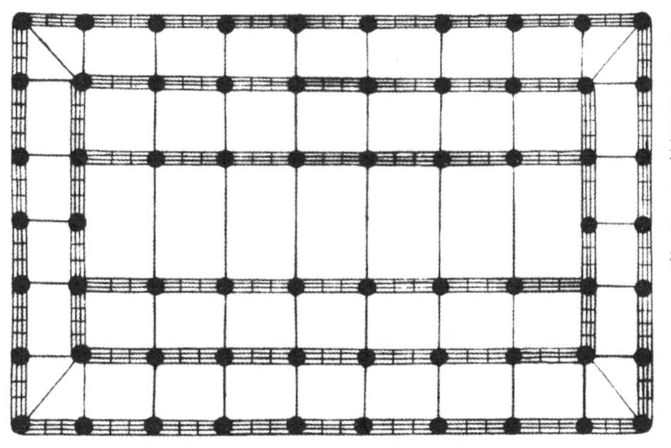

殿閣地盤殿身七間副階周帀各兩架椽身內雙槽

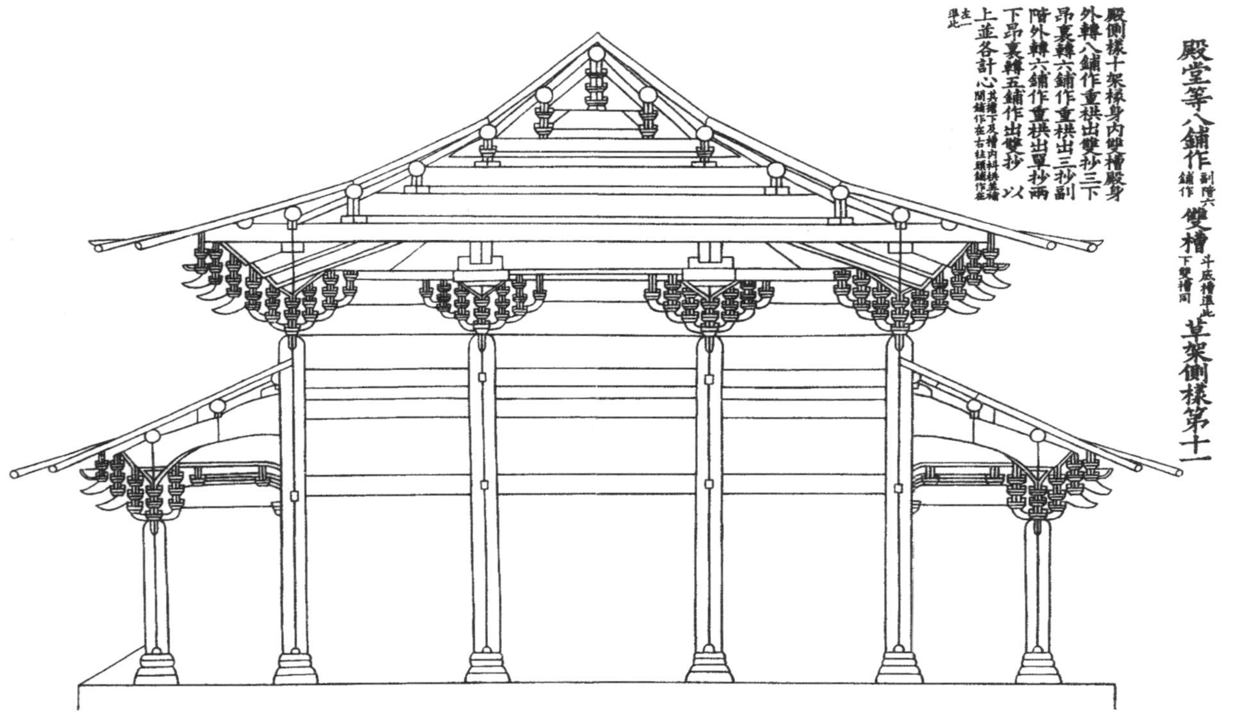
殿堂等八鋪作（副階六鋪作）雙槽（斗底槽準此，下雙槽同）草架側樣第十一
殿側樣十架椽身內雙槽殿身外轉八鋪作重栱出雙抄三下昂裏轉六鋪作重栱出三抄副階外轉六鋪作重栱出單抄兩下昂裏轉五鋪作出雙抄以上並各計心（其檐下及槽內枓栱並補間鋪作在右柱頭鋪作在左一準此）

殿堂等七鋪作副階五鋪作雙槽草架側樣第十二
殿側樣十架椽身內雙槽殿身
外轉七鋪作重栱出雙抄兩下
昂裏轉六鋪作重栱出三抄副
階外轉五鋪作重栱出單抄單
昂裏轉五鋪作出雙抄 以上
並各計心

殿堂等五鋪作（副階四鋪作）單槽草架側樣第十三
殿側樣十架椽身内單槽殿身
外轉五鋪作重栱出單抄單下
昂裏轉五鋪作重栱出雙抄副
階外轉四出插昂裏轉出一跳
以上並各計心

殿堂等六鋪作分心槽草架側樣第十四

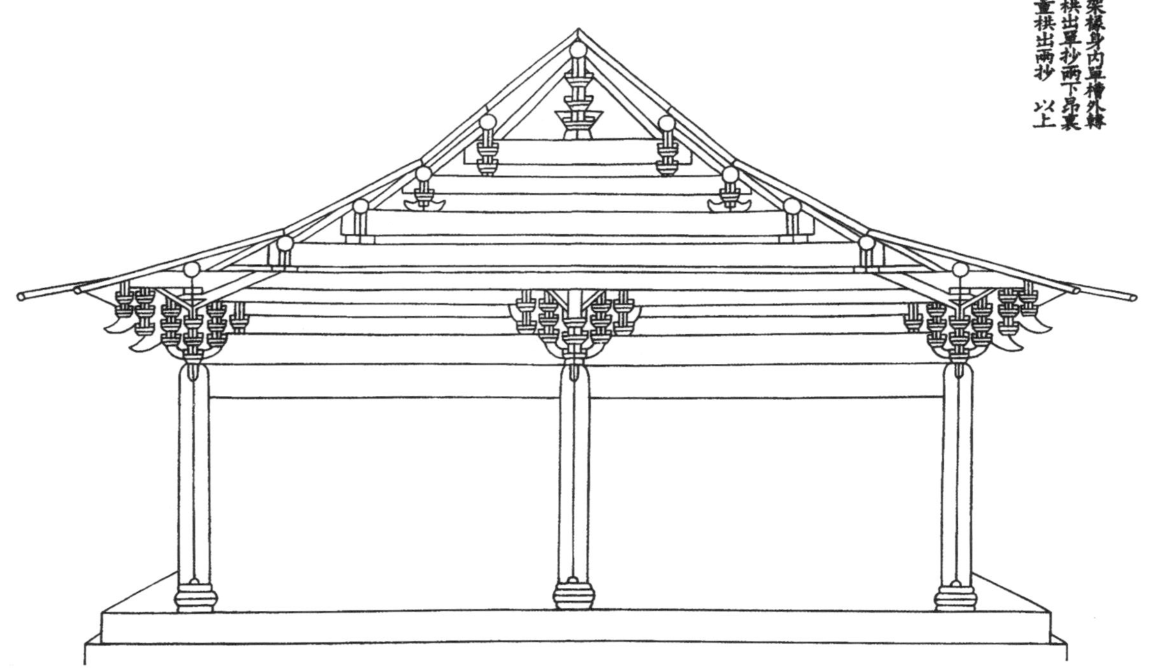

廳堂等（自十架椽至四架椽）間縫内用梁柱第十五

十架椽屋分心三柱

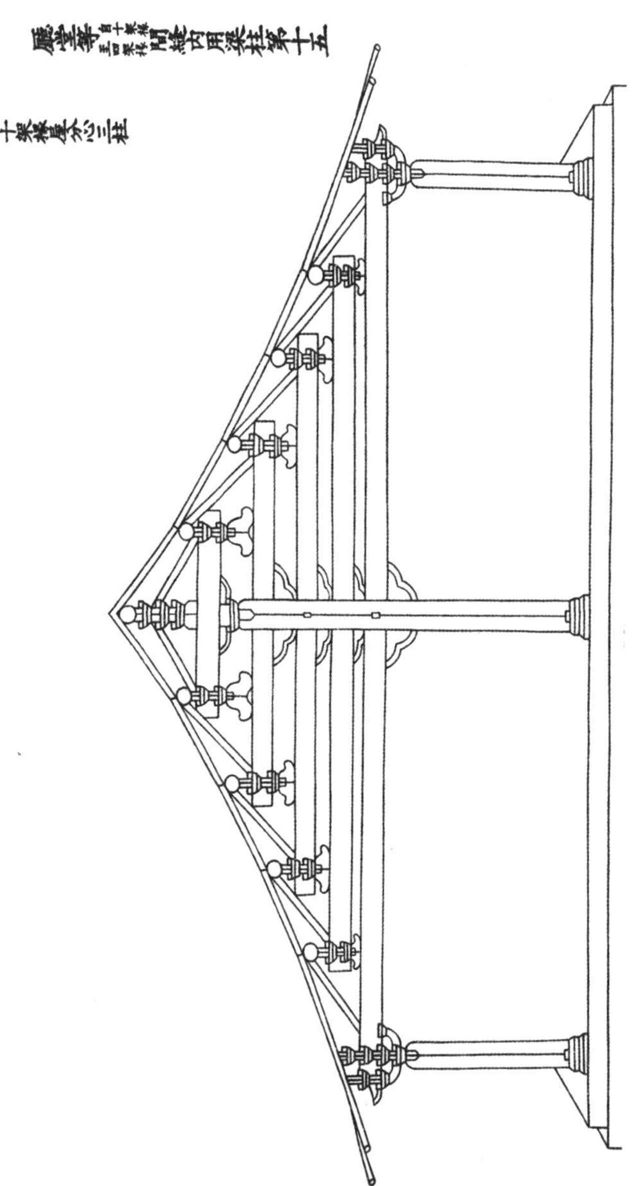

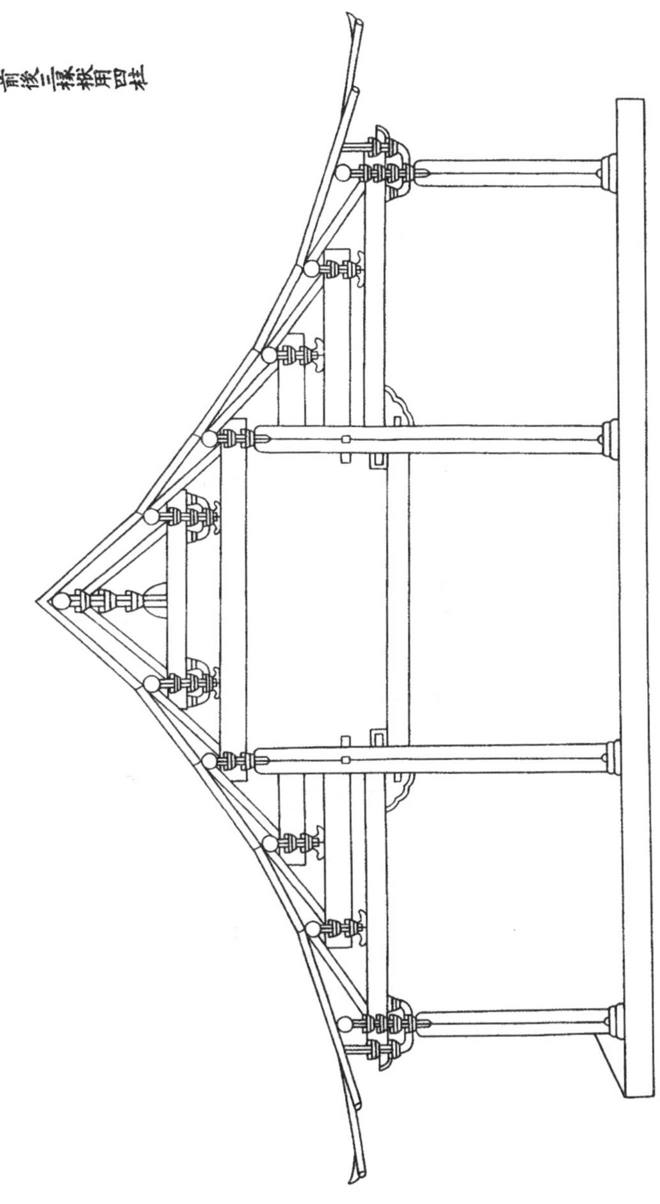

十架椽屋前後三椽栿用四柱

十架椽屋分心前後乳栿用五柱

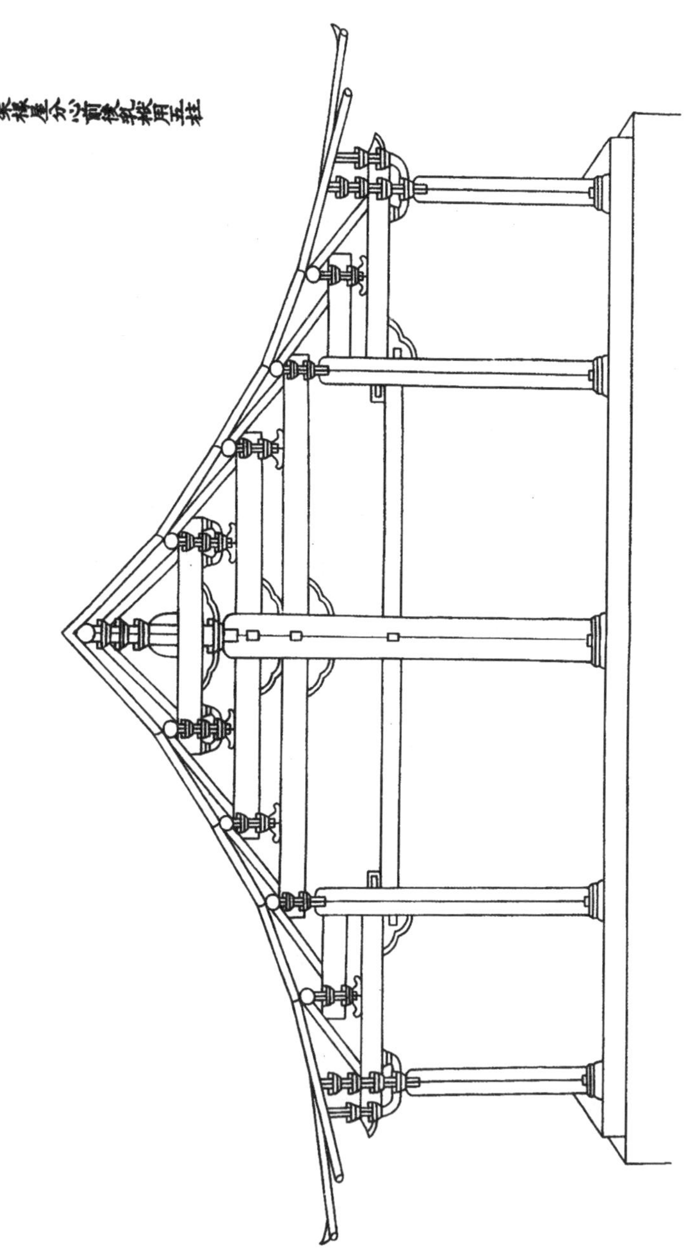

十架椽屋前後並乳栿用六柱

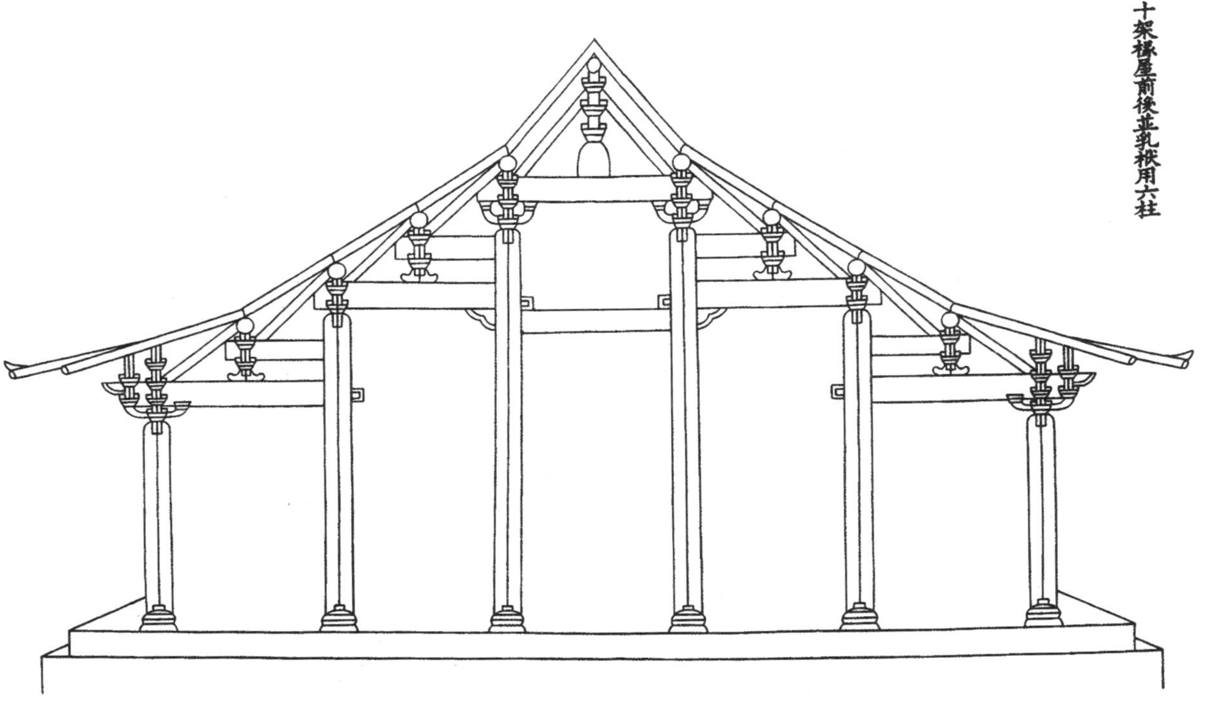

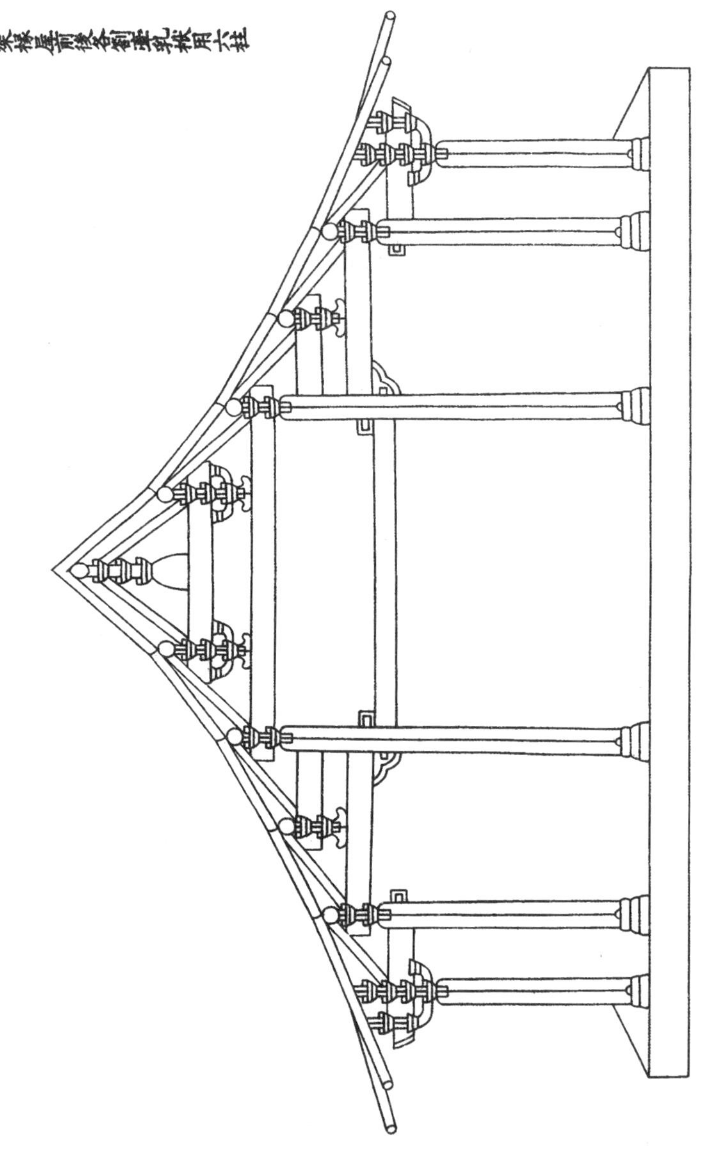
十架椽屋前後各劄牽乳栿用六柱

八架椽屋分心用三柱

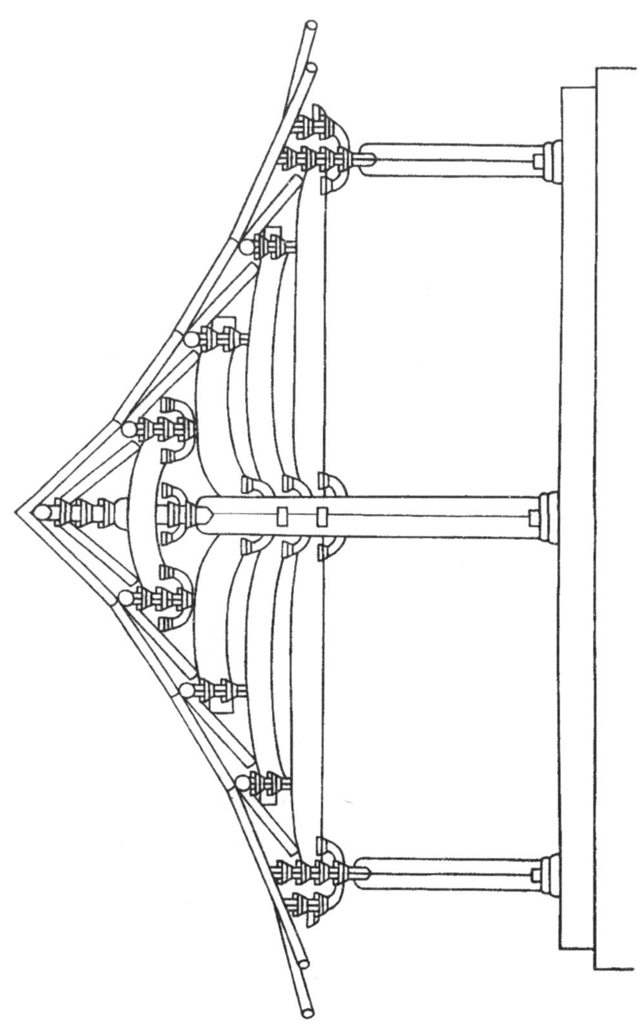

八架椽屋乳栿對六椽栿用三柱

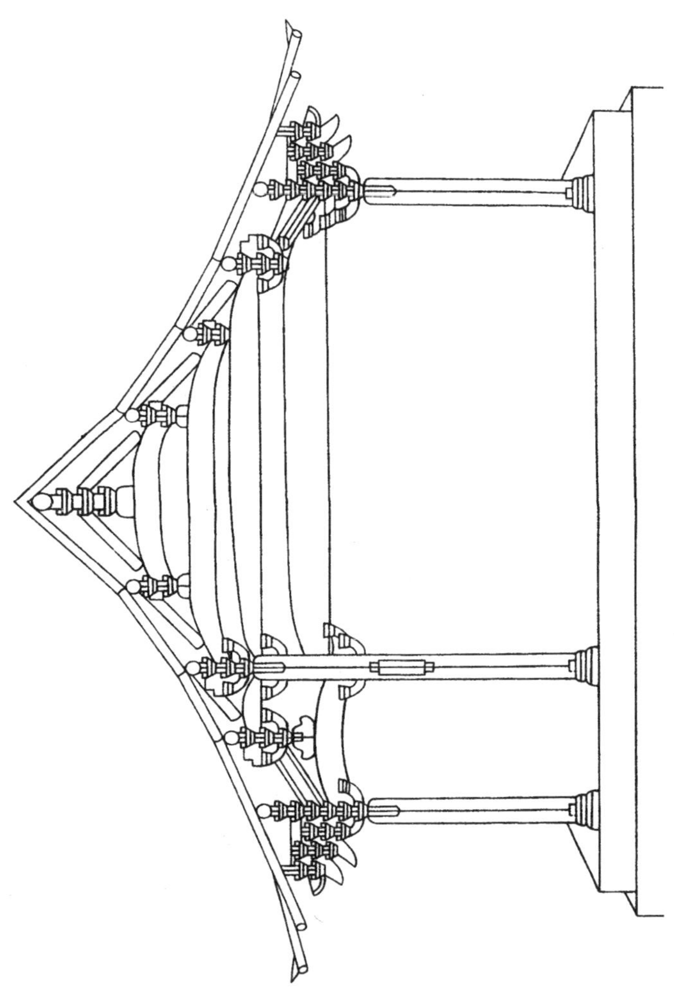

八架椽屋前後乳栿用四柱

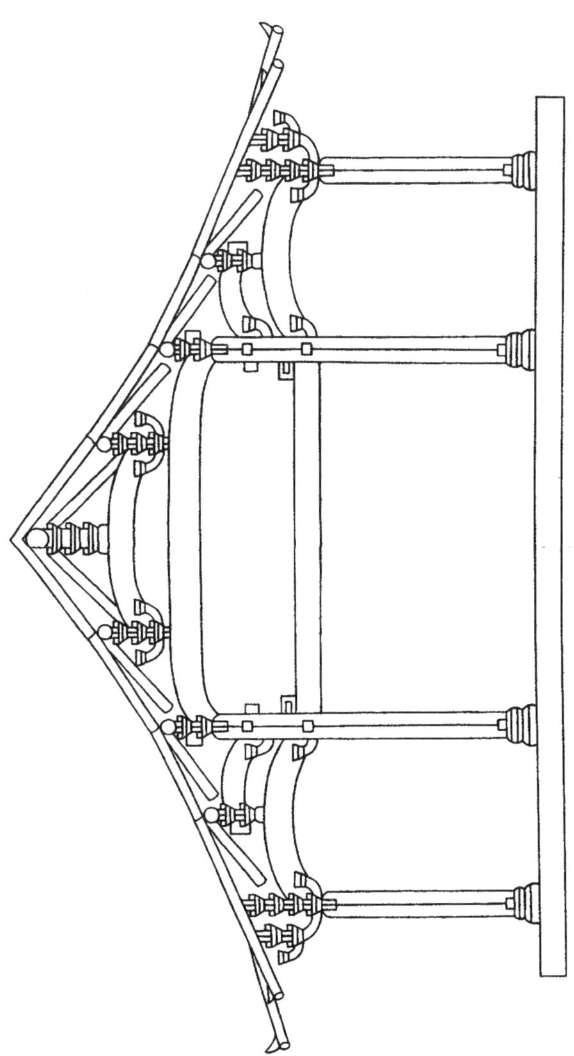

八架椽屋前後乳栿用四柱

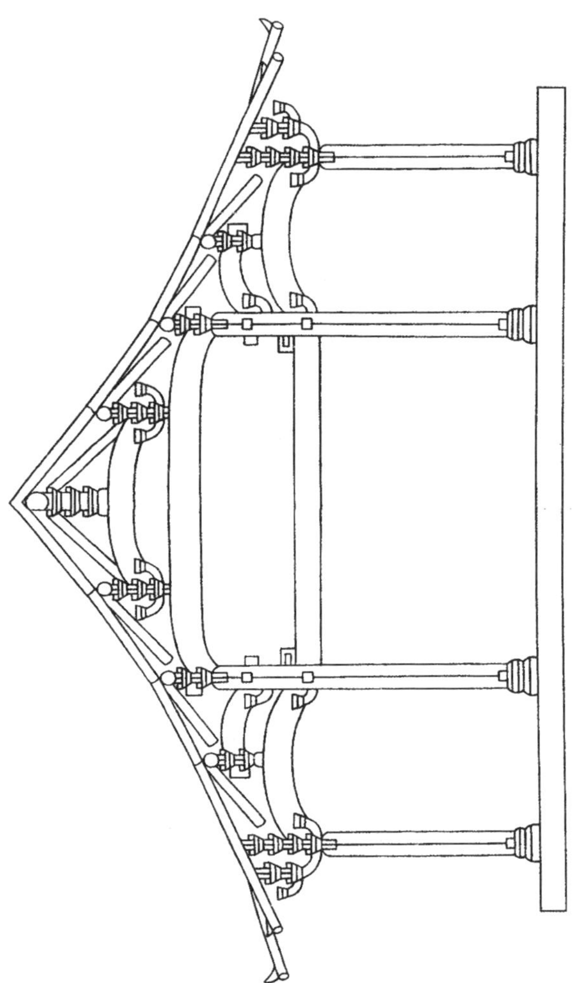

八架椽屋前後三椽栿用四柱

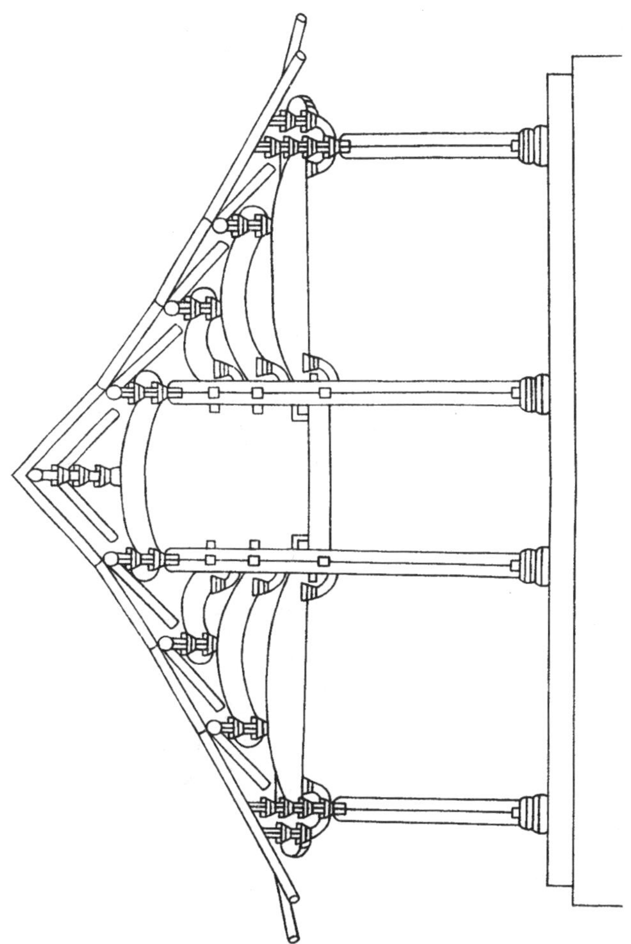

八架椽屋分心乳栿用五柱

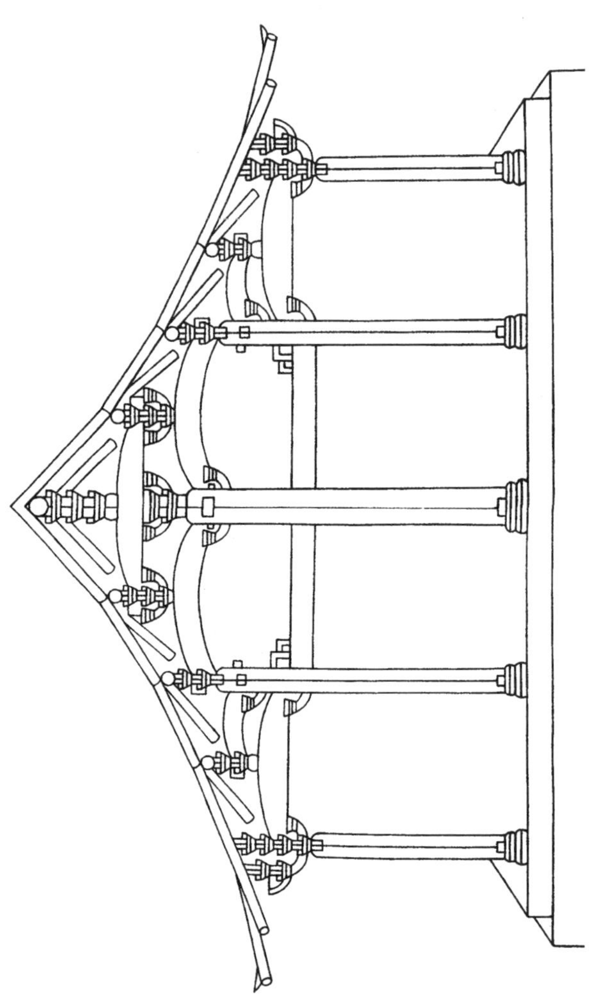

八架椽屋前後劄牽用六柱

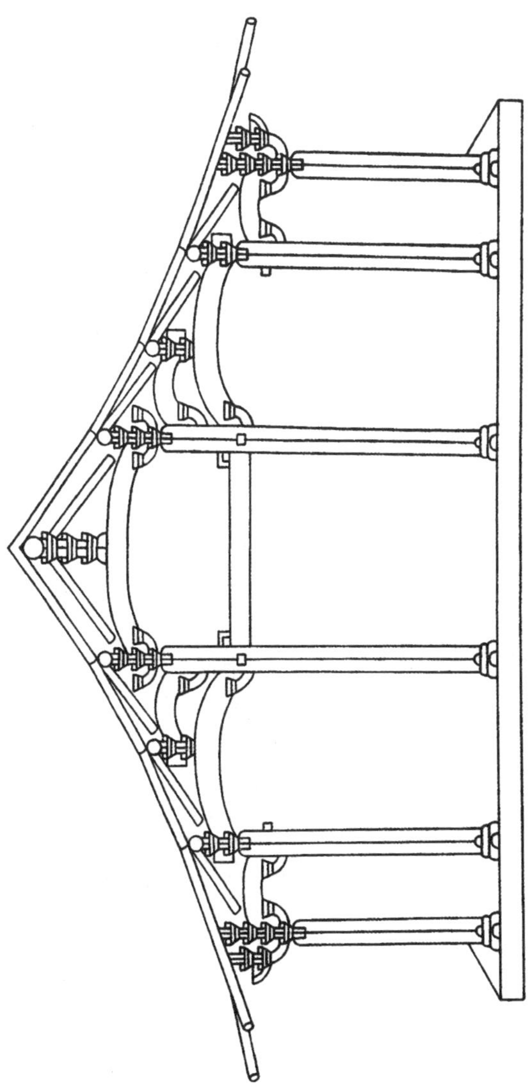

六架椽屋分心用三柱

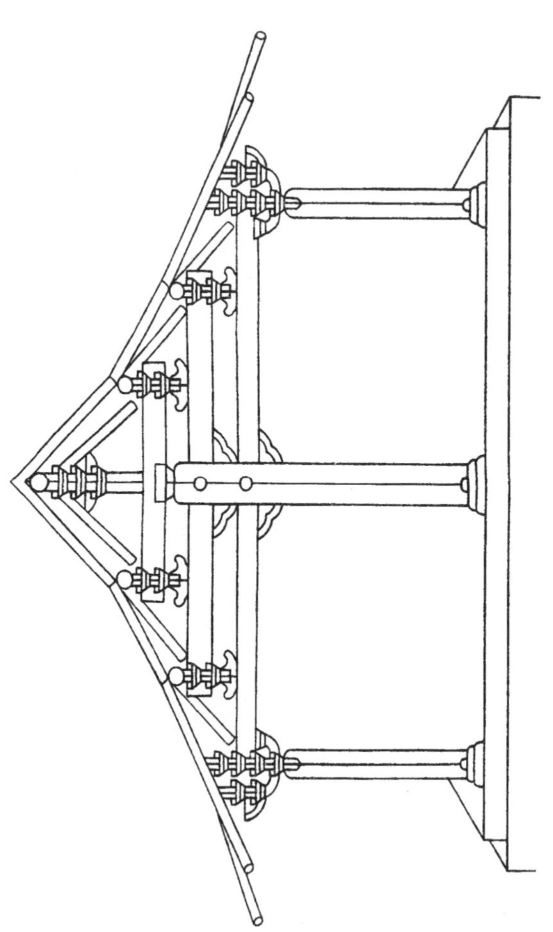

六架椽屋乳栿對四椽栿用三柱

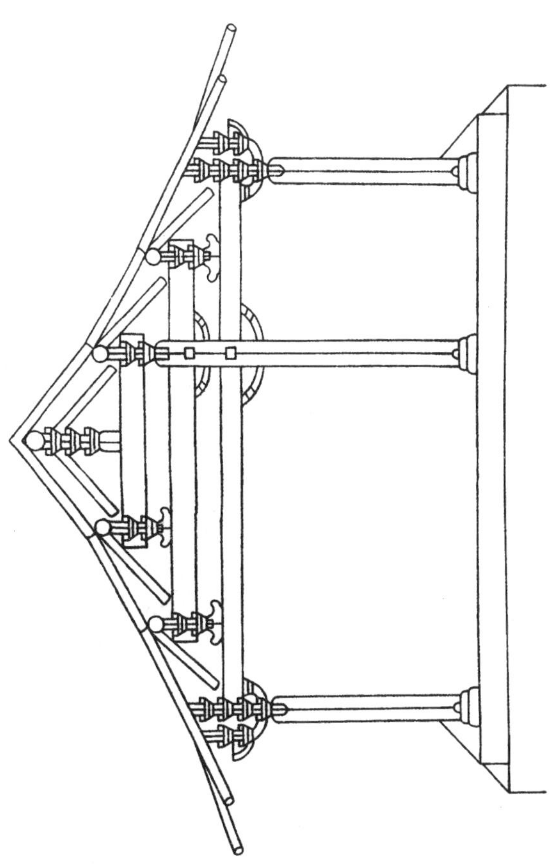

六架椽屋前後乳栿劄牽用四柱

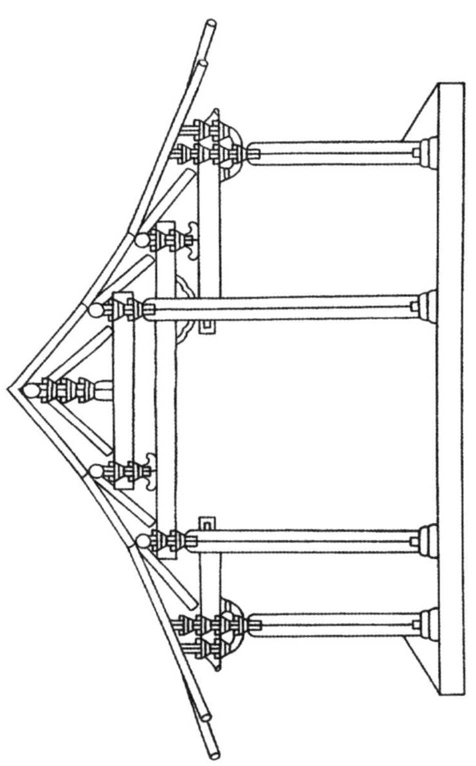

四架椽屋分心用三柱

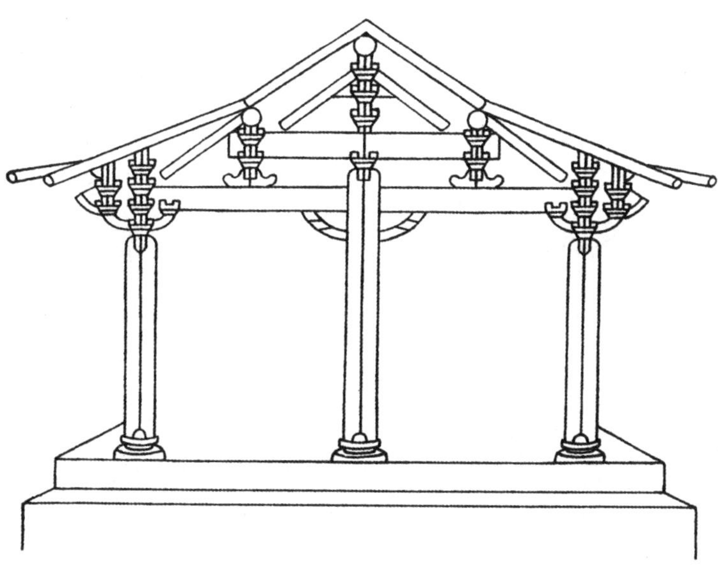

四架椽屋劄牽二椽栿用三柱

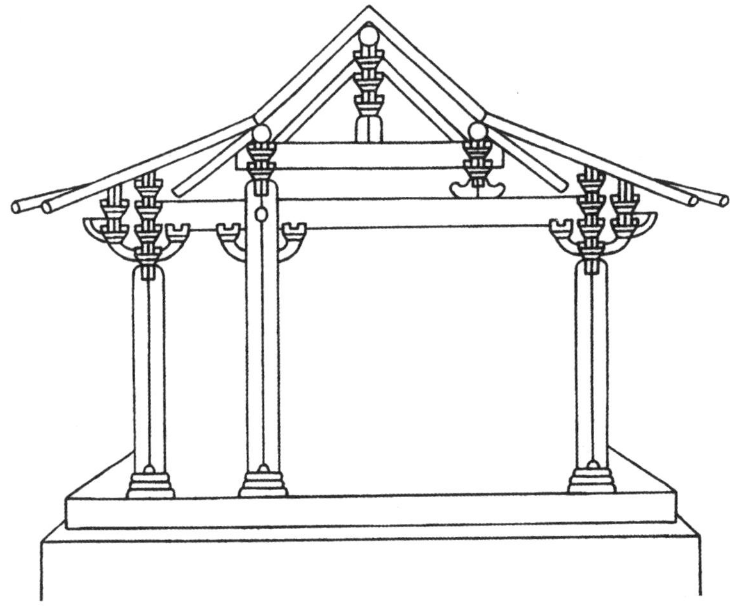

四架椽屋分心劄牽用四柱

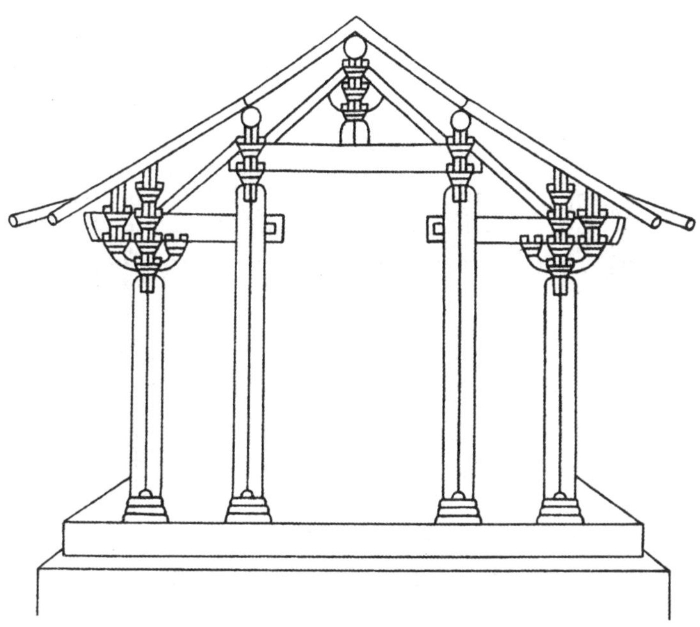

四架椽屋通檐用二柱

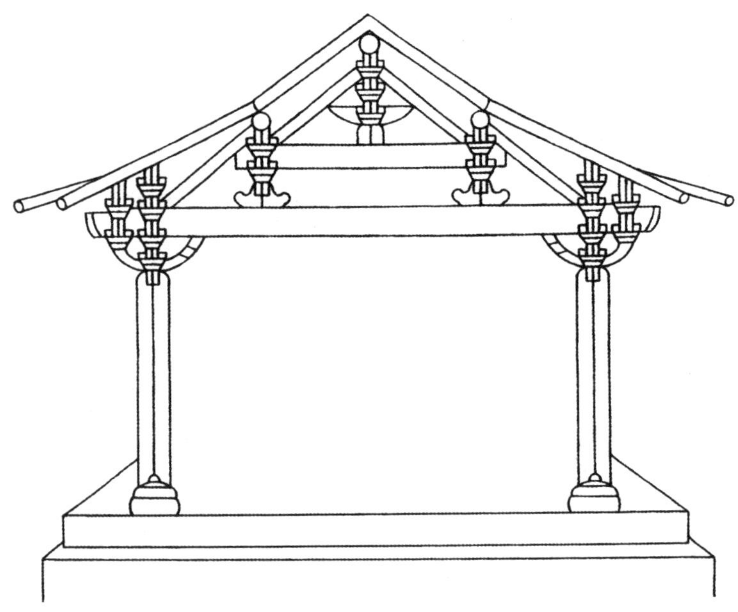

殿閣地盤分槽第十

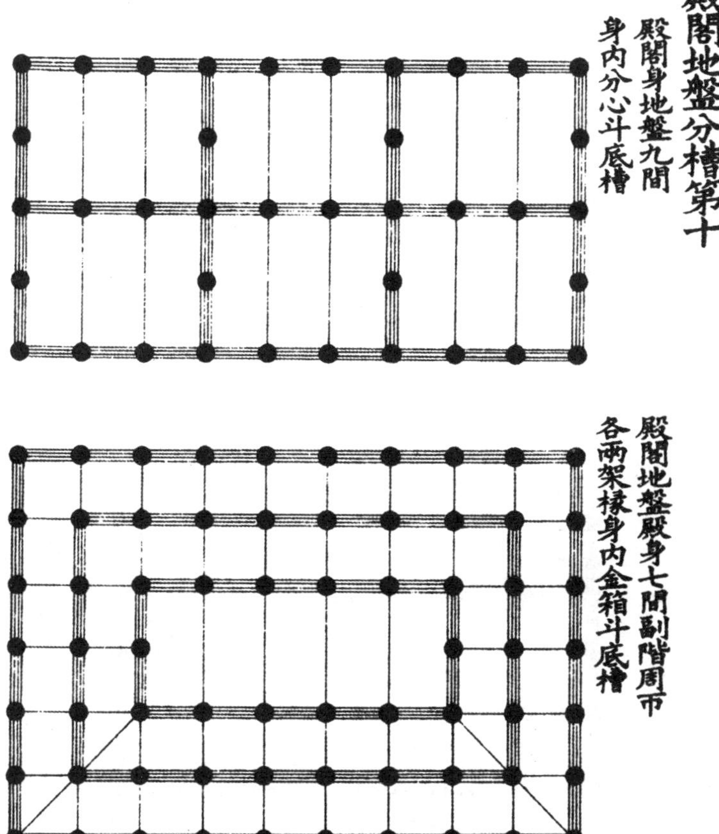

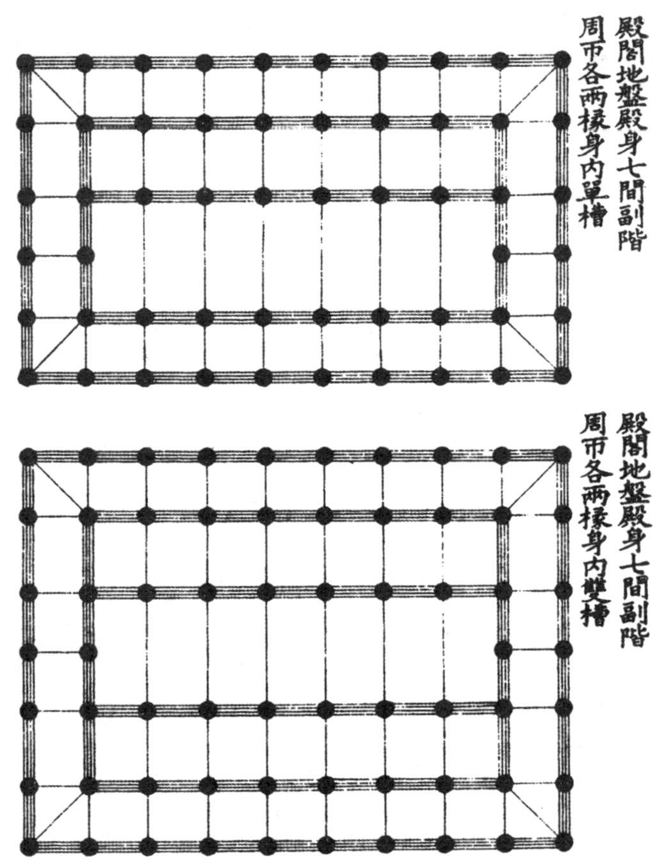
殿閣地盤殿身七間副階
周帀各兩椽身内單槽
殿閣地盤殿身七間副階
周帀各兩椽身内雙槽

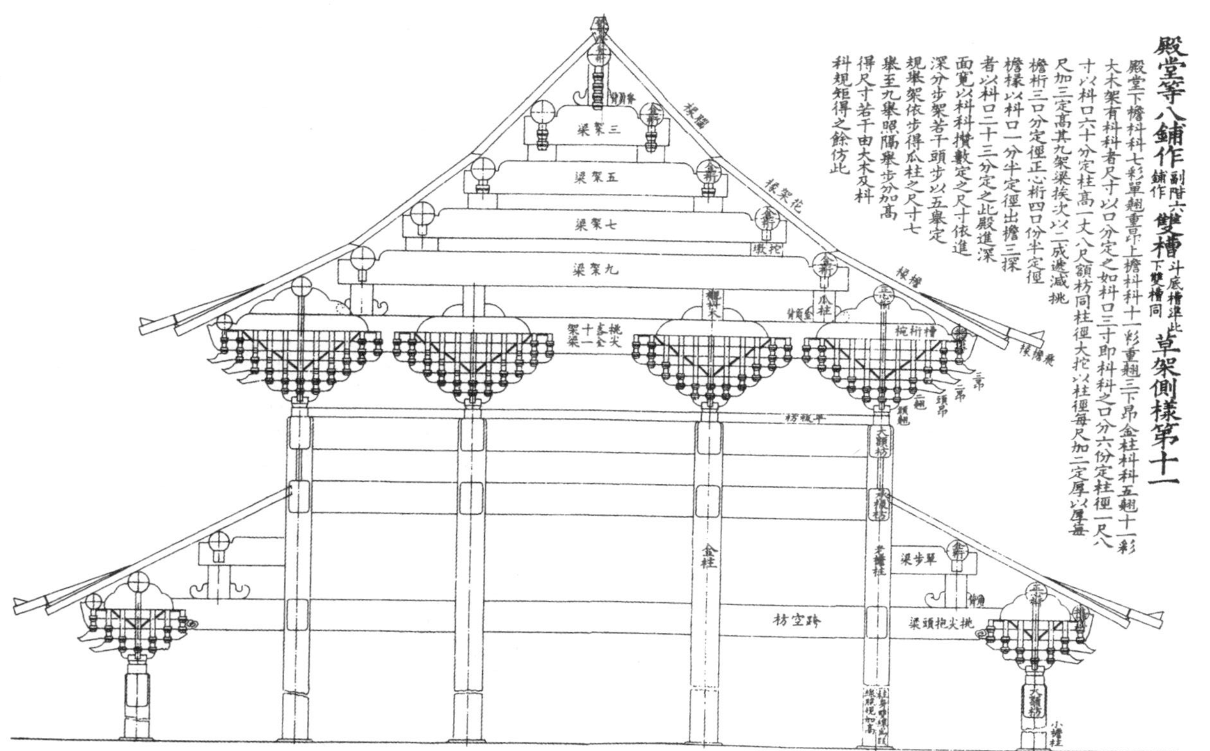
殿堂等八鋪作副階六鋪作雙槽斗底槽準此下雙槽同草架側樣第十一
殿堂下檐枓科七彩單翹重昂上檐枓科十一彩重翹三下昂金柱枓科五翹十一彩
大木架有枓科者尺寸以口分定之如枓口三寸即枓科之口分六份定柱徑一尺八
寸以枓口六十分定柱高一丈八尺額枋同柱徑大挖以柱徑每尺加二定厚以厚每
尺加三定高其九架梁挨次以二成遞減挑
檐桁三口分定徑正心桁四口份半定徑
檐椽以枓口一分半定徑出檐三探
者以枓口二十三分定之此殿進深
面寬以枓科攢數定之尺寸依進
深分步架若干頭步以五舉定
規舉架依步得瓜柱之尺寸七
舉至九舉照隔架步分加高
得尺寸若干由大木及枓
科規矩得之餘仿此
三架梁
五架梁
七架梁
九架梁
瓜柱
金柱
老檐柱
大額枋
單步梁
挑尖抱頭梁
跨空枋
小檐柱

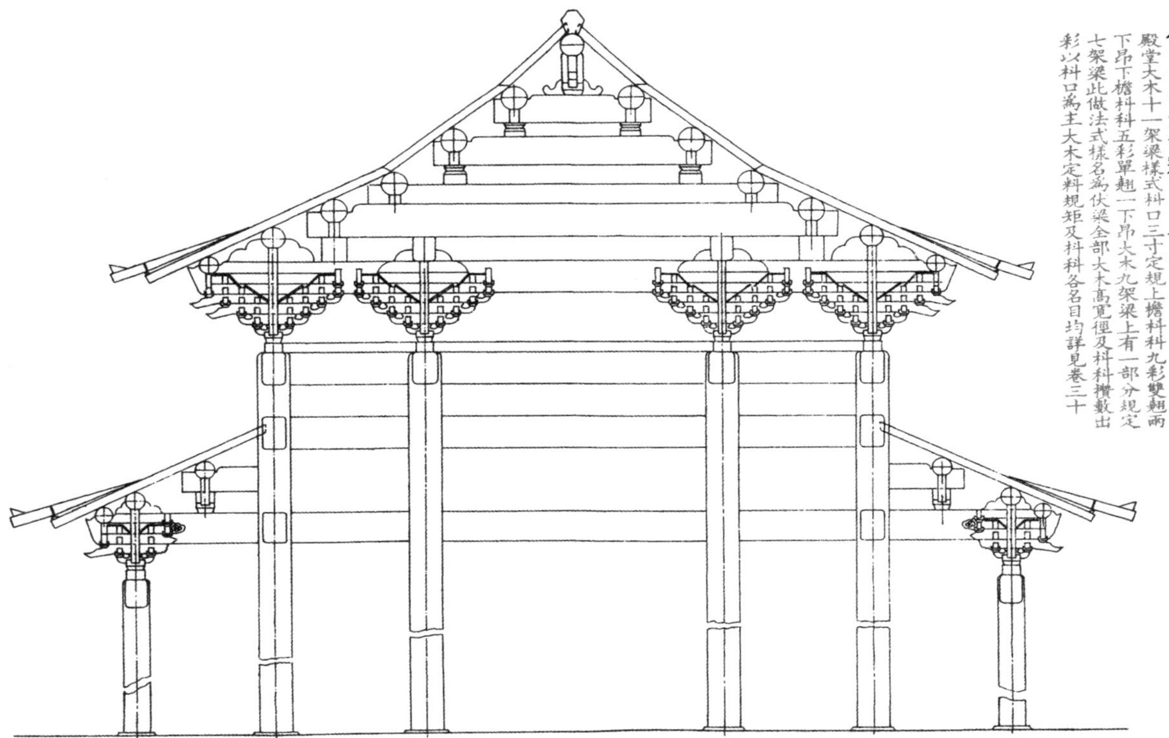
殿堂等七鋪作副階五鋪作雙槽草架側樣第十二
殿堂大木十一架梁樣式枓口三寸定規上檐枓科九彩雙翹兩
下昂下檐枓科五彩單翹一下昂大木九架梁上有一部分規定
七架梁此做法式樣名爲伏梁全部大木高寬徑及枓科攢數出
彩以枓口爲主大木定料規矩及枓科各名目均詳見卷三十

殿堂五鋪作副階四鋪作單槽草架側樣第十三

殿堂九架梁側面法式此圖二十分之一下檐枓科三彩一下昂裏出蘇葉頭上檐枓科五彩單翹單昂大木定料依枓口爲宗旨枓科規矩詳見第二篇

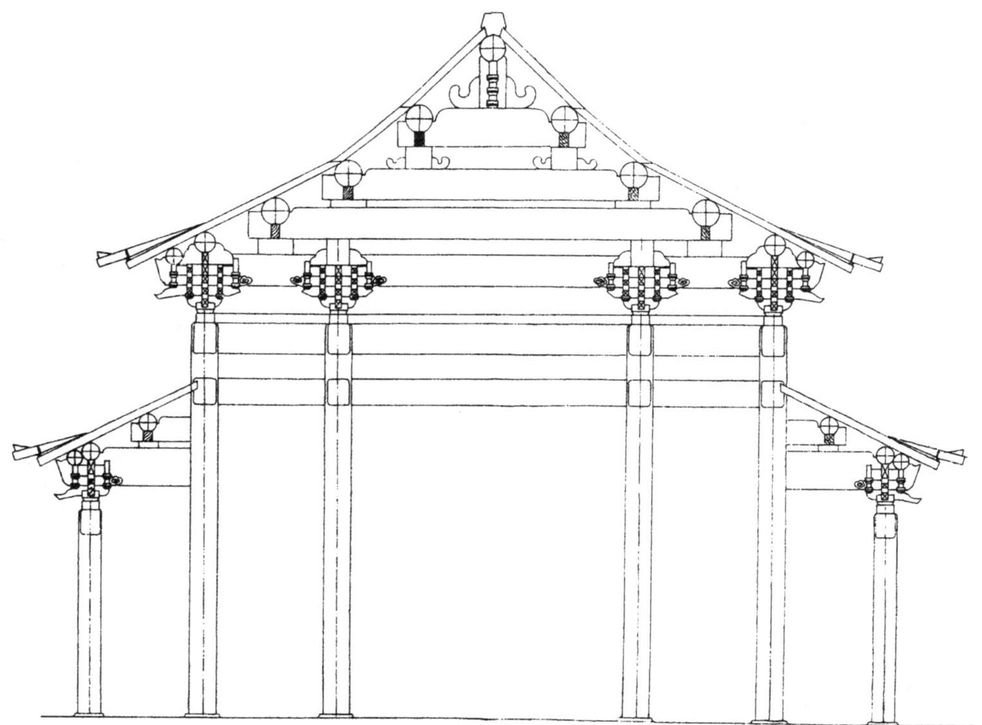

殿堂等六鋪作分槽草架側樣第十四

殿堂第十四大木十一架梁枓科七彩單翹兩下昂裏出兩頭一拳大木定枓科規定材料大小若干及枓科規矩出彩均詳見卷三十

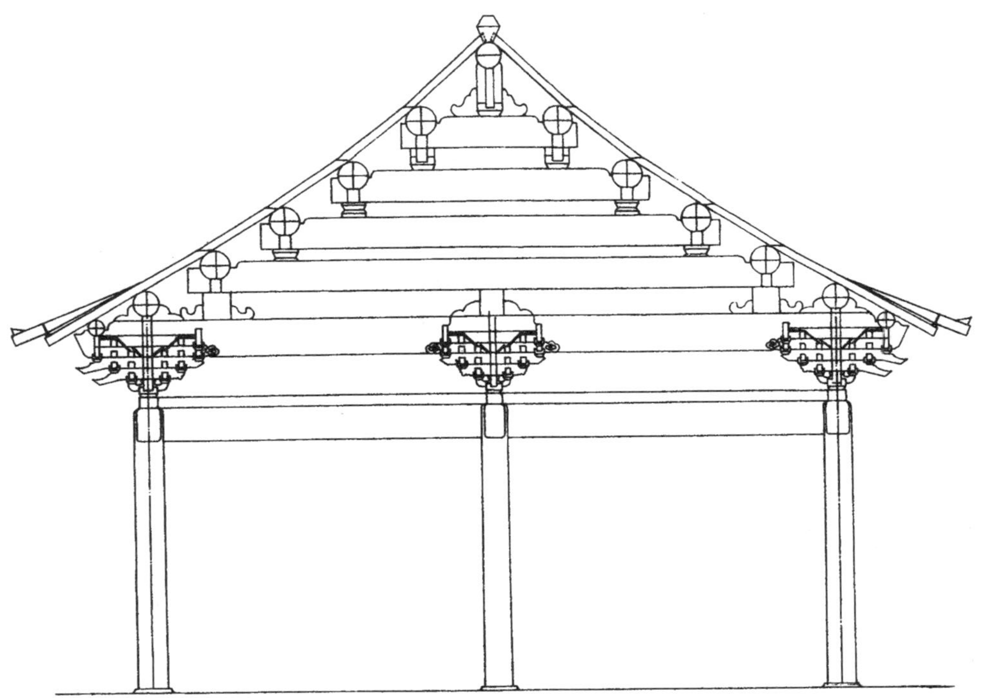

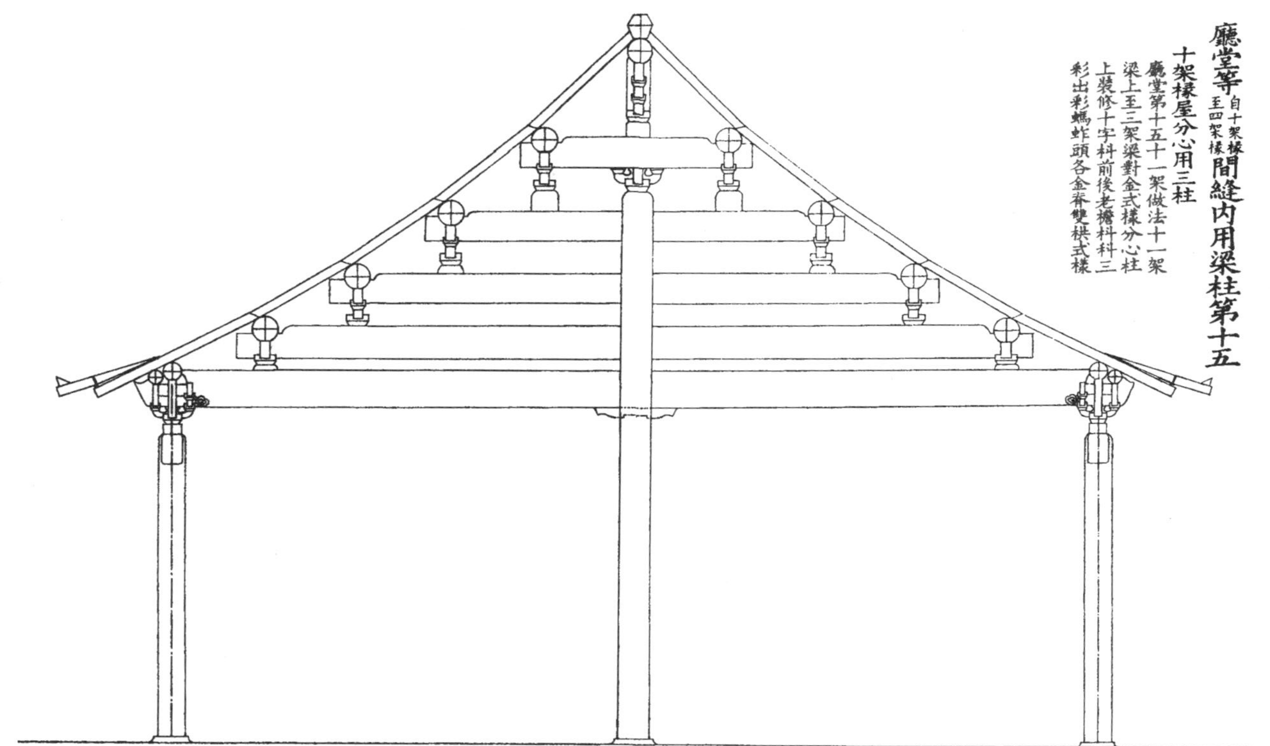
廳堂等自十架椽至四架椽間縫內用梁柱第十五
十架椽屋分心用三柱
廳堂第十五十一架做法十一架
梁上至三架梁對金式樣分心柱
上裝修十字科前後老檐科科三
彩出彩螞蚱頭各金脊雙栱式樣

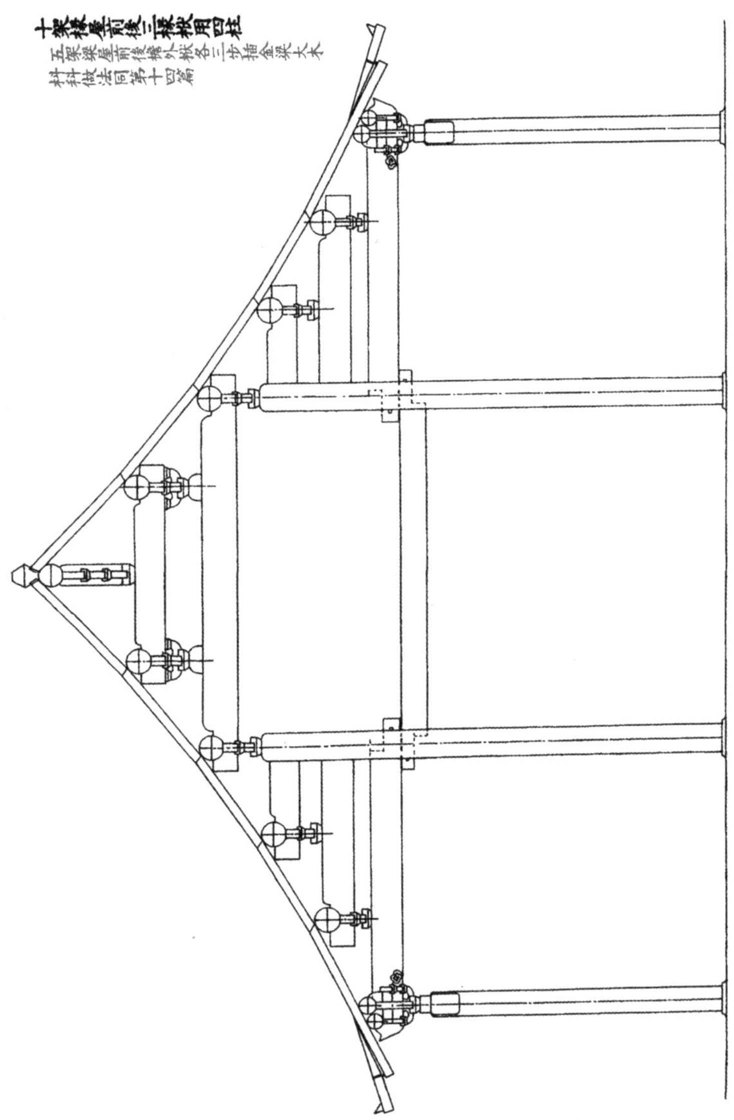
十架椽屋前后三椽栿用四柱
五架梁屋前后檐外栿各三步插金梁大木
枓科做法同第十四篇

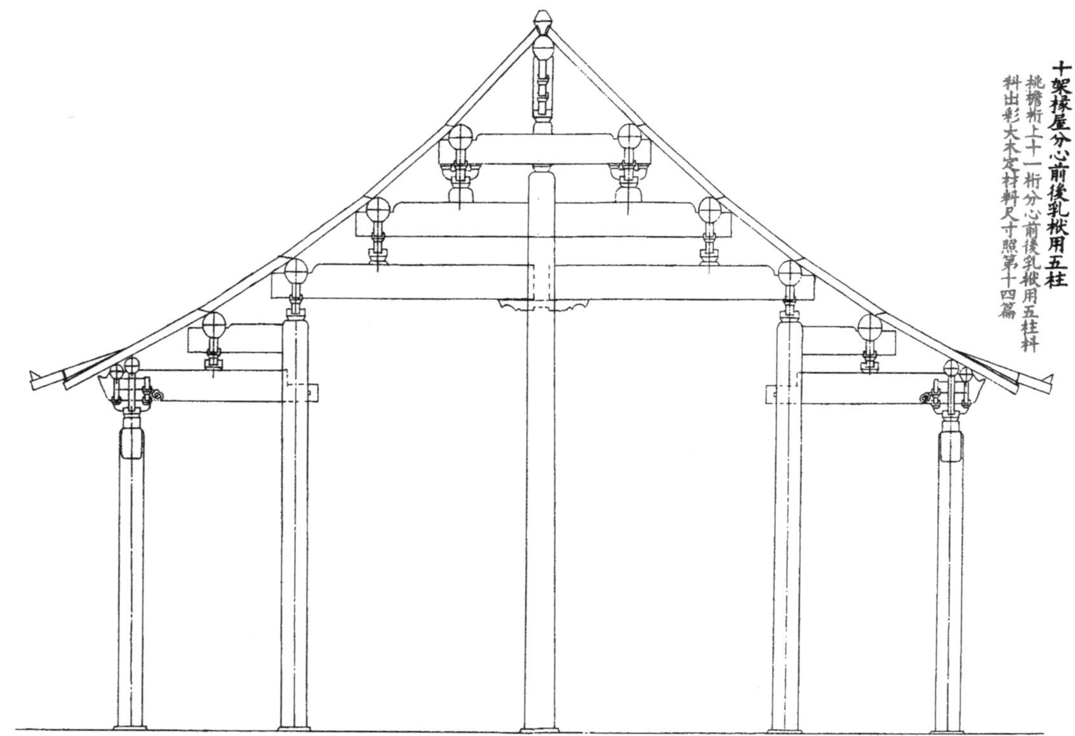
十架椽屋分心前後乳栿用五柱
挑檐桁上十一桁分心前後乳栿用五柱枓
枓出彩大木定材枓尺寸照第十四篇

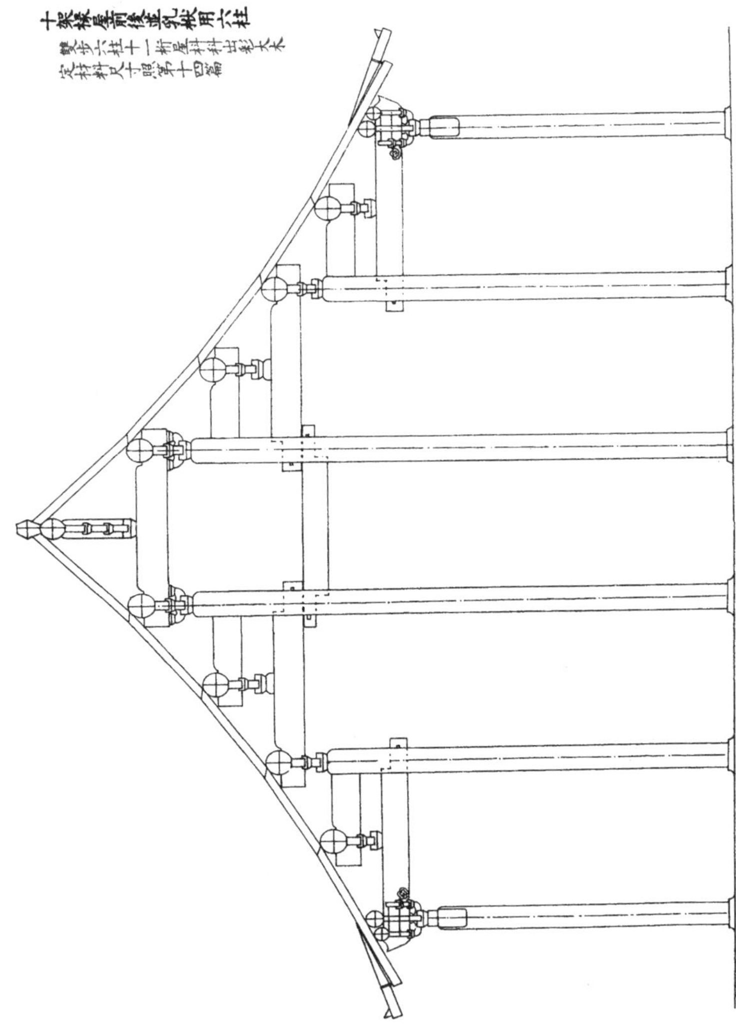
十架椽屋前後並乳栿用六柱
雙步六柱十一桁屋斗栱出彩大木
定樣料尺寸照第十四篇

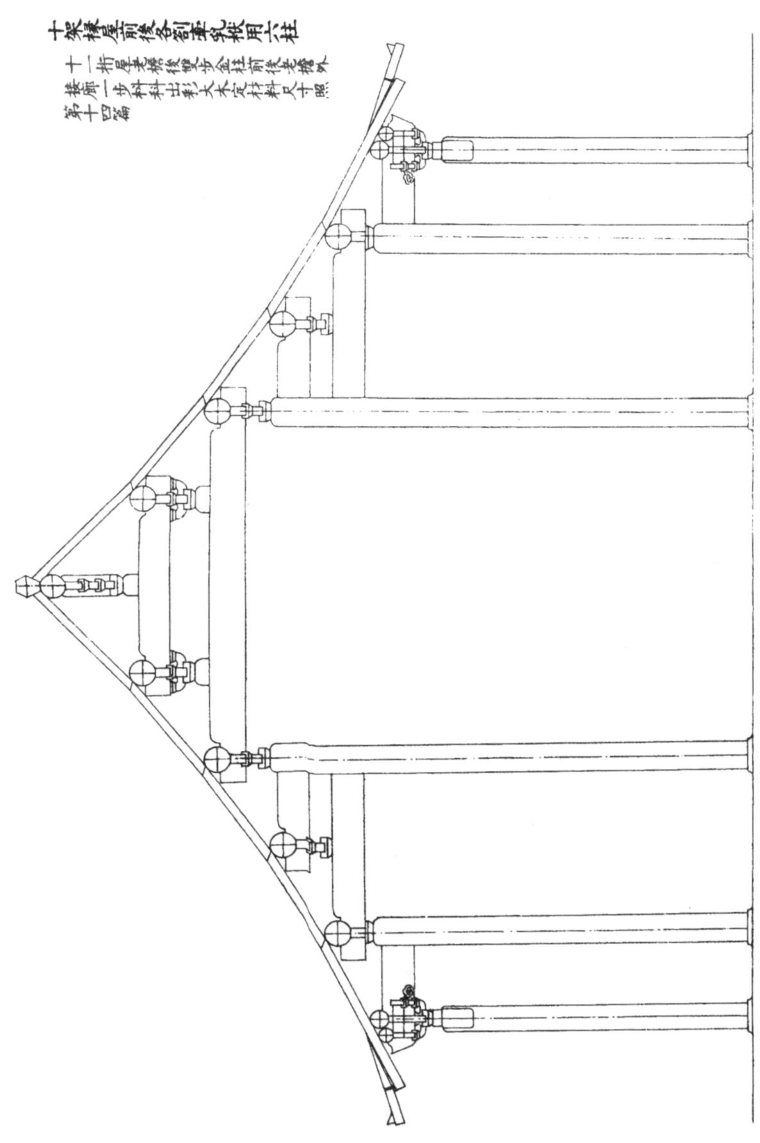
十架椽屋前後各劄牽乳栿用六柱
十一桁屋老檐後雙步金柱前後老檐外接廊一步斗科出彩大木定材料尺寸照第十四篇

八架椽屋分心用三柱

九架梁三步對金做法三架梁下十字翹三部前後檐枓科三彩梁柱等料及枓科出彩各部之名目均詳見卷三十

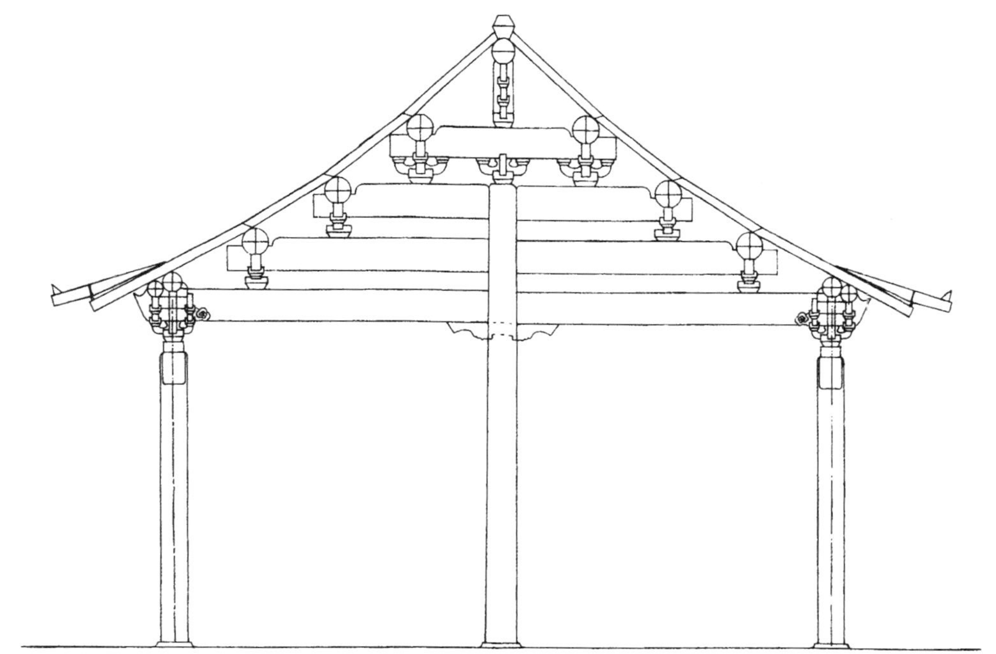

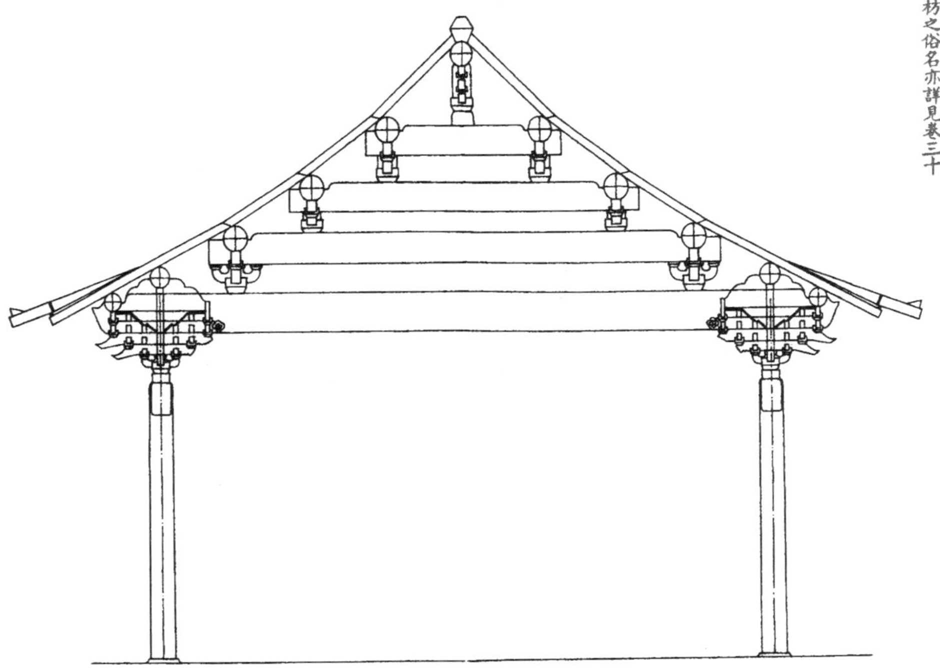

八架椽屋乳栿對六椽栿用二柱

九架梁屋大木頭步五舉定規以每步加舉若干詳見卷三十前後檐七彩升料科單翹重昂裏出一拳兩頭各拱各昂出彩各枋之俗名亦詳見卷三十

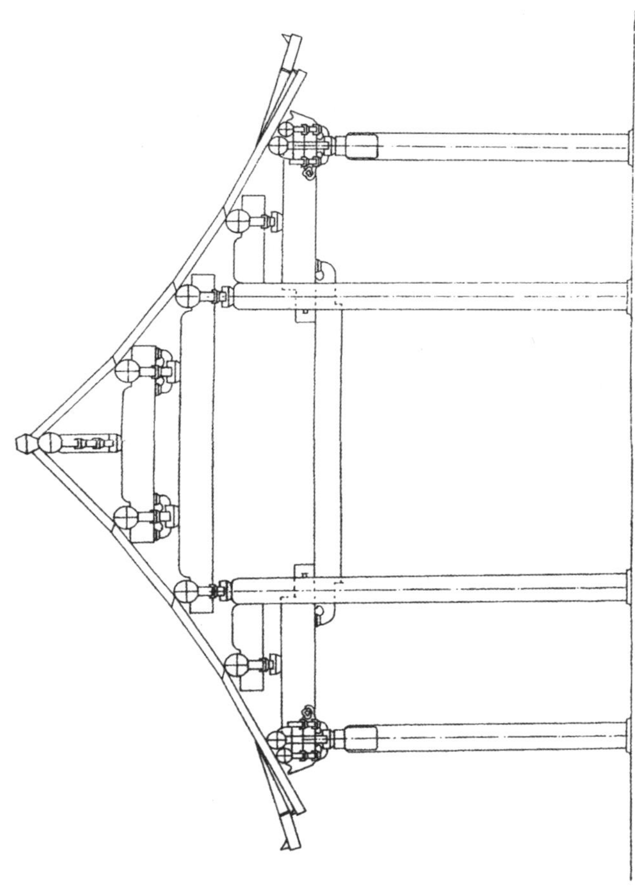
八架椽屋前後乳栿用四柱
九架梁前後雙步插金做法進深五架梁下兩步
俗名跨空枋前後小擔枓科三彩內部各金雙拱
做法三架梁下出彩為十字翹

八架椽屋前後三椽栿用四柱

九架梁屋四柱插金做法前後擔三彩升枓金字柱十字翹

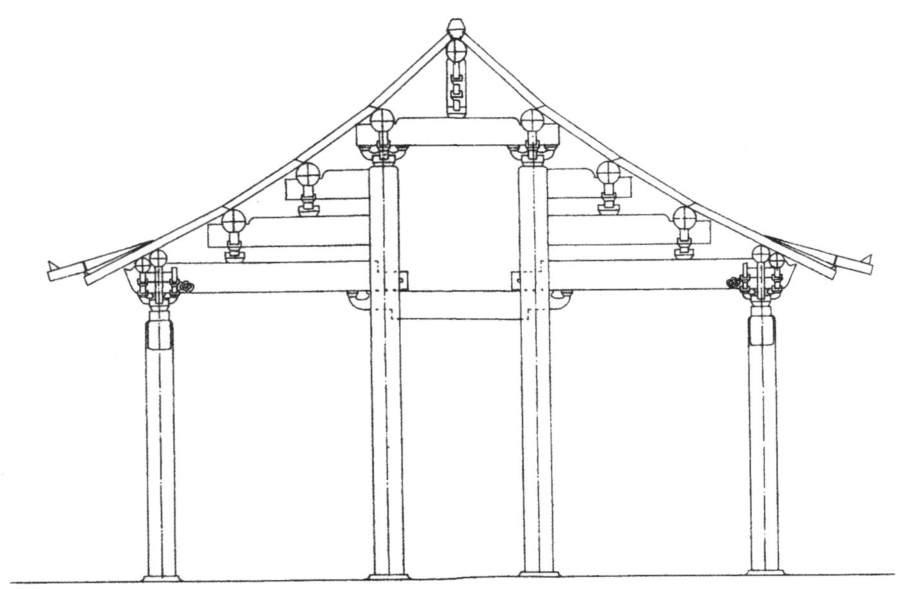

八架椽屋分心乳栿用五柱

九架椽屋分心乳栿用五柱前後檐三杪

斗科三架梁下三部出杪十字翹

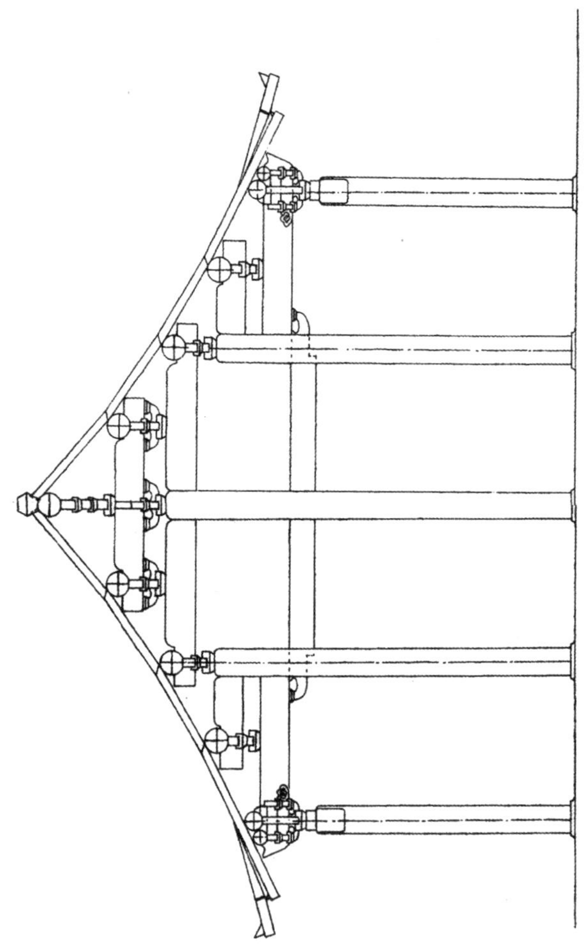

八架椽屋前後劄牽用六柱

九架梁屋進深六柱前後檐用三彩材料

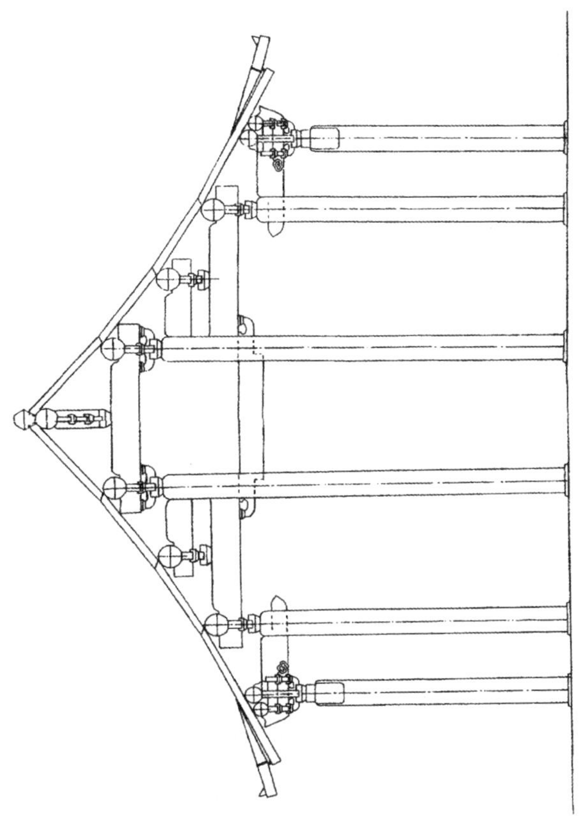

六架椽屋分心用三柱

七架梁屋大木三架梁下對金做法分心三柱前後
簷三彩枓枓金脊坐枓嬰翹七架梁內身為七架正
心枋以外俗名挑尖梁

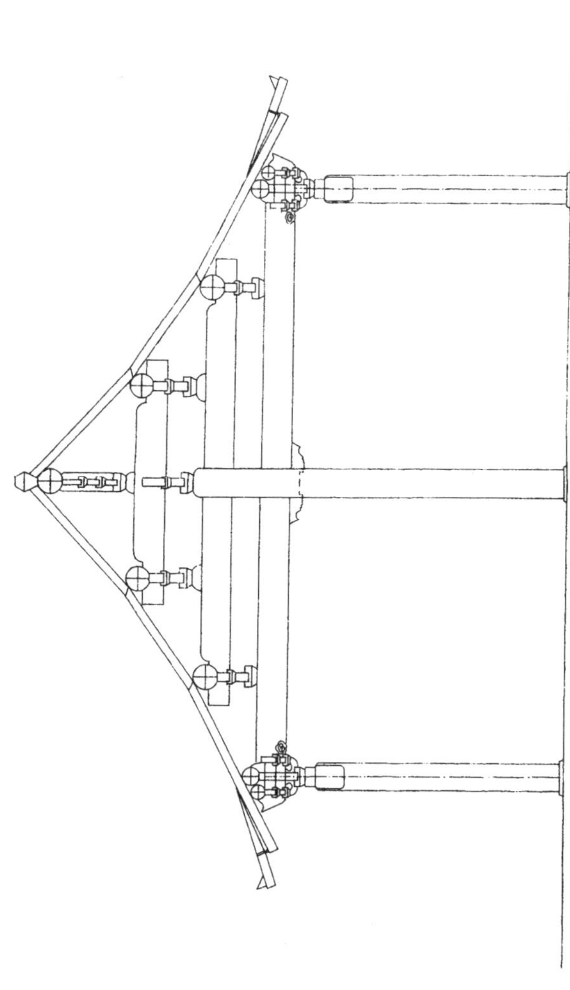

六架椽屋乳栿對四椽栿用四柱

七架梁四柱做法前後檐斜科三彩

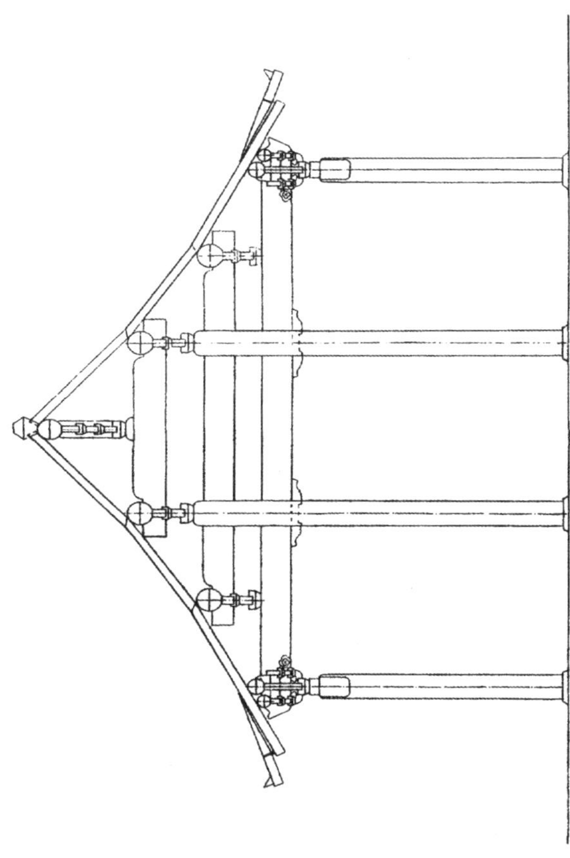

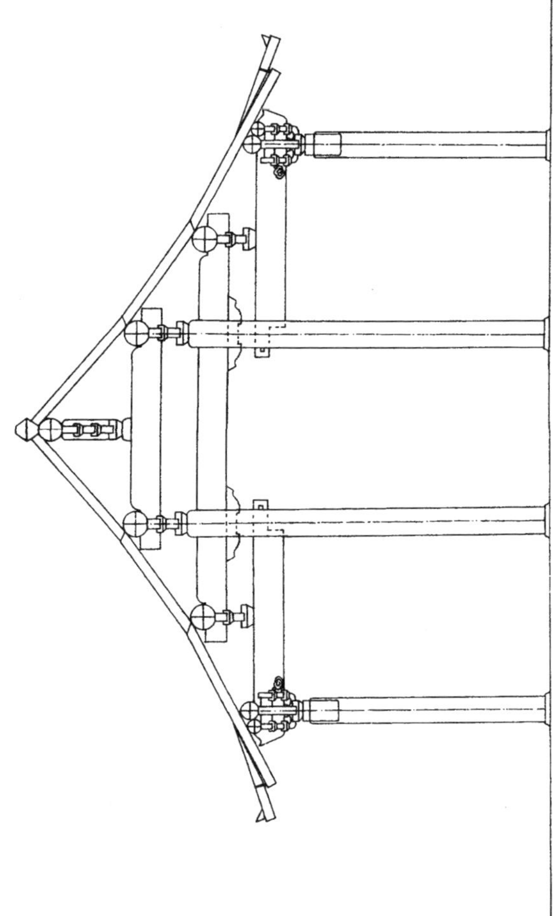
六架椽屋前後乳栿劄牽用四柱
九架梁屋進深四柱前後檐枓科三彩

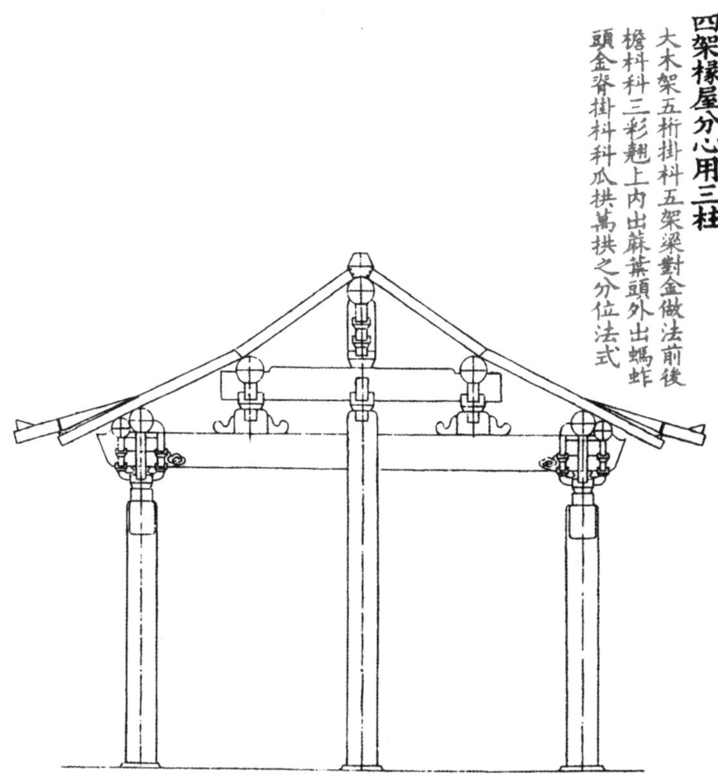

四架椽屋分心用三柱

大木架五桁掛枓五架梁對金做法前後檐枓科三彩翹上內出蘇葉頭外出螞蚱頭金脊掛枓科瓜拱萬拱之分位法式

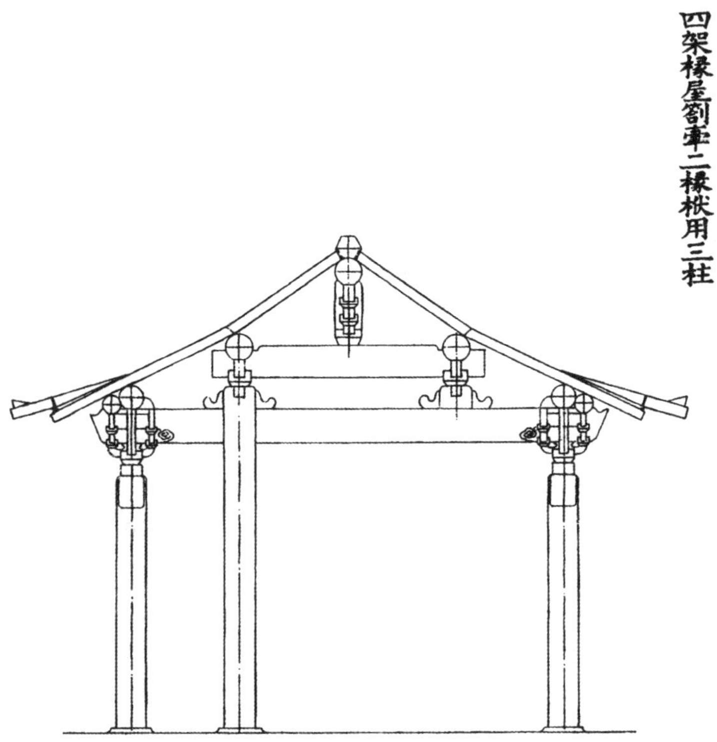

四架椽屋劄牽二椽栿用三柱

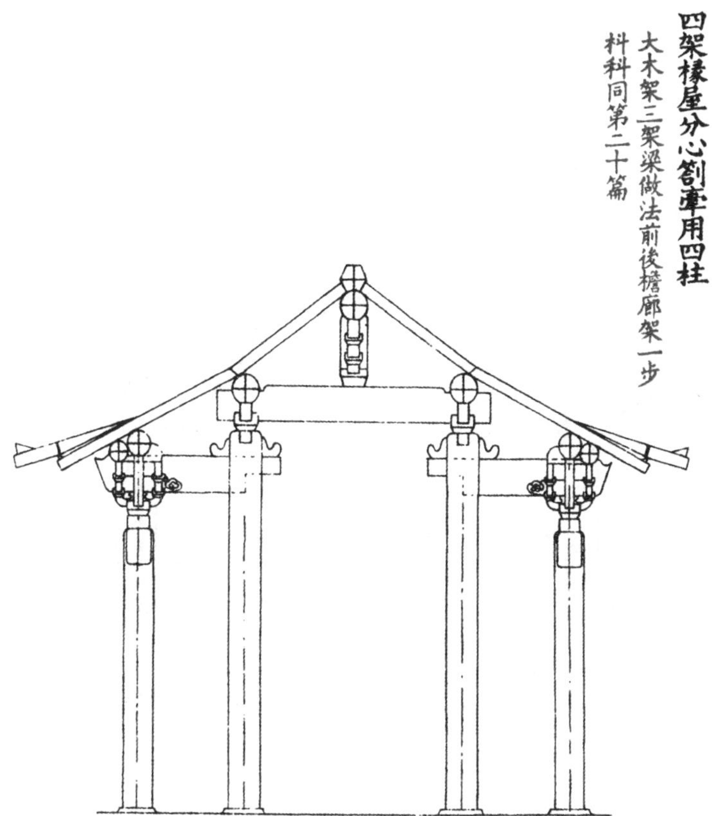
四架椽屋分心劄牽用四柱
大木架三架梁做法前後檐廊架一步
枓科同第二十篇

四架椽屋通檐用二柱

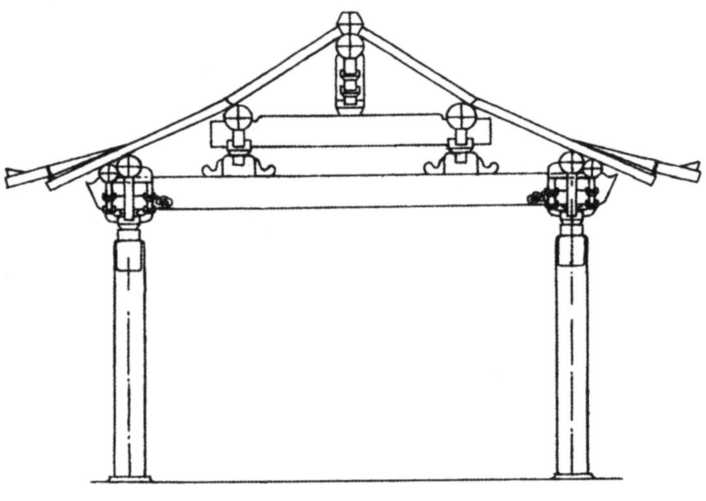

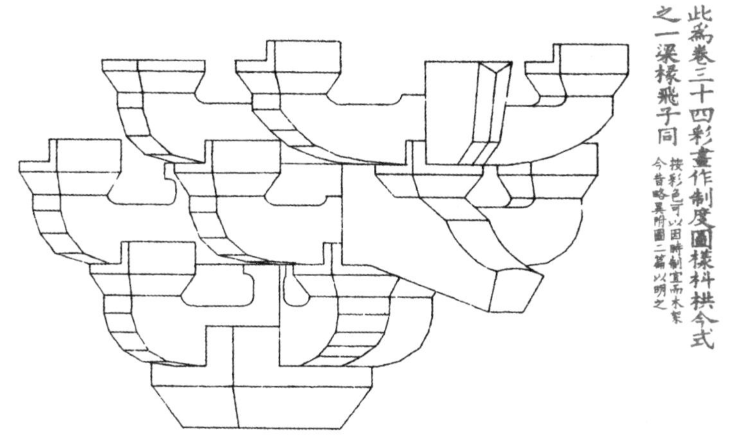
此爲卷三十四彩畫作制度圖樣枓拱令式之一梁椽飛子同
按彩色可以因時制宜而木架今昔略異附圖二篇以明之

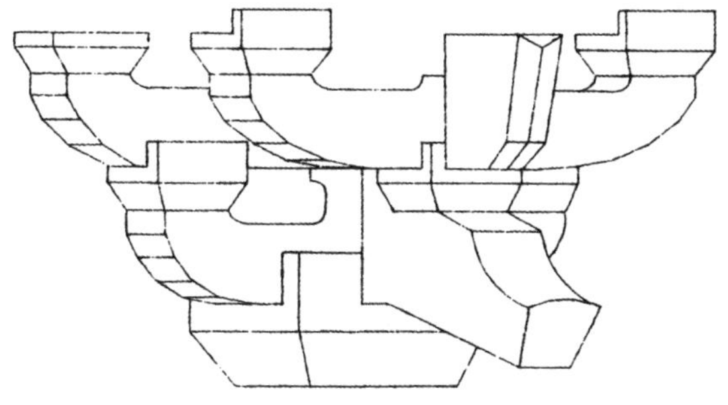

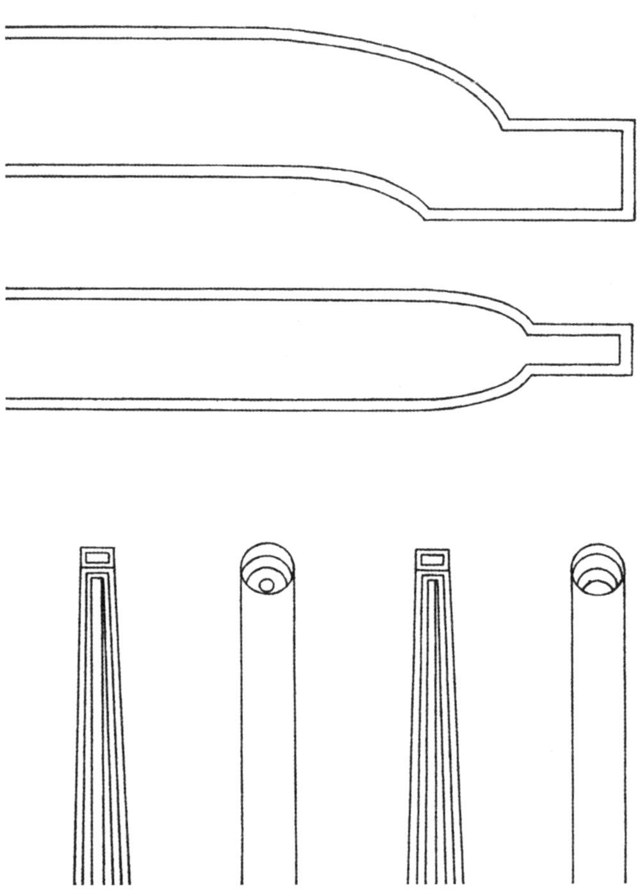

此為卷三十四彩畫作制度圖樣
枓栱今式之二梁椽飛子同

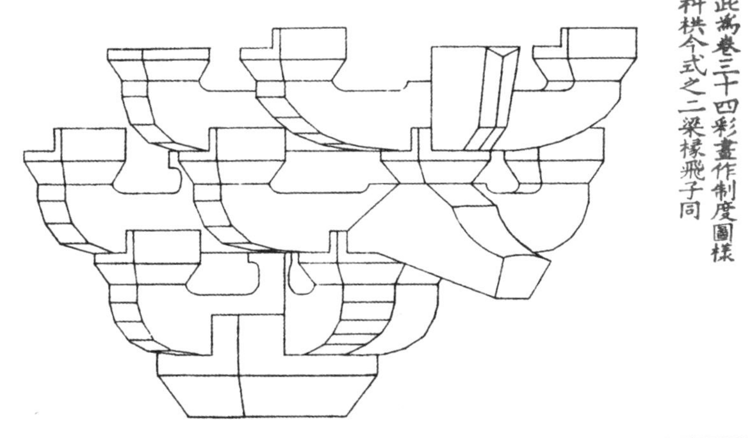

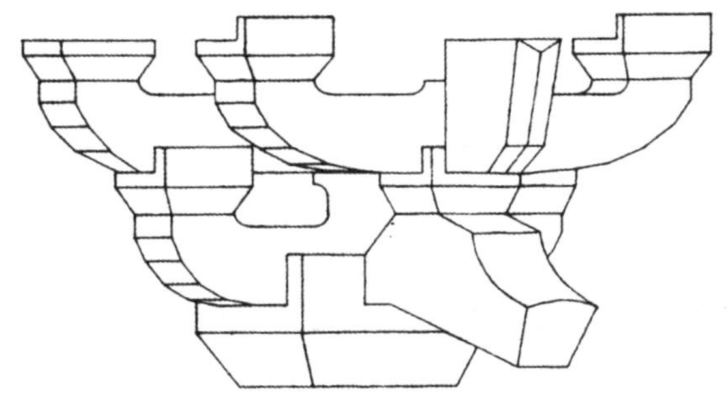

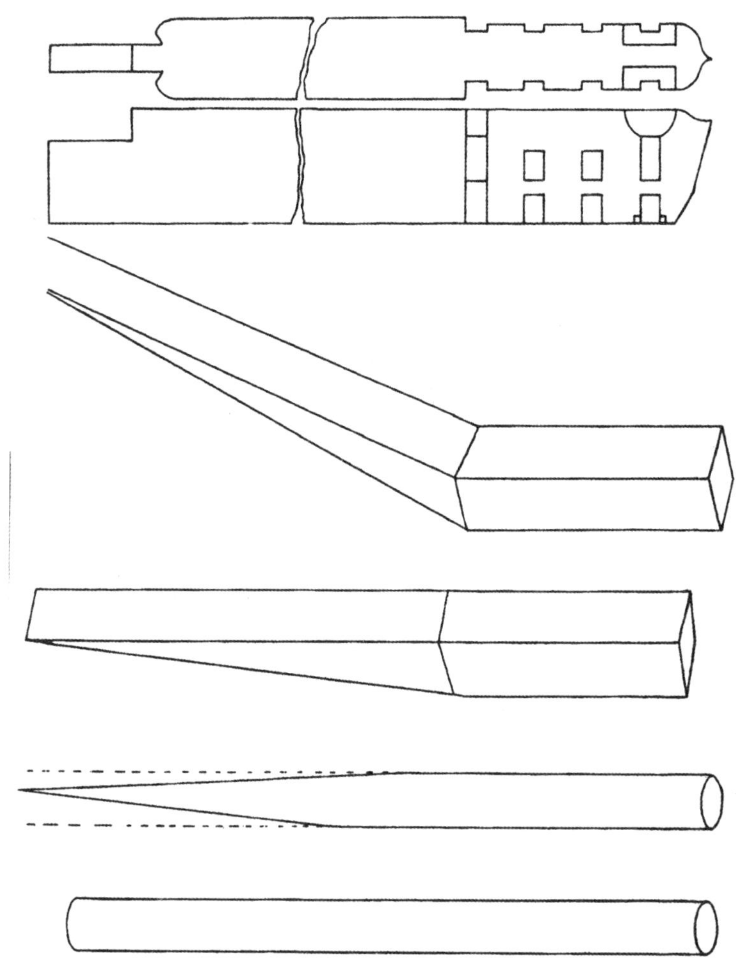

卷第三十二

小木作制度图样

门窗格子门等第一垂鱼附

平棊钩阑等第二

殿阁门亭等牌第三

佛道帐经藏第四

雕木作制度图样

混作第一

栱眼内雕插第二

格子门等腰华版第三

平棊华盘第四

云栱等杂样第五

小木作制度圖樣

門窗格子門等第一 附垂魚

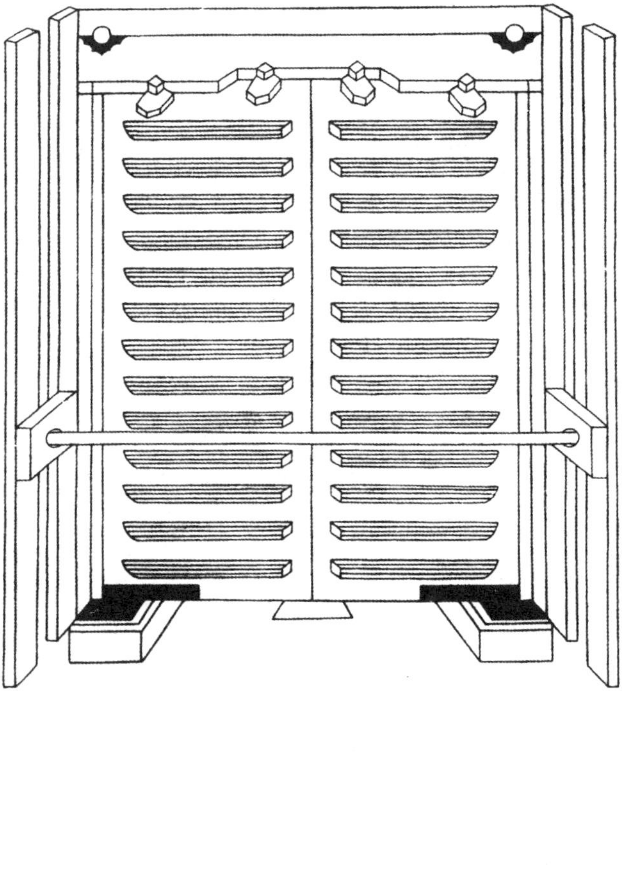

烏頭門

牙頭護縫軟門

合版軟門

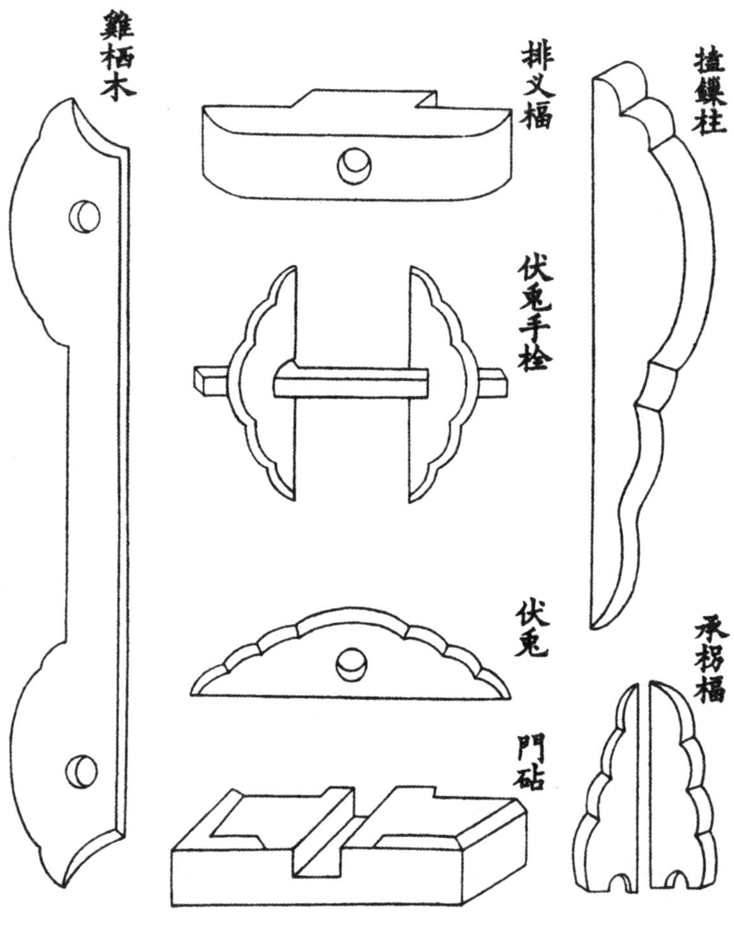
雞栖木
排义楅
搕鏁柱
伏兎手拴
伏兎
承㧞楅
門砧

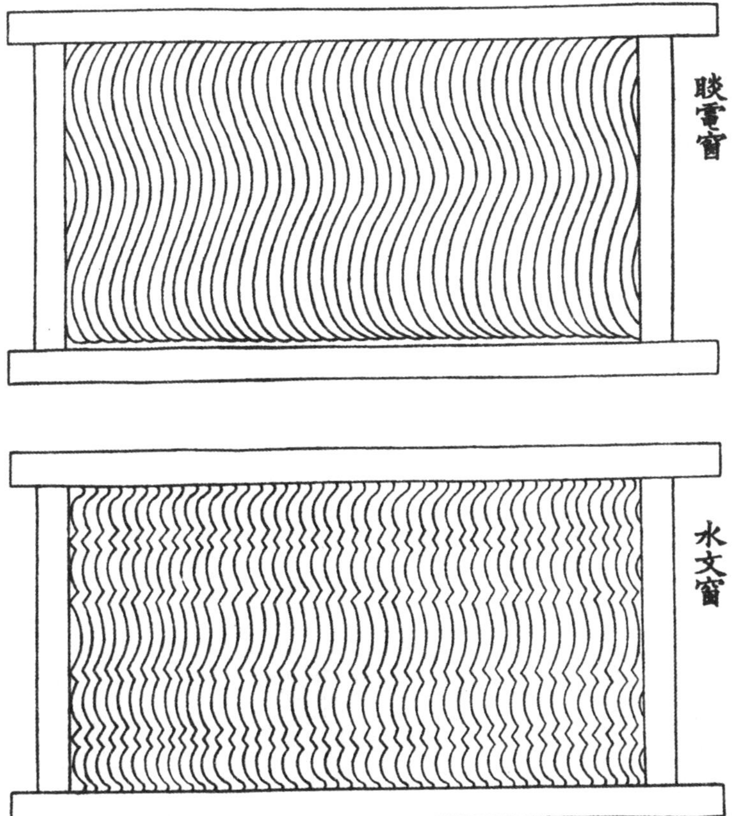
睒電窗
水文窗

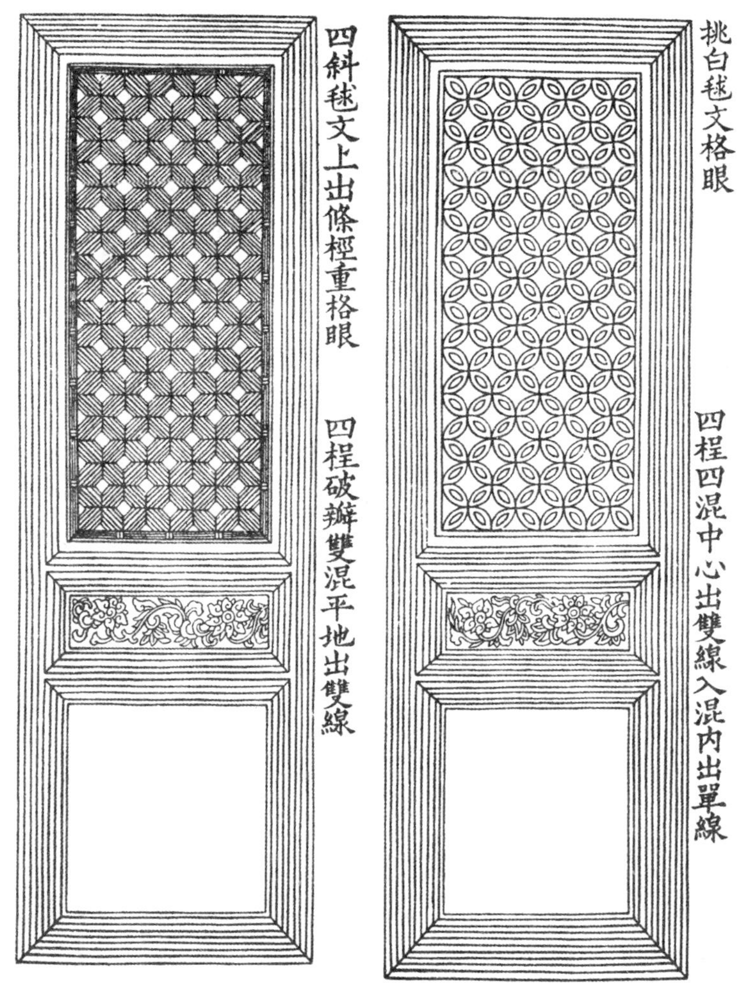
挑白毬文格眼
四桯四混中心出雙線入混内出單線
四斜毬文上出條桱重格眼
四桯破瓣雙混平地出雙線

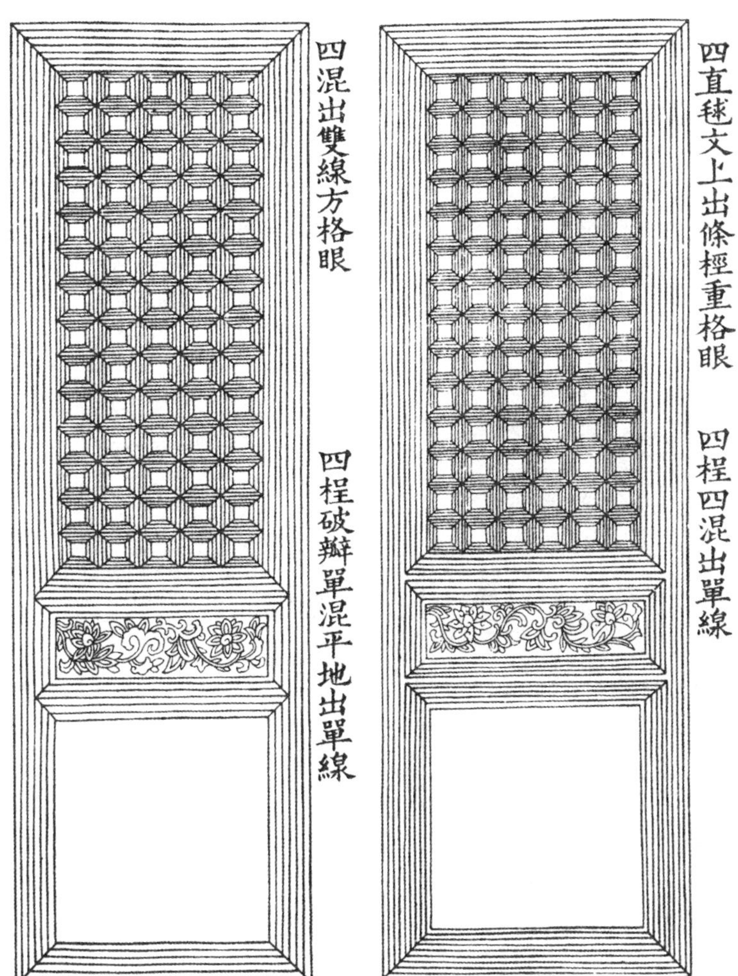
四直毬文上出條桱重格眼
四桯四混出單線
四混出雙線方格眼
四桯破瓣單混平地出單線

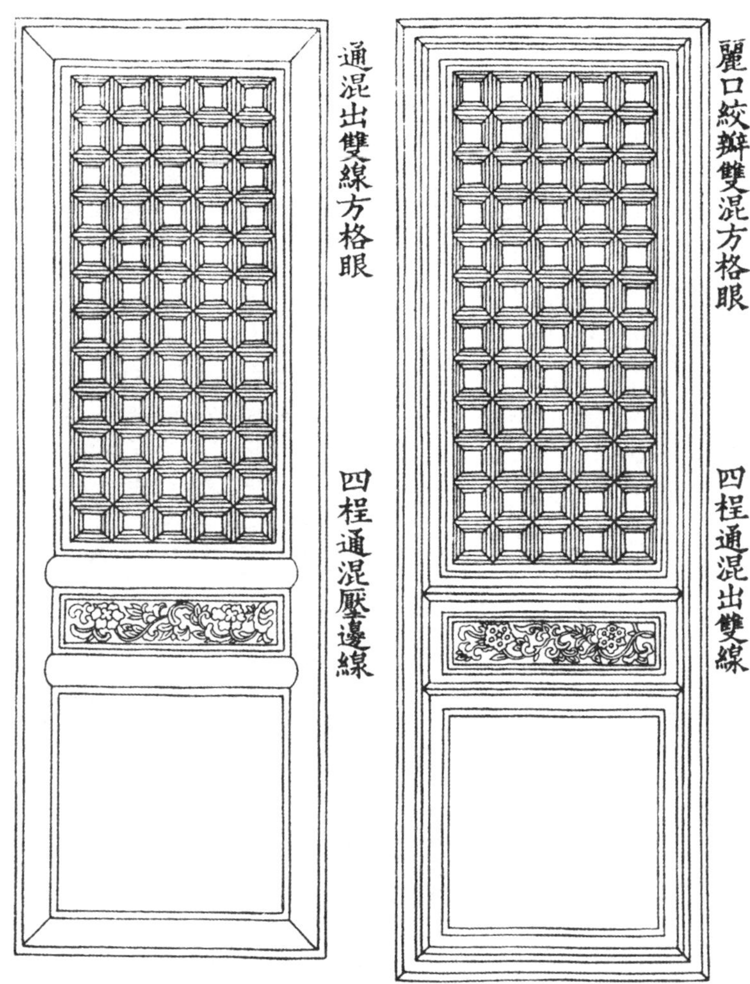

麗口絞瓣雙混方格眼
四桯通混出雙線
通混出雙線方格眼
四桯通混壓邊線

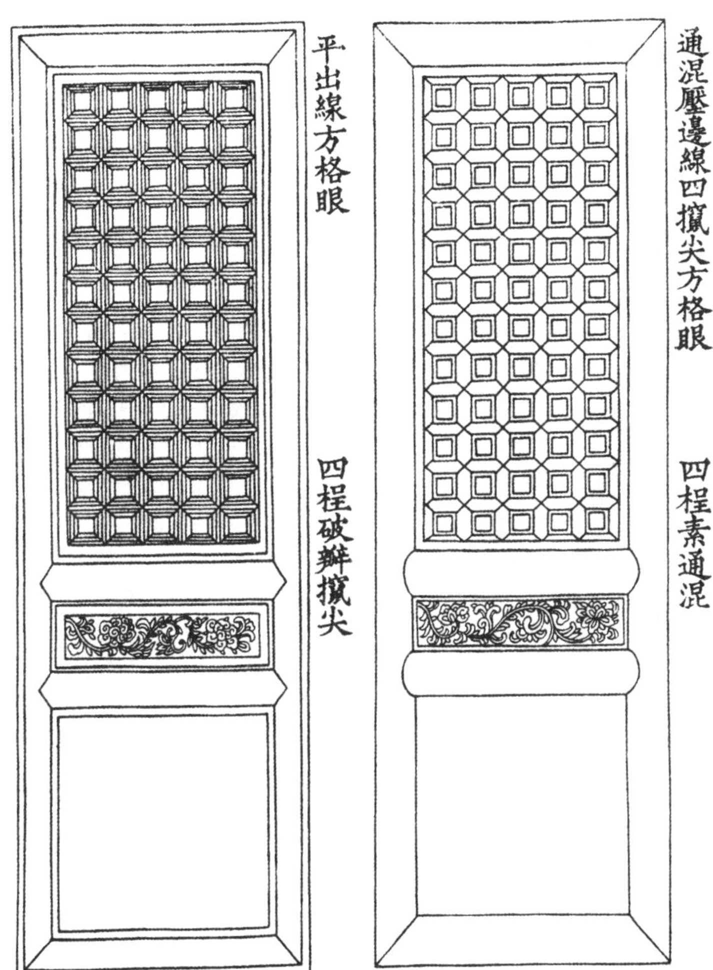
平出線方格眼
四桯破瓣撺尖
通混壓邊線四撺尖方格眼
四桯素通混

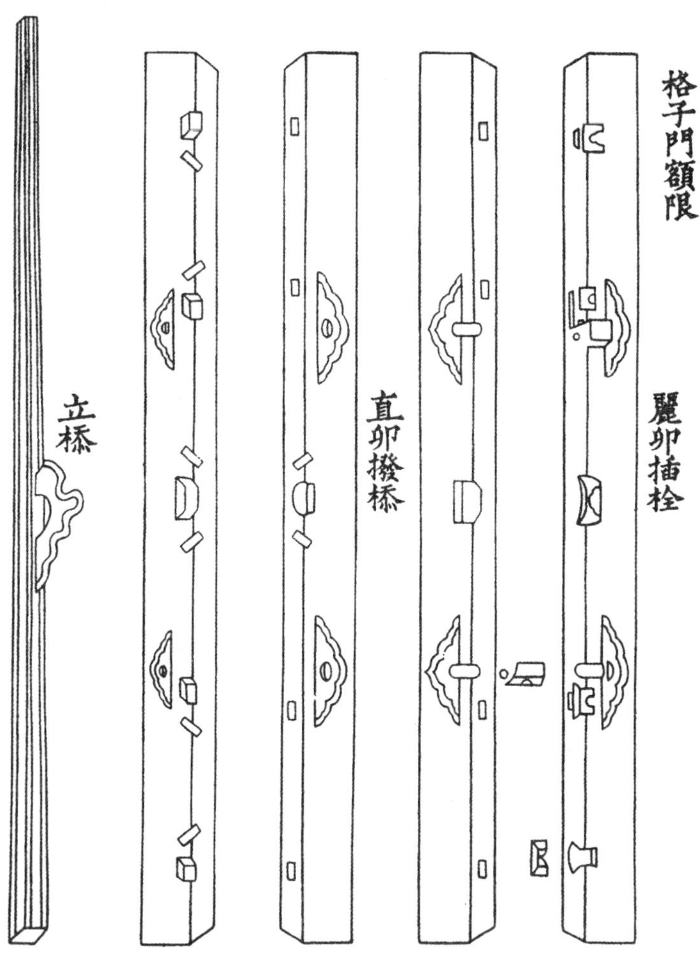
格子門額限
麗卯插栓
直卯撥㯹
立㯹

闌檻鉤窗

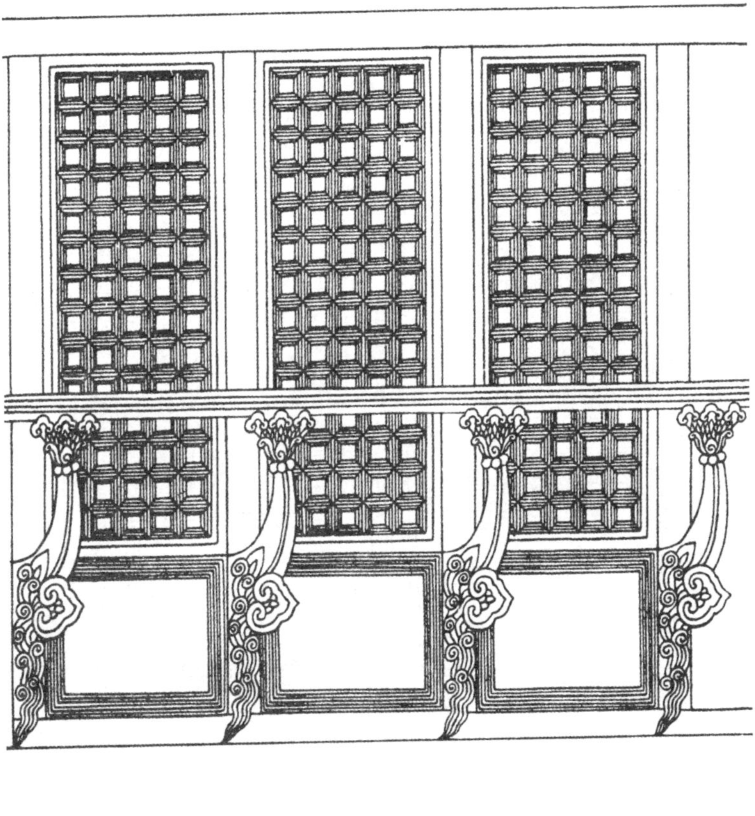

截間格子

四程方直破瓣
叉瓣入卯

截間帶門格子
四桯破瓣單混壓邊線

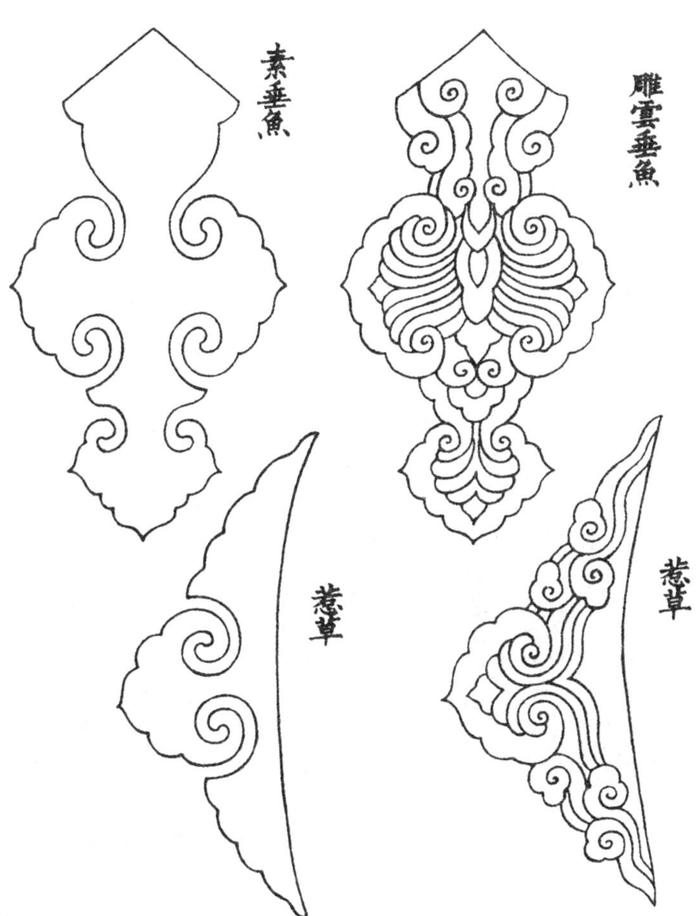
素垂魚
雕雲垂魚
惹草
惹草

盤毬

平棊鉤闌等第二

疊勝

穿心鬪八

瑣子

簇六毬文

羅文

羅文疊勝

龜背

柿蔕

鬭二十四

簇六填華毬文

簇六重毬文

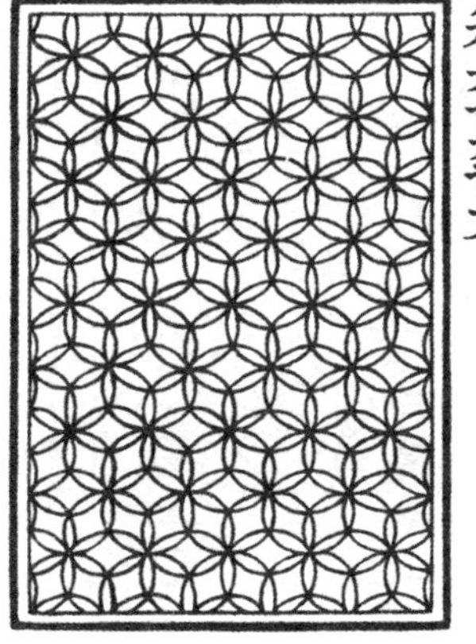

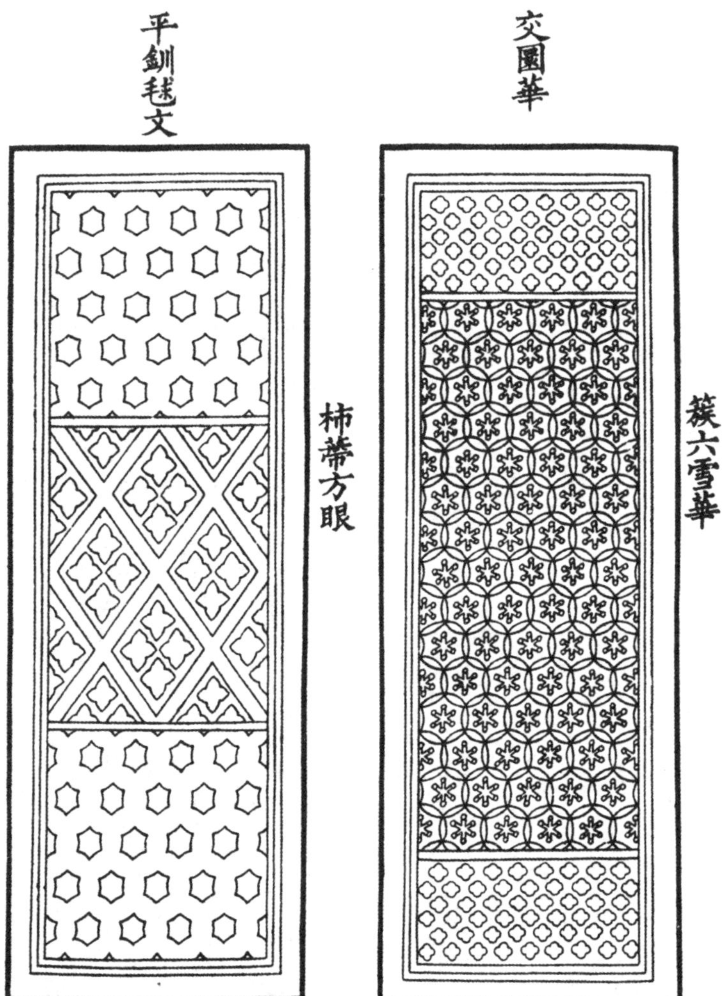
平鈒毬文
柿蔕方眼
交圜華
簇六雪華

裏槽外轉角平棊

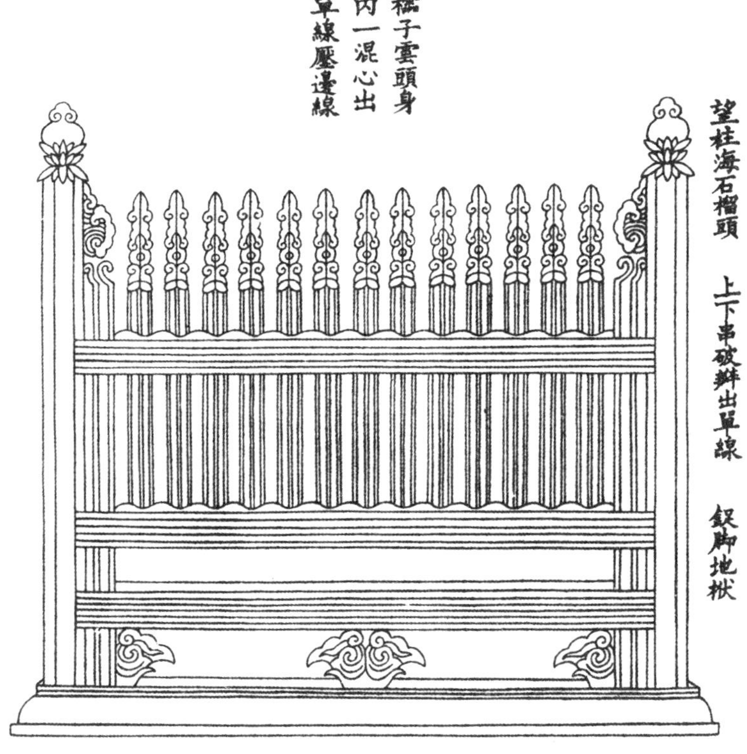

櫺子雲頭身
内一混心出
單線壓邊線
望柱海石榴頭
上下串破瓣出單線
釵脚地栿

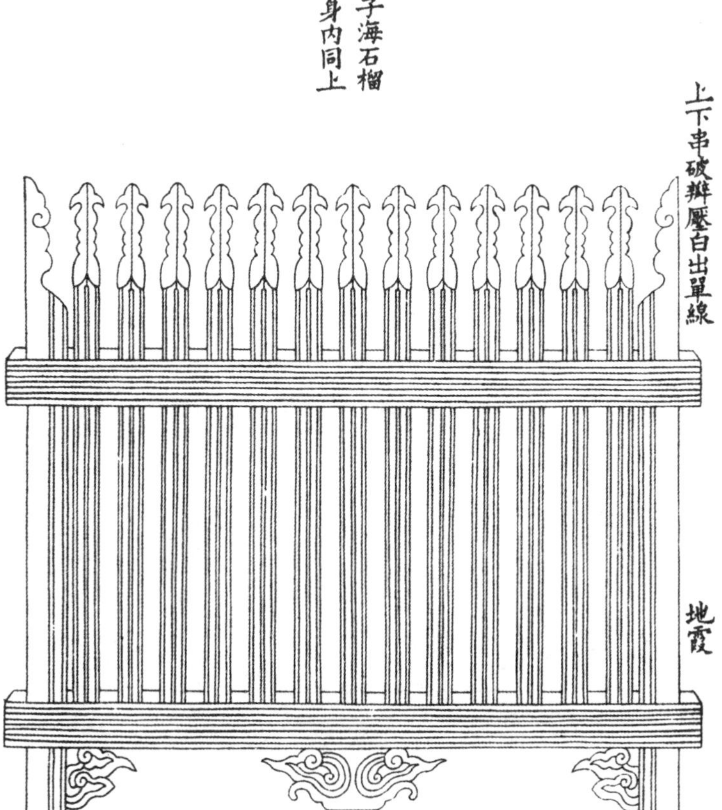

櫺子海石榴
頭身內同上
上下串破瓣壓白出單線
地霞

殿閣門亭等牌第三

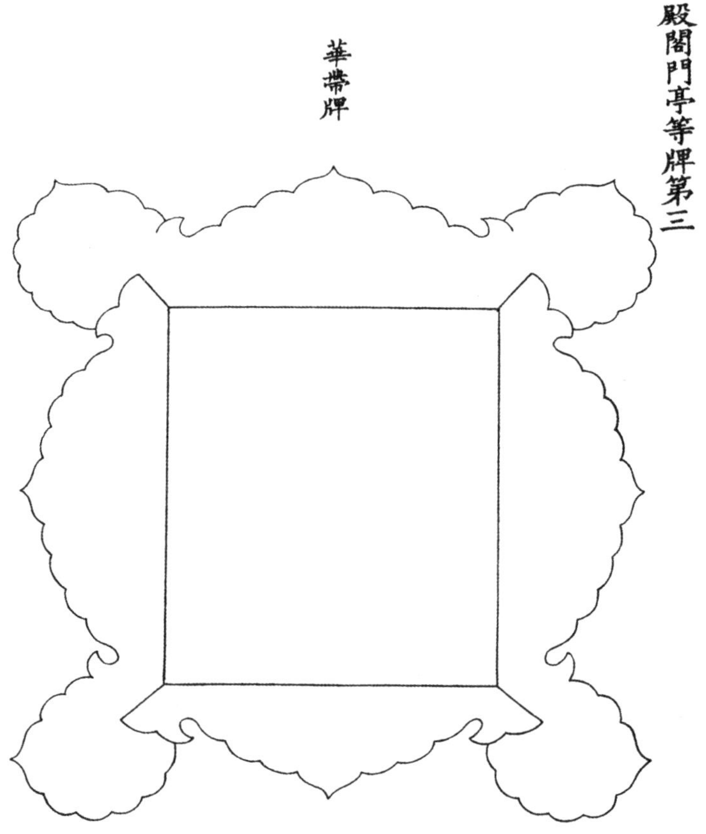

風字牌

佛道帳經藏第四
天宫樓閣佛道帳

山華蕉葉佛道帳

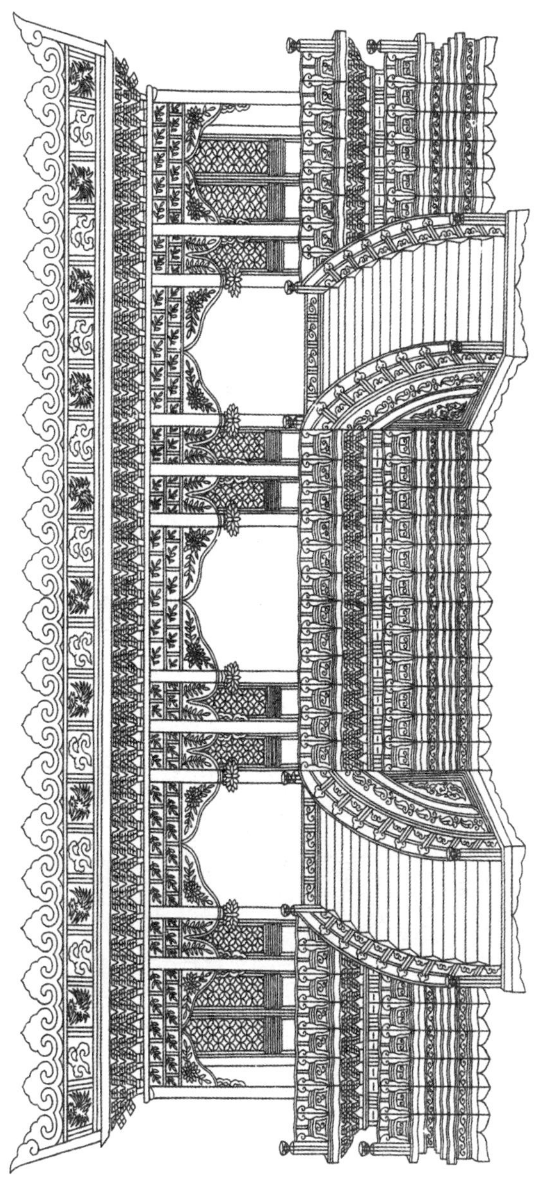

九脊牙脚小帐

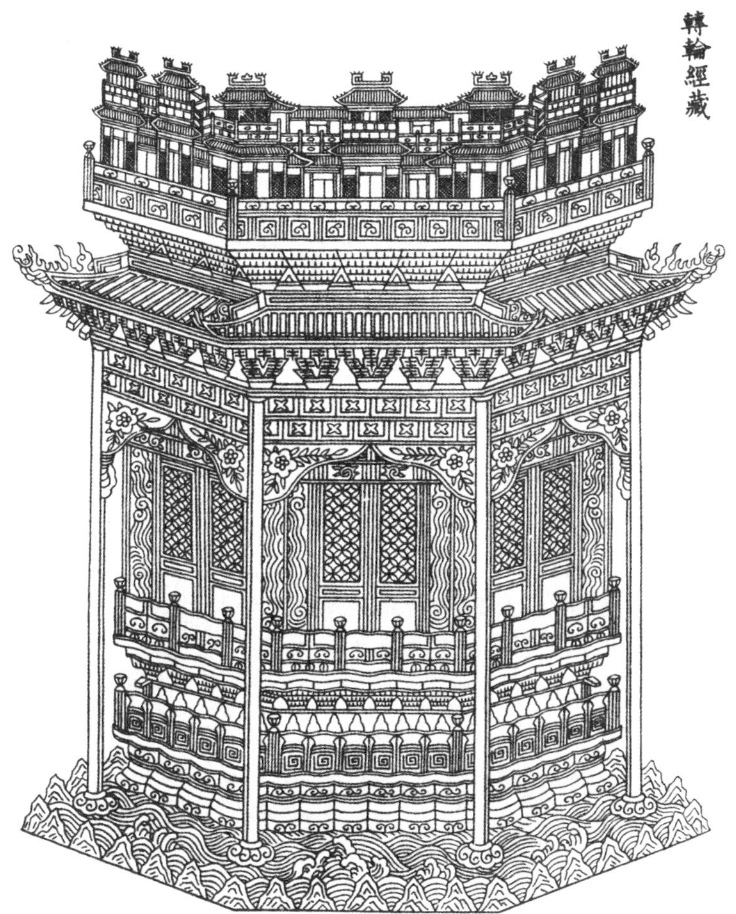

轉輪經藏

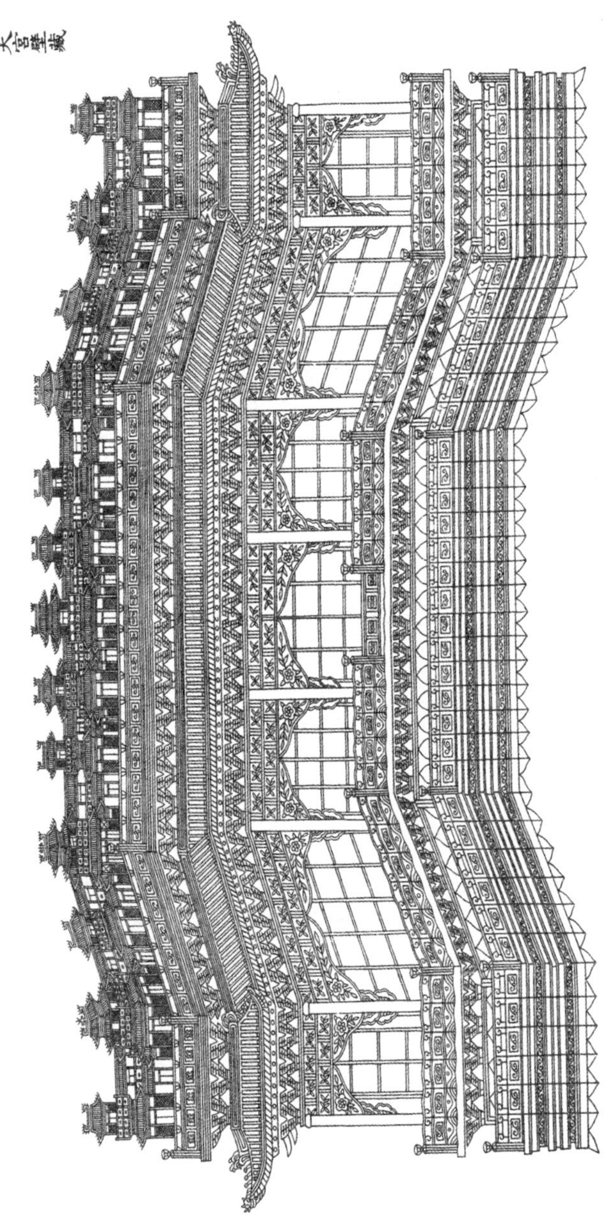
天宫壁藏

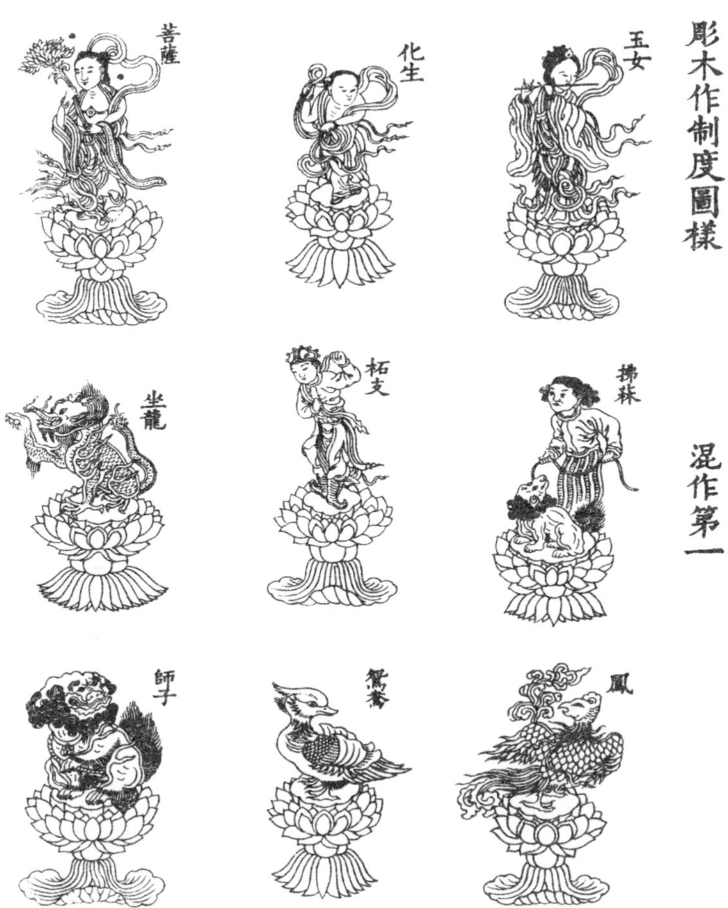
彫木作制度圖樣
混作第一
玉女
化生
菩薩
拂菻
柘支
坐龍
鳳
鴛鴦
師子

栱眼内彫插第二

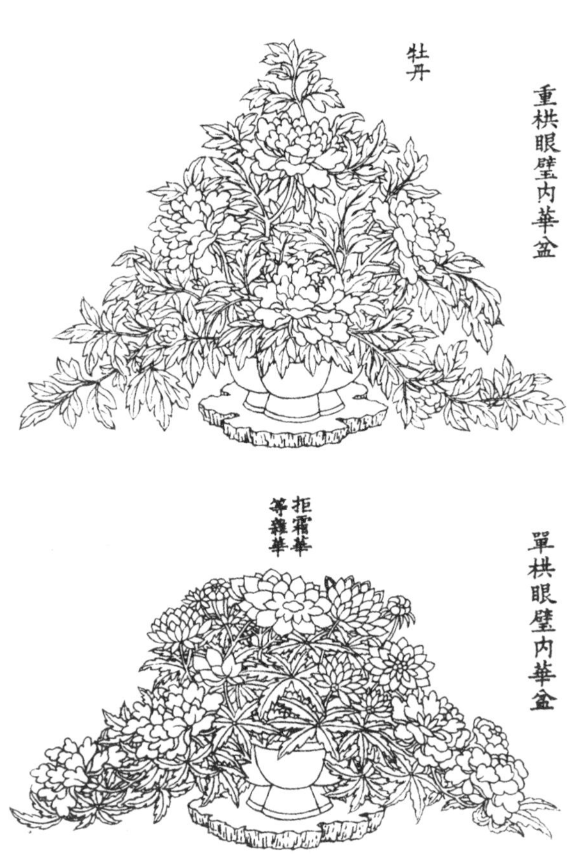

格子門等腰華版第三

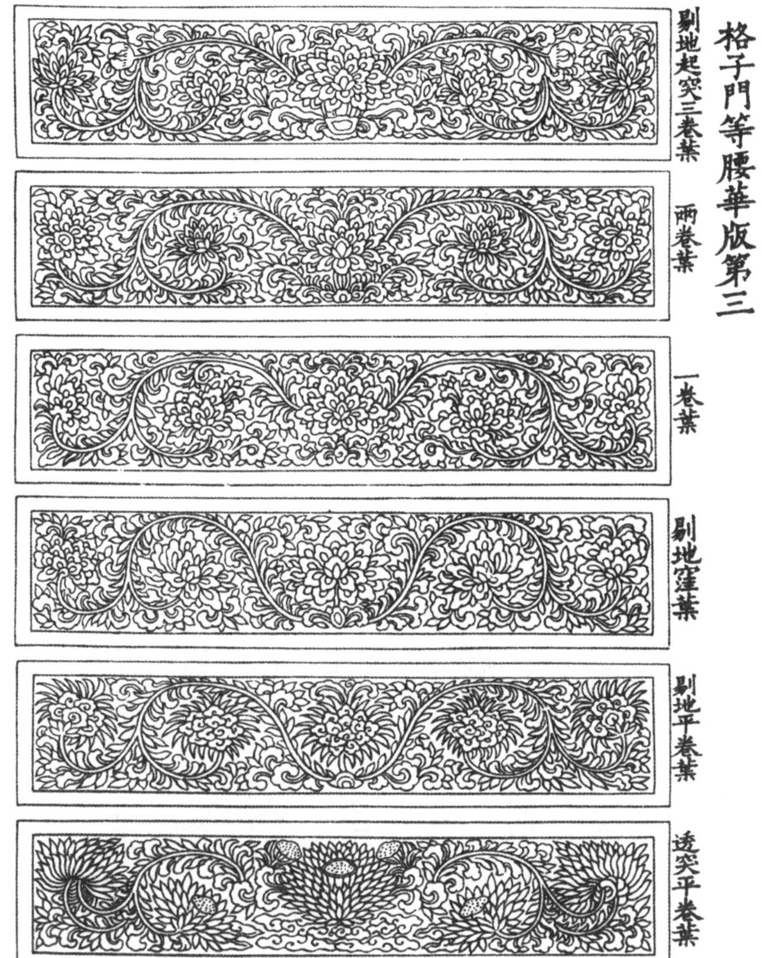

平棊華盤第四

雲栱等雜樣第五

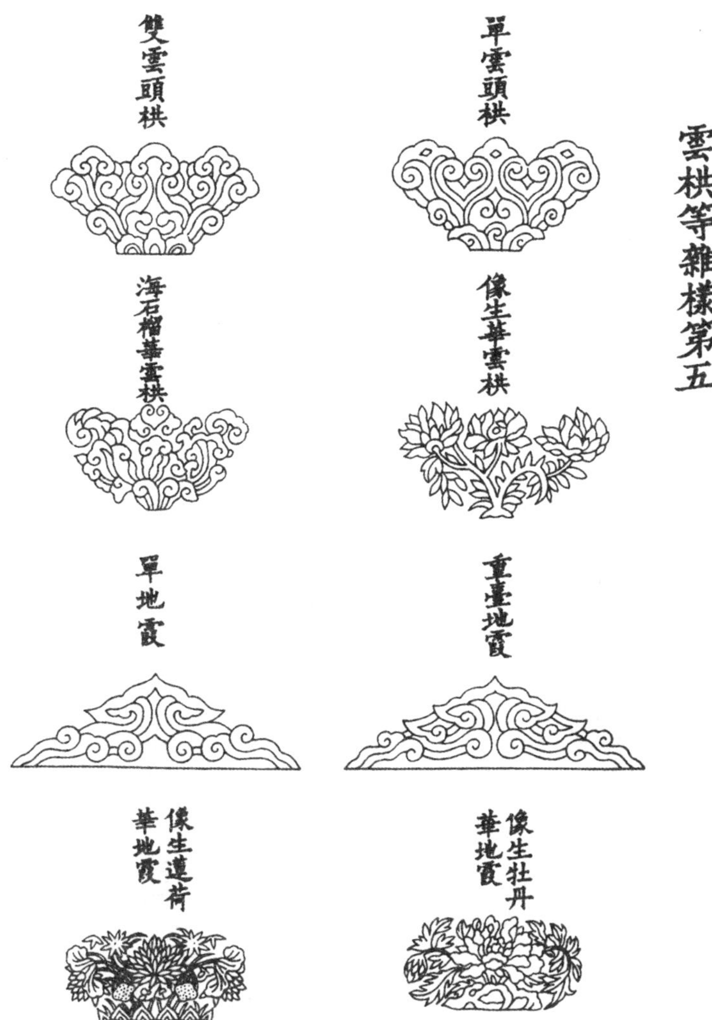

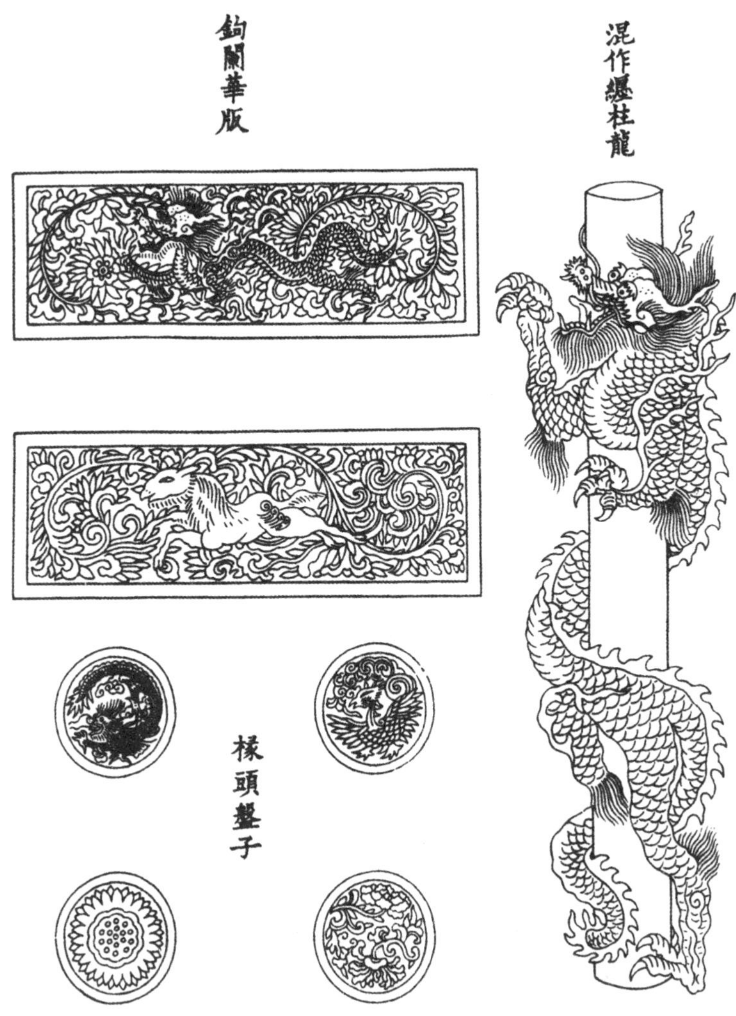
鉤闌華版
混作纏柱龍
椽頭盤子

卷第三十三

彩画作制度图样上

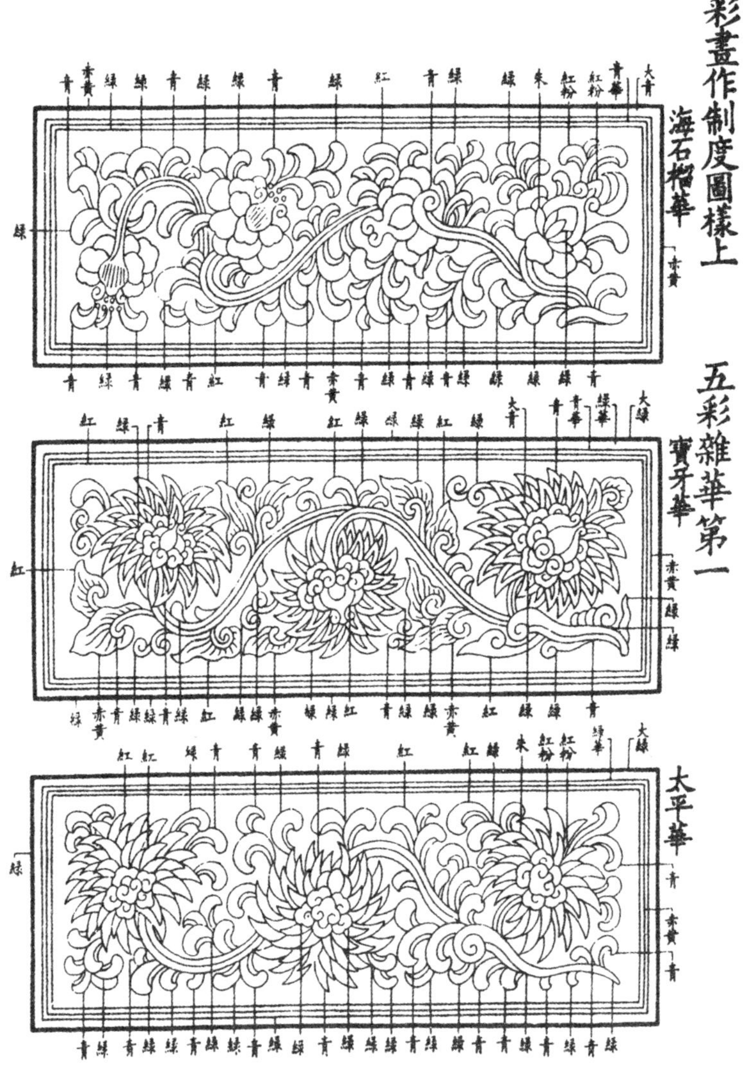
彩畫作制度圖樣上
五彩雜華第一
海石榴華
寶牙華
太平華

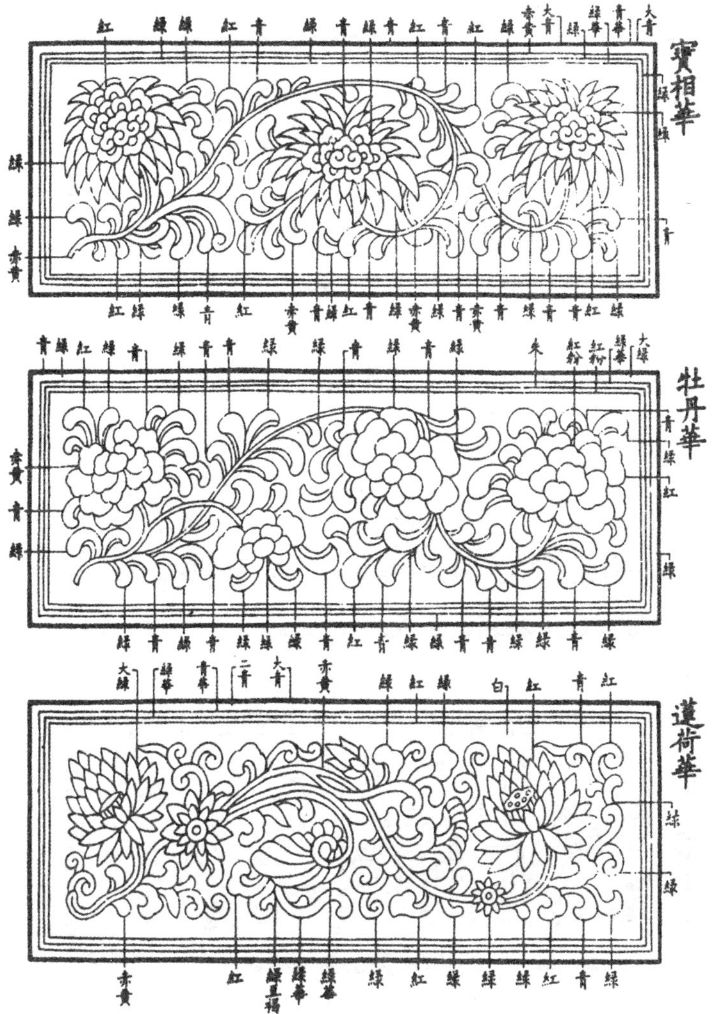
寶相華
牡丹華
蓮荷華

彩畫作制度圖樣上

五彩雜華第一

海石榴華

寶牙華

太平華

寶相華

方勝合羅
圜頭合子
豹脚合暈

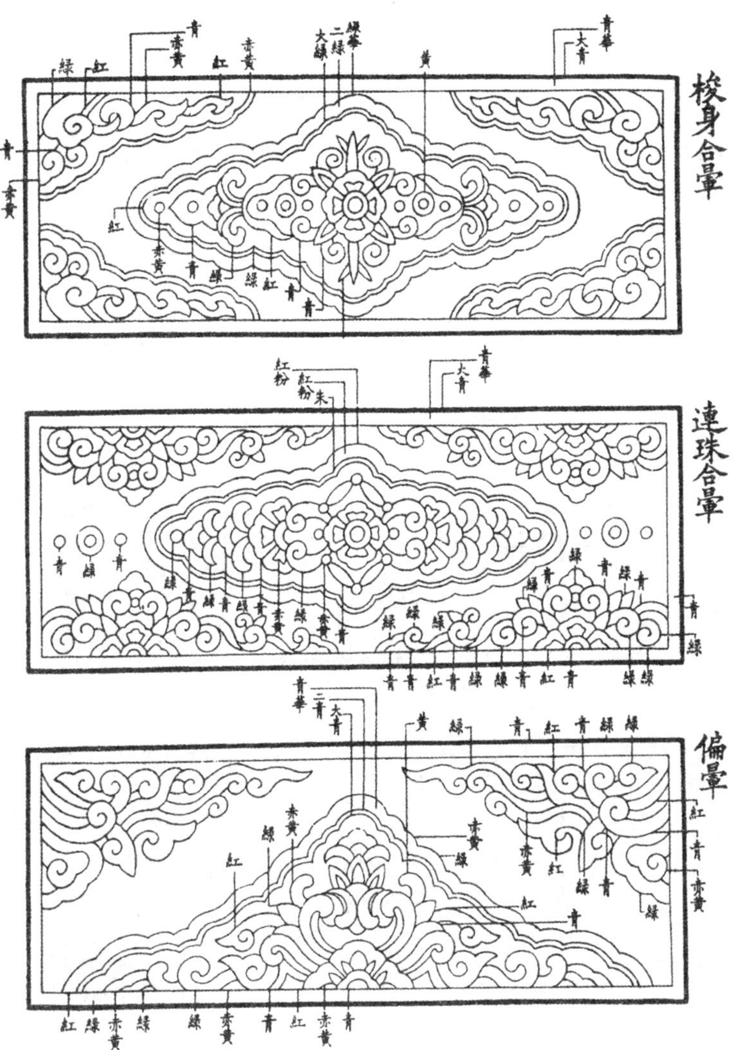
梭身合暈
青
赤黄
赤黄
綠
紅
紅
二綠
大綠
綠華
黄
青華
大青
青
赤黄
紅
赤黄
青
綠
綠
紅
青
青
連珠合暈
紅粉
紅粉
朱
青華
大青
青
綠
青
綠
黄
綠
青
綠
青
赤黄
綠
赤黄
青
綠
綠
綠
綠
青
綠
青
綠
青
青
綠
青
青
紅
青
綠
綠
青
紅
青
綠
綠
偏暈
青華
二青
大青
黄
綠
青
紅
青
綠
綠
赤黄
綠
赤黄
紅
綠
赤黄
紅
綠
青
紅
青
赤黄
綠
紅
青
紅
綠
赤黄
綠
綠
赤黄
青
紅
赤黄
青

方勝合羅

圜頭合子

豹脚合暈

梭身合暈

連珠合暈

偏暈

海石榴華 枝條卷成
大綠
綠華
赤黃
綠
紅
綠
紅
綠
紅
綠
大青
青
青華
赤黃
赤黃
紅
綠
綠
赤黃
綠
紅
綠
綠
紅
青
綠
赤黃
綠
紅
赤黃
綠
青
綠
紅
青
海石榴華 鋪地卷成
紅粉
紅粉
朱
紅
紅
綠
綠
青
綠
綠
紅
青華
大青
綠
綠
綠
紅
青
紅
赤黃
青
綠
紅
綠
赤黃
綠
紅
綠
赤黃
青
綠
青
牡丹華 寫生
大綠
綠華
青華
二青
大青
綠用並葉
紅用頭華

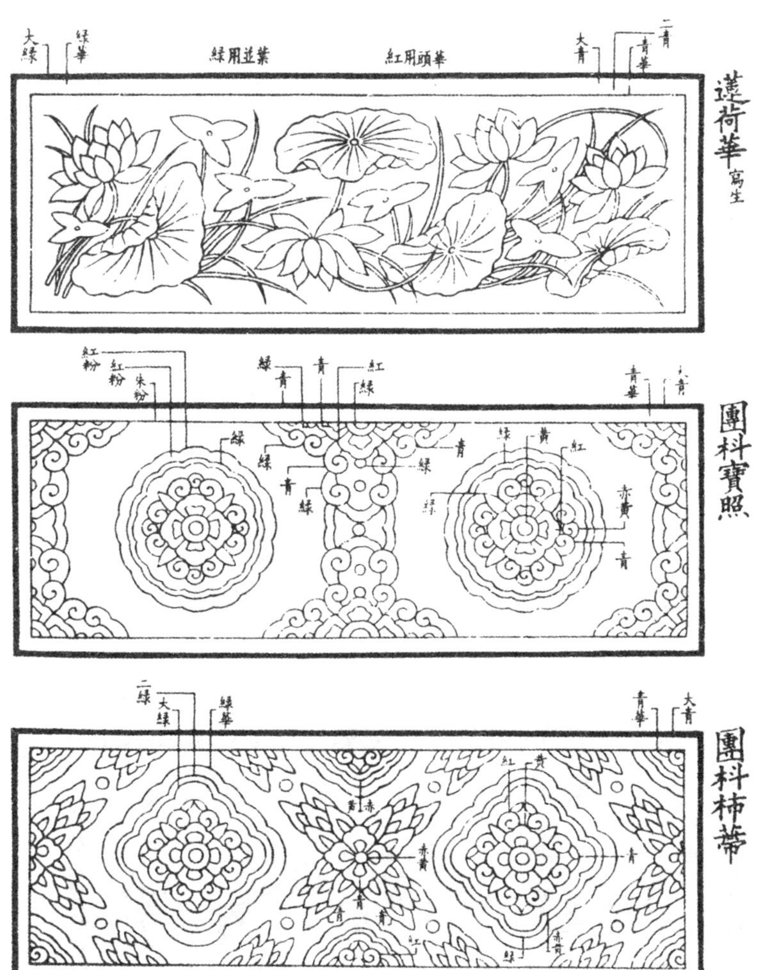

蓮荷華寫生
大綠
綠華
紅用頭華
大青
二青
青華
團科寶照
紅粉
朱粉
綠
青
紅
黃
赤黃
大青
團科柿蔕
二綠
大綠
綠華
青華
大青
紅
黃
赤
青

海石榴華 枝條卷成

團枓寶照

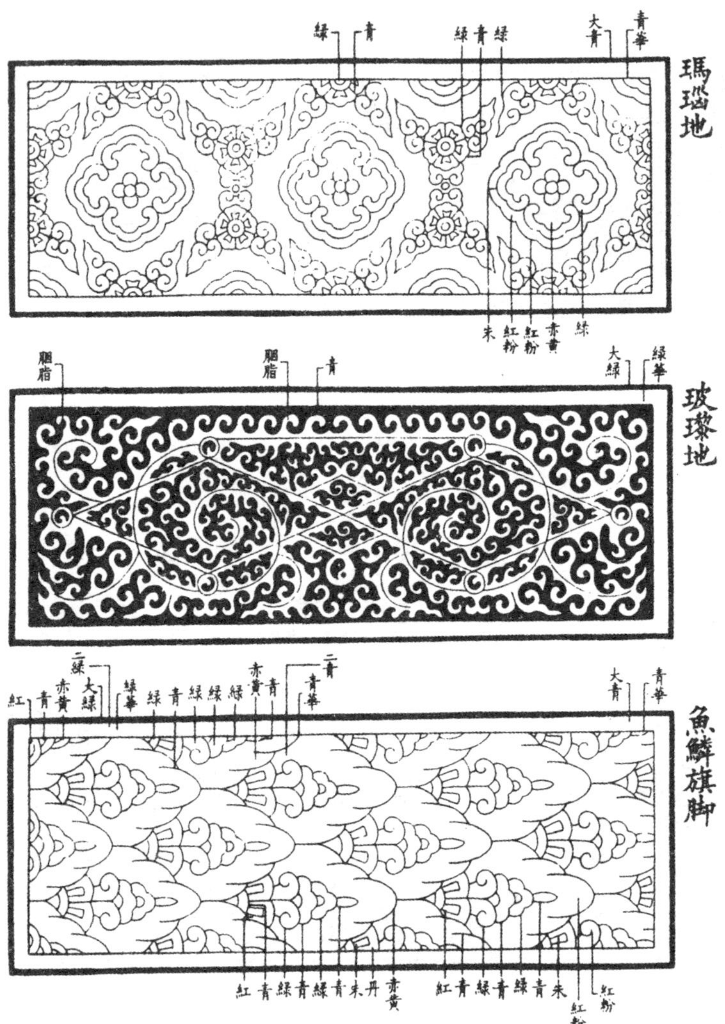
瑪瑙地
玻璨地
魚鱗旗脚

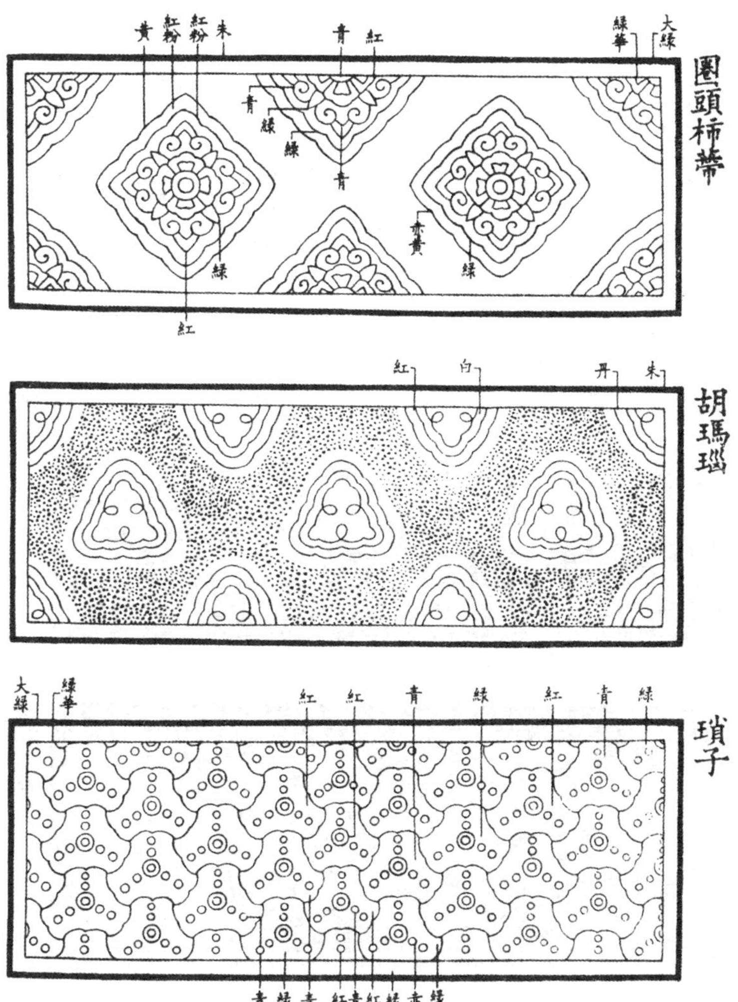
圈頭柿蒂
黄
紅粉
紅粉
朱
青
紅
綠華
大綠
青
綠
綠
青
赤黄
綠
綠
紅
胡瑪瑙
紅
白
丹
朱
瑣子
大綠
綠華
紅
紅
青
綠
紅
青
綠
青
綠
青
紅
青
紅
綠
赤
綠

瑪瑙地

玻瓈地

魚鱗旗脚

圈頭柿蒂

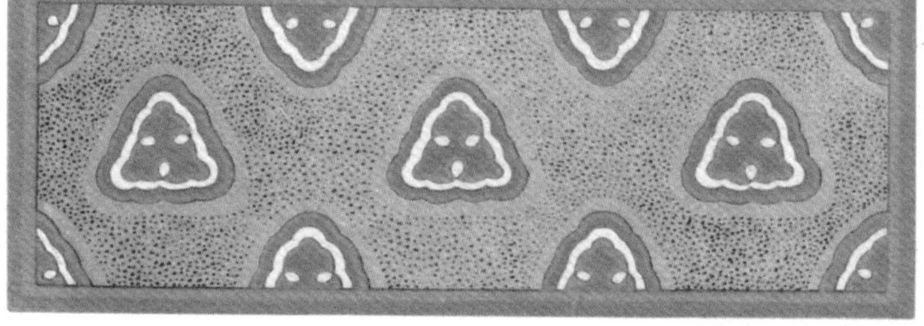

胡瑪瑙

瑣子

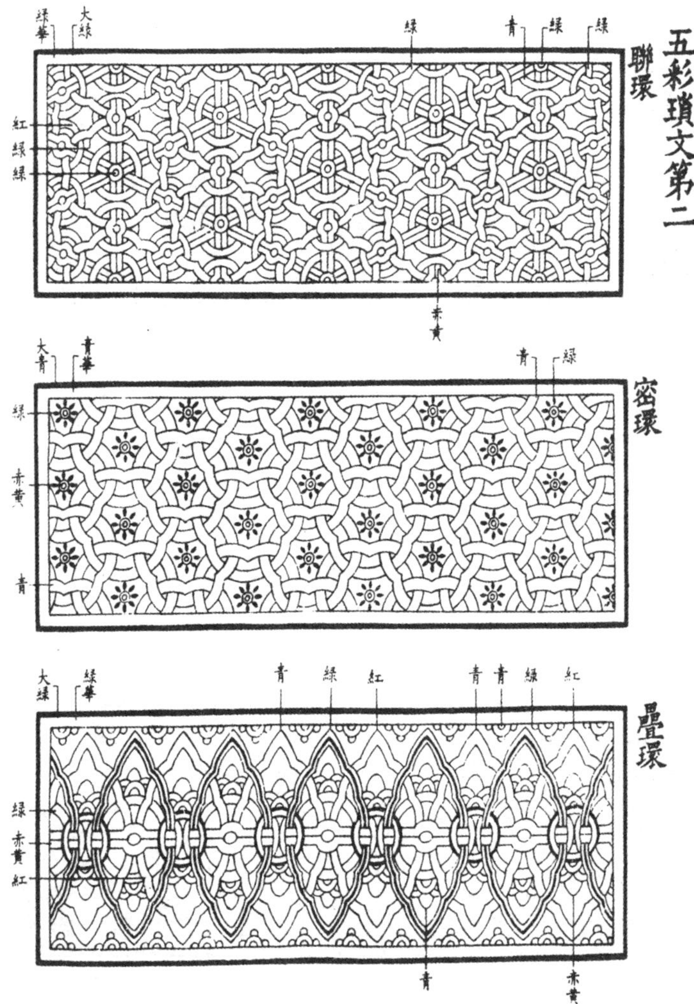
五彩瑣文第二
聯環
緑華
大緑
緑
青
緑
緑
紅
緑
緑
赤黄
密環
大青
青華
青
緑
緑
赤黄
青
疊環
大緑
緑華
青
緑
紅
青
青
緑
紅
緑
赤黄
紅
青
赤黄

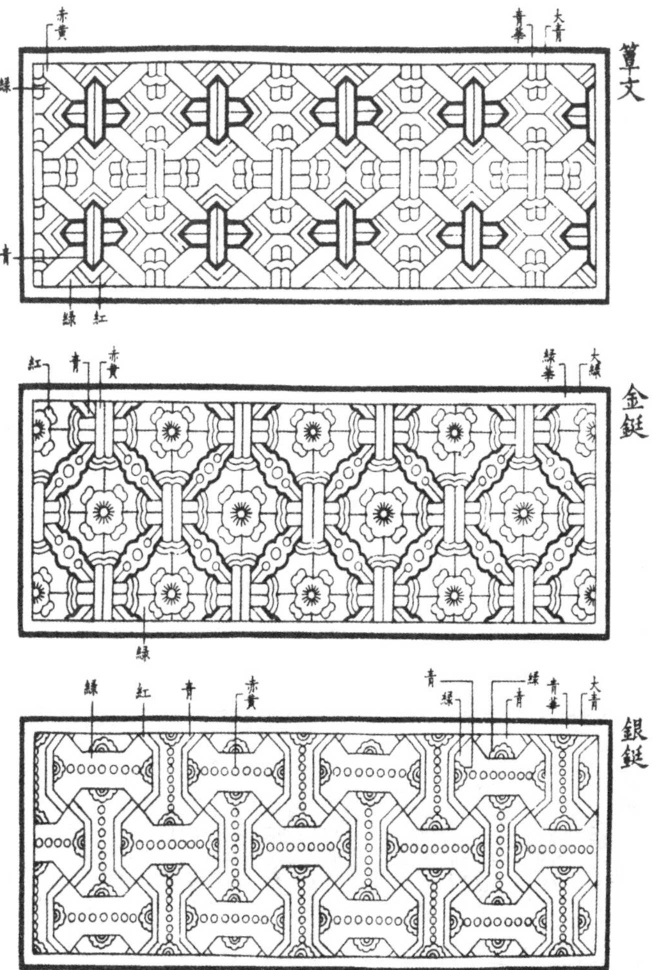
赤黄
青華
大青
簟文
綠
青
綠
紅
紅
青
赤黄
綠華
大綠
金鋌
綠
綠
紅
青
赤黄
青
綠
綠
青
青華
大青
銀鋌

五彩瑣文第二

聯環

密環

疊環

簟文

金鋌

銀鋌

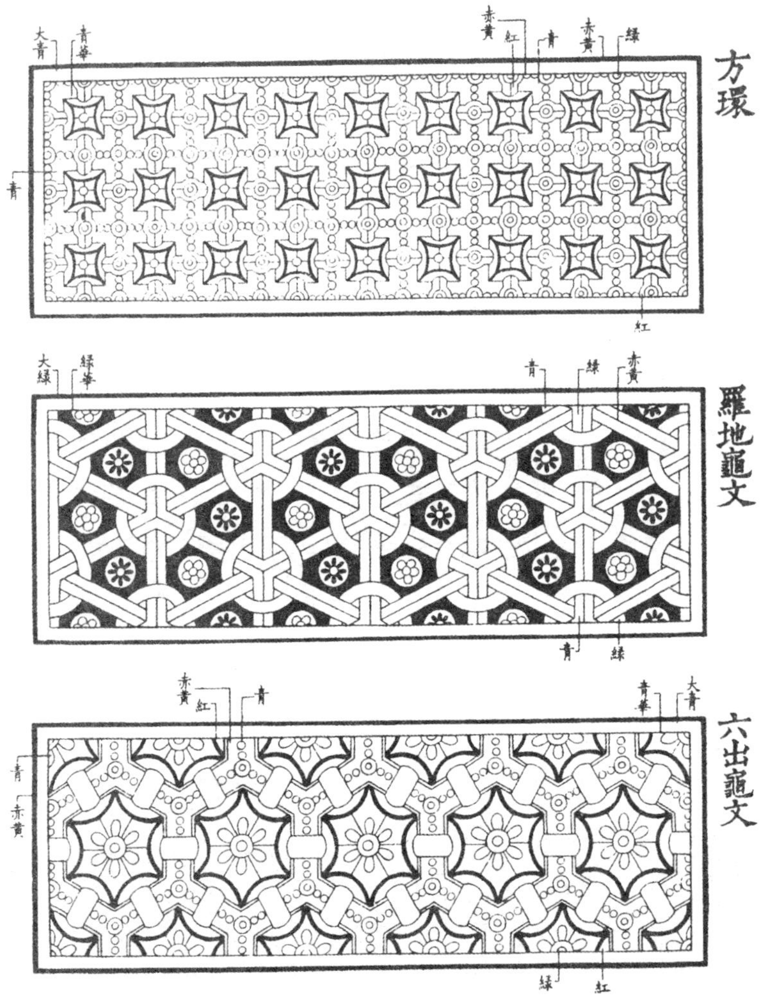
方環
大青
青華
赤黃
紅
青
赤黃
綠
青
紅
羅地龜文
大綠
綠華
青
綠
赤黃
青
綠
六出龜文
赤黃
紅
青
青華
大青
青
赤黃
綠
紅

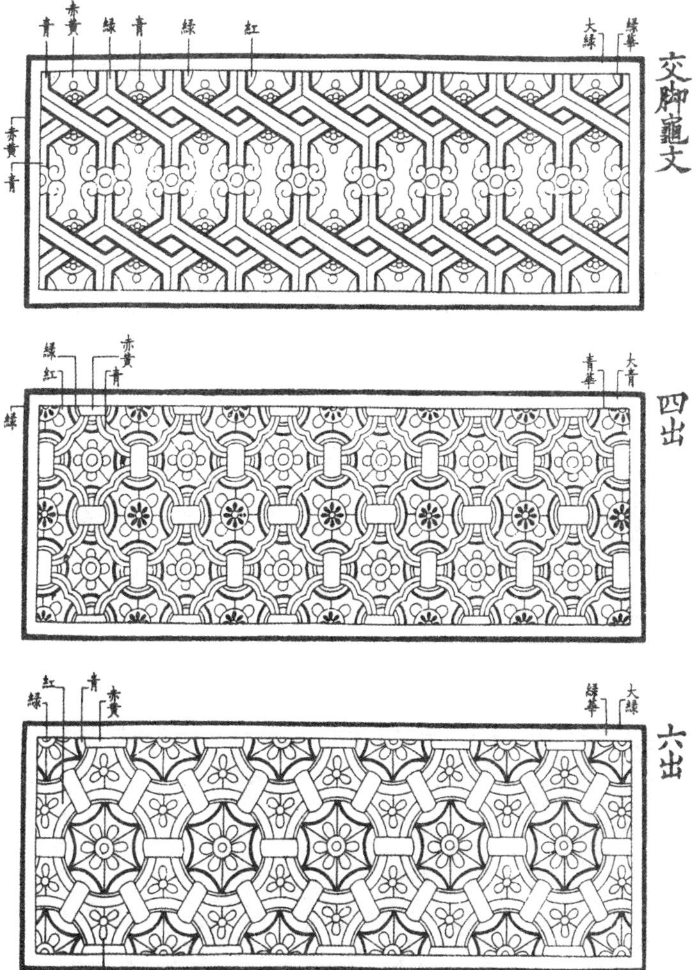
青
赤黄
綠
青
綠
紅
大綠
綠華
赤黄
青
交脚龜文
綠
紅
赤黄
青
綠
青華
大青
四出
紅
綠
青
赤黄
綠華
大綠
六出

羅地龜文

六出龜文

交脚龜文

四出

六出

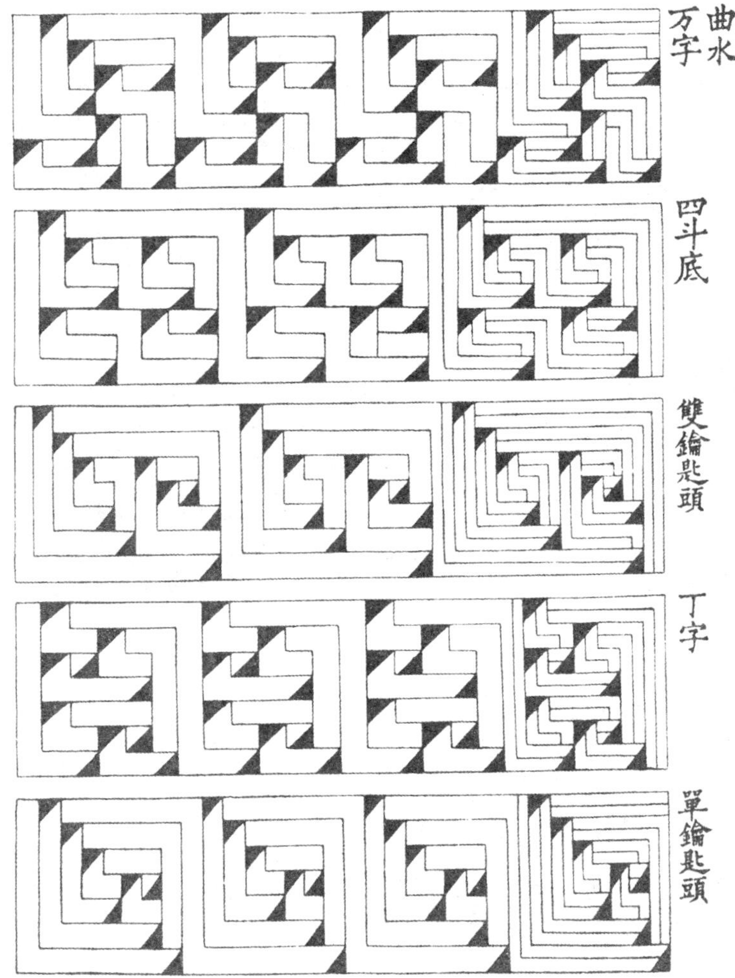
曲水万字
四斗底
雙鑰匙頭
丁字
單鑰匙頭

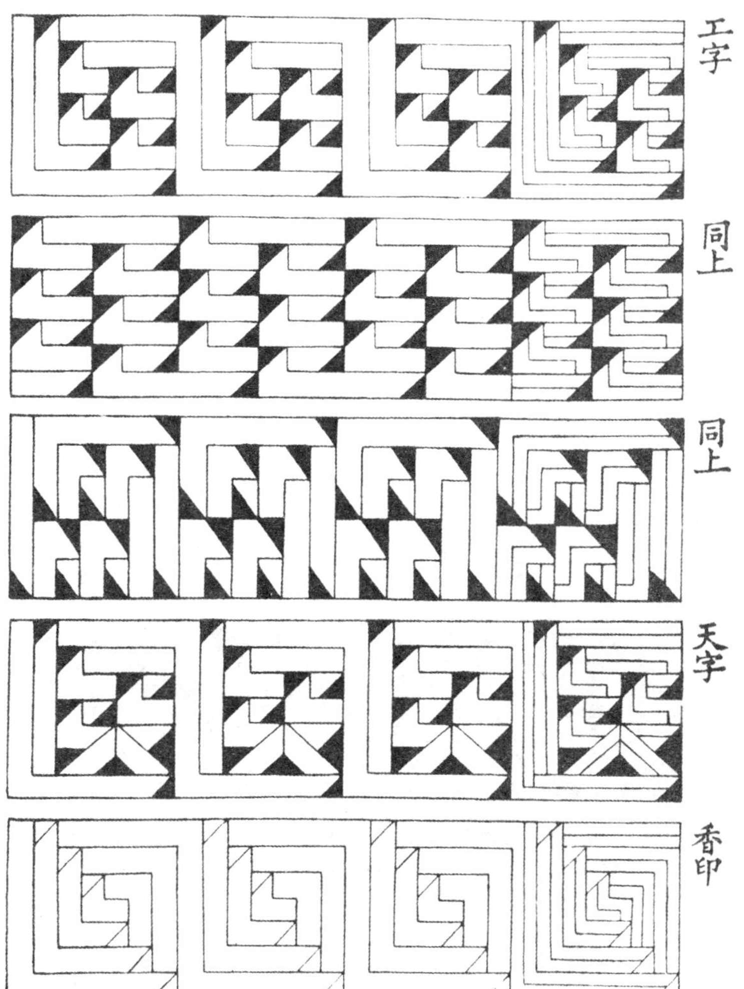
工字
同上
同上
天字
香印

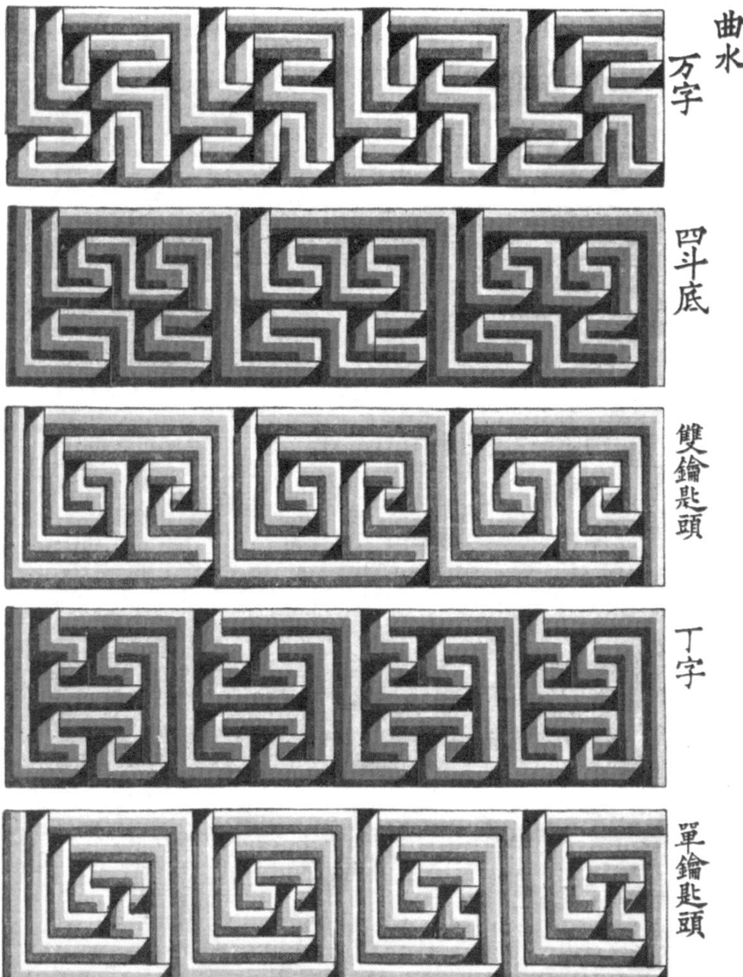
曲水
万字
四斗底
雙鑰匙頭
丁字
單鑰匙頭

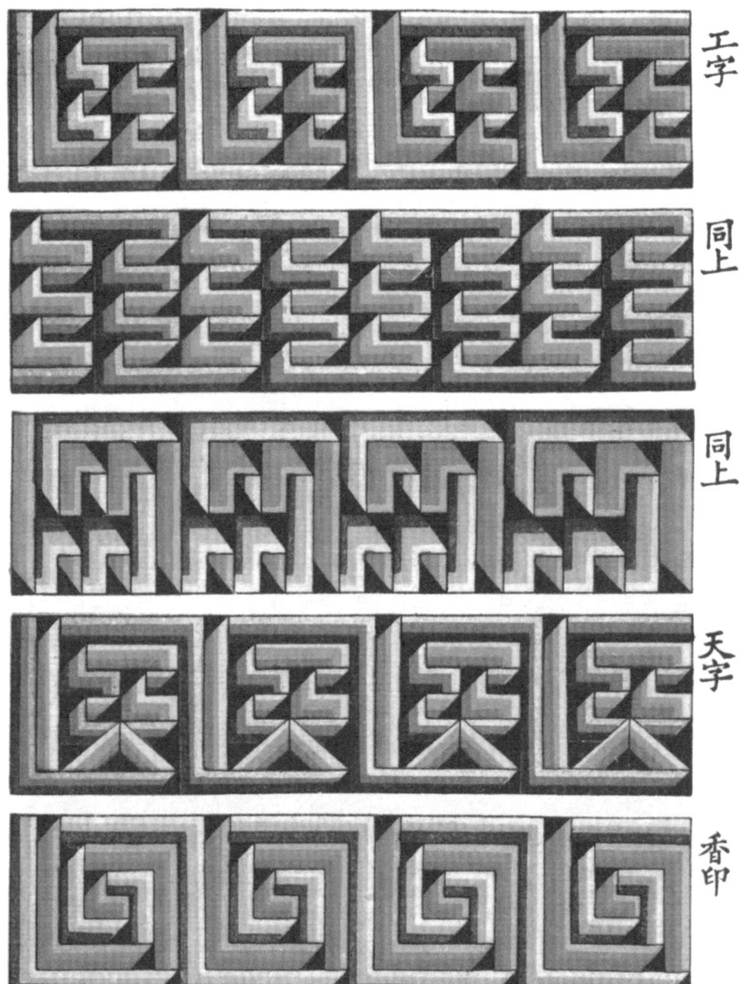
工字
同上
同上
天字
香印

飛仙及飛走等第三

飛仙及飛走等第三

飛仙

嬪伽

共命鳥

鳳凰
鸞
孔雀
仙鶴

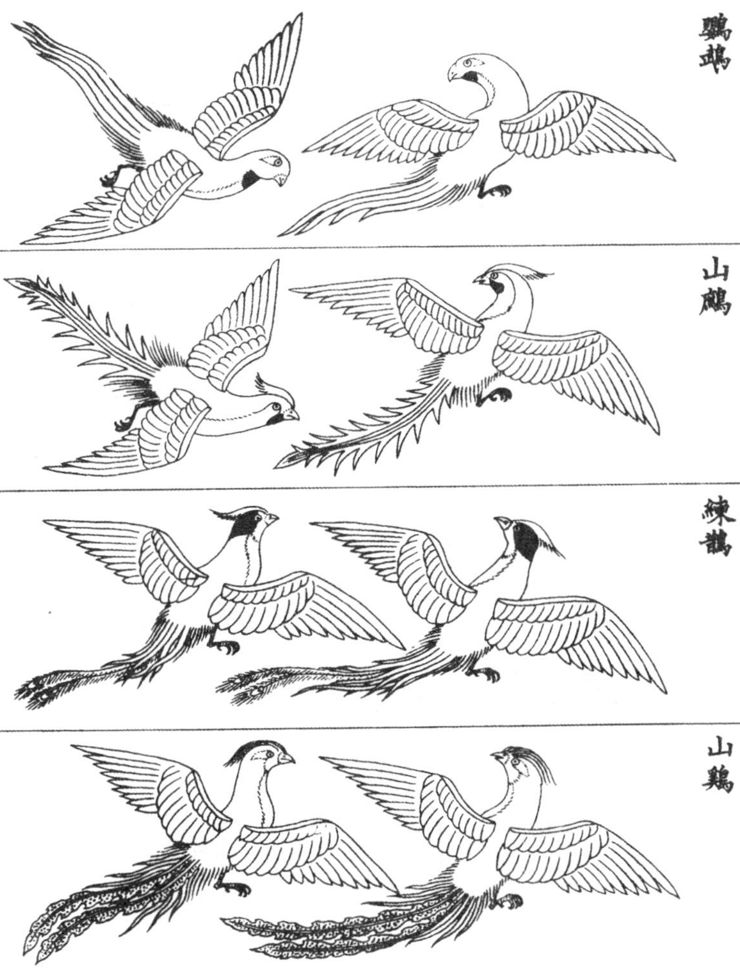
鸚鵡
山鵲
練鵲
山鷄

鳳凰
鸞
孔雀
仙鶴

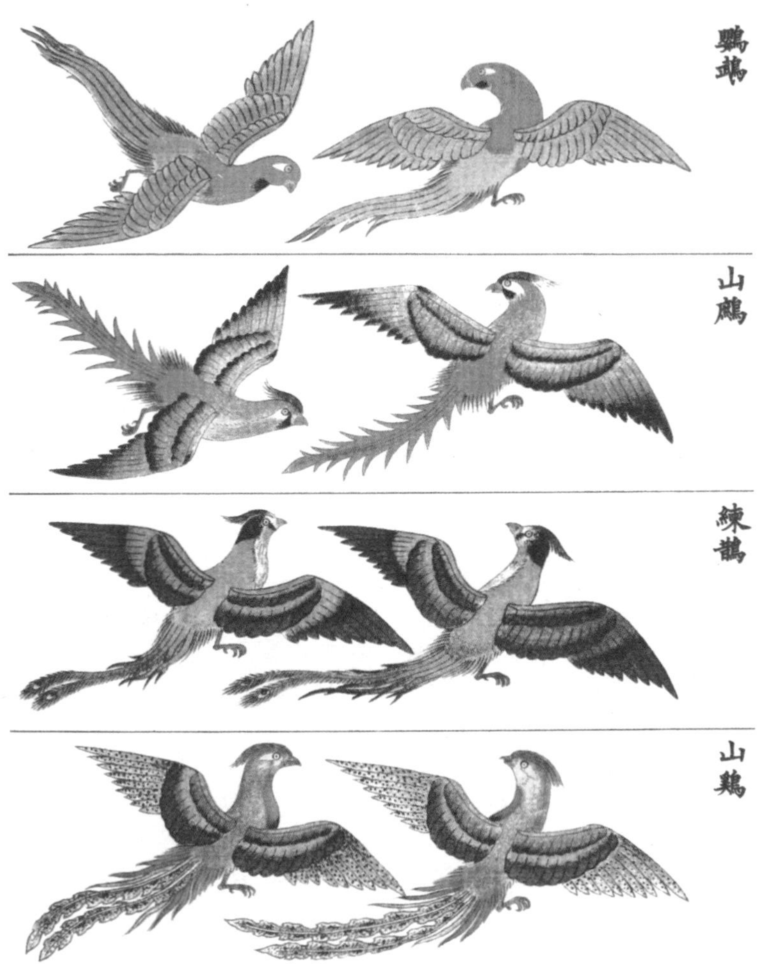
鸚鵡
山鷓
練鵲
山鷄

谿鶒
鴛鴦
鵝
華鴨

師子
麒麟
狻猊
獬豸

鸂鶒
鴛鴦
鵝
華鴨

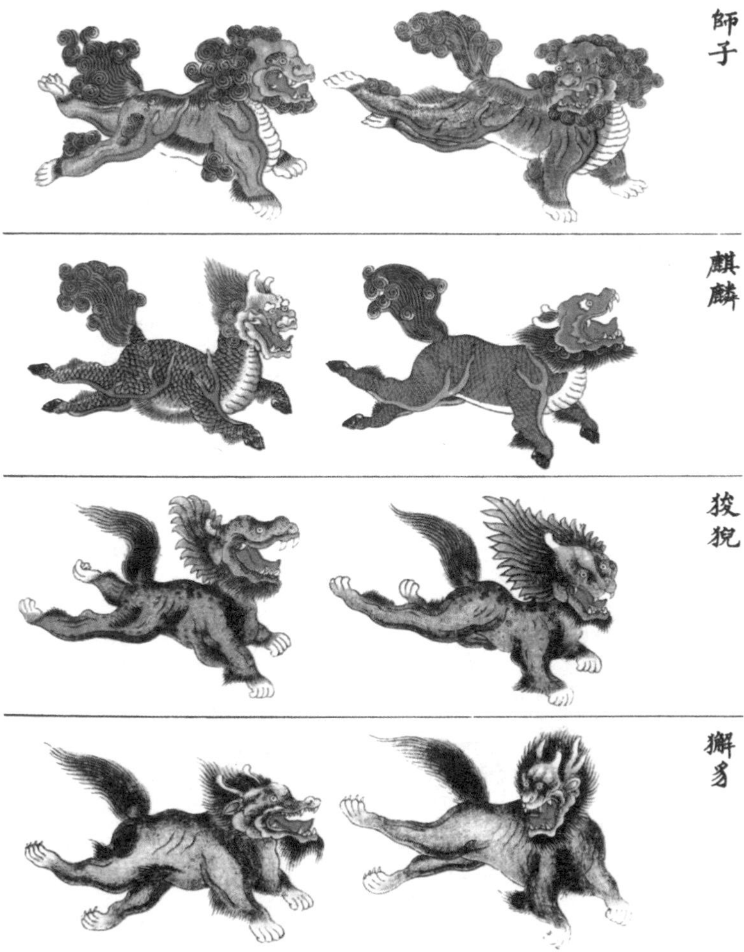
師子
麒麟
狻猊
獬豸

天馬
海馬
仙鹿
羚羊

山羊
象
犀牛
熊

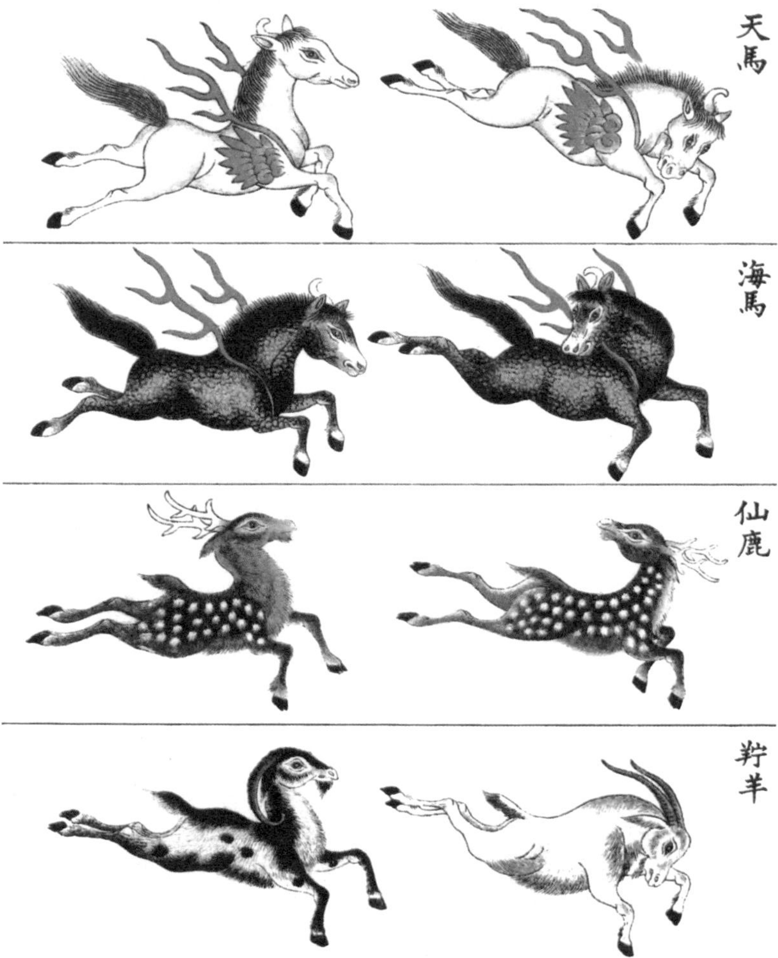
天馬
海馬
仙鹿
羜羊

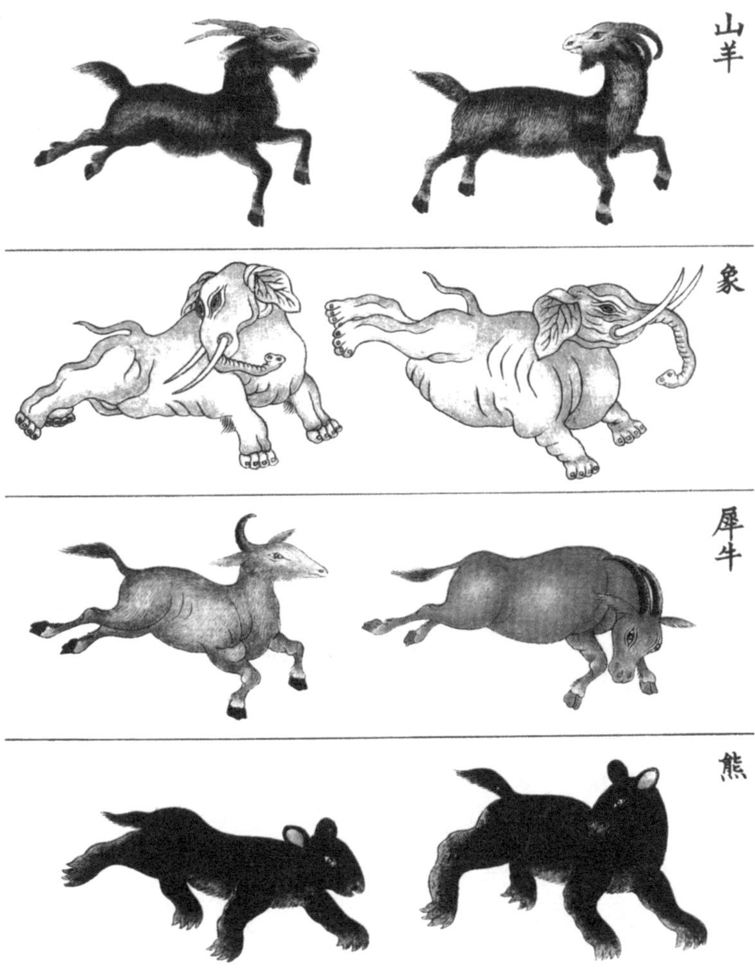
山羊
象
犀牛
熊

騎跨仙真第四

化生
真人
女真
玉女

騎跨仙真第四
真人
女真
金童
玉女

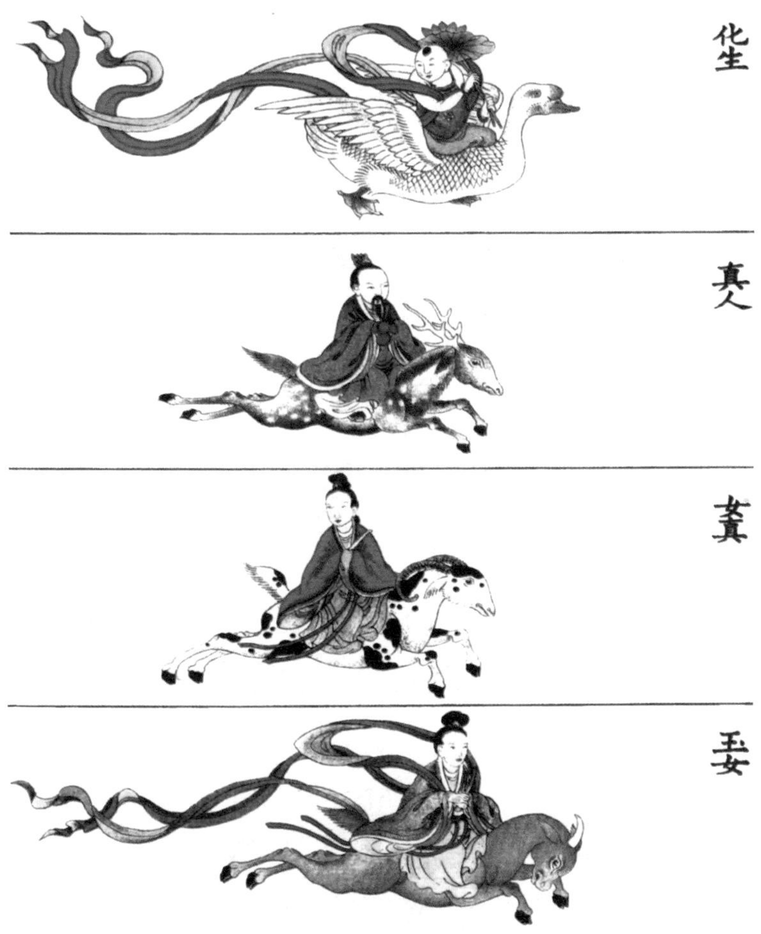

化生
真人
女真
玉女

拂菻
獠蠻
化生

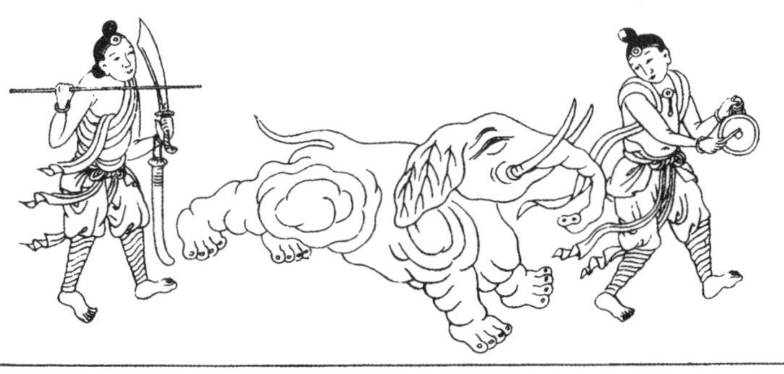

拂菻
獠蠻
化生

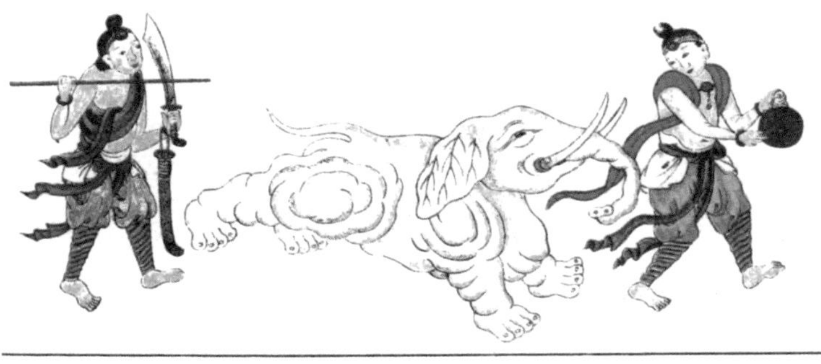

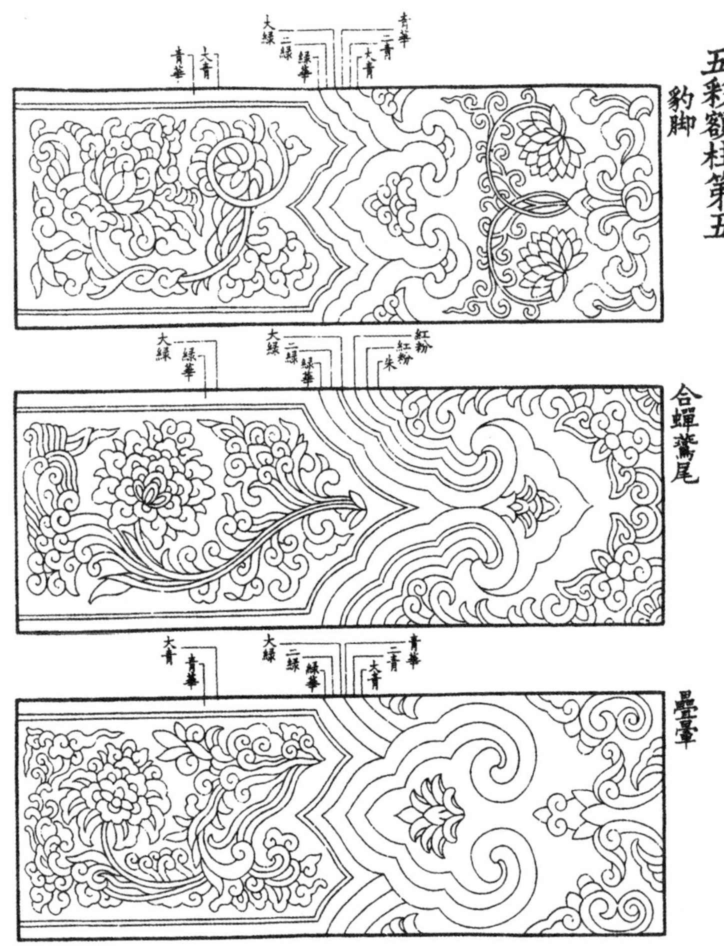
五彩額柱第五
豹脚
青華
大青
大綠
二綠
綠華
青華
二青
大青
合蟬燕尾
大綠
綠華
大綠
二綠
綠華
紅粉
紅粉
朱
疊暈
大青
青華
大綠
二綠
綠華
青華
二青
大青

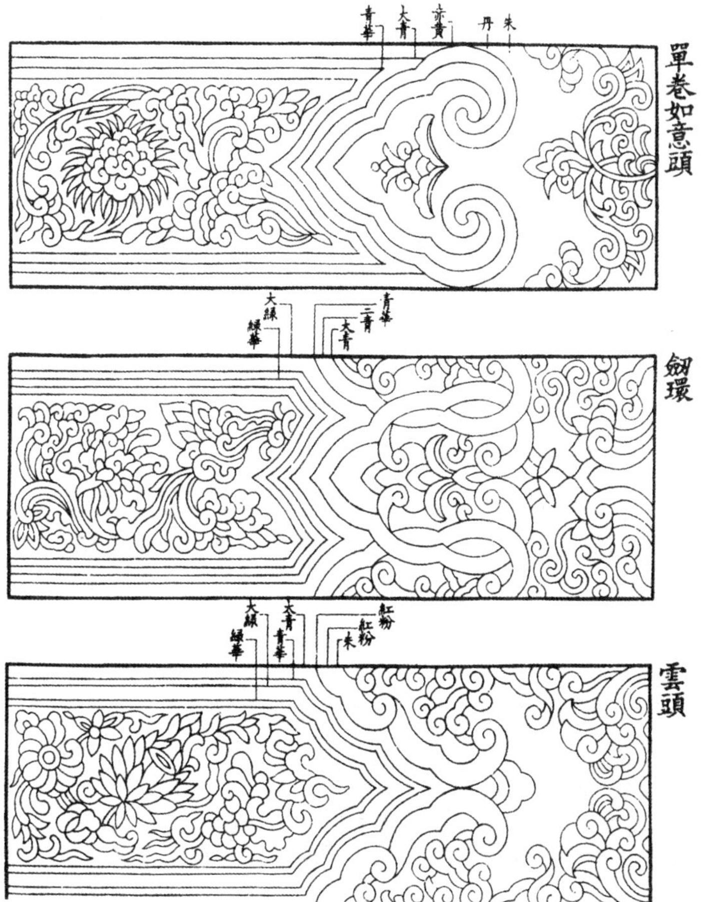
單卷如意頭
青華
大青
赤黄
丹
朱
劒環
大緑
緑華
青華
二青
大青
雲頭
大緑
緑華
大青
青華
紅粉
紅粉
朱

五彩額柱第五

豹脚

合蟬鷰尾

疊暈

單卷如意頭

劒環

雲頭

三卷如意頭
青華
大青
綠華
二綠
大綠
青華
二青
大青
簇三
大綠
綠華
大青
青華
紅粉
紅粉
朱
朱
紅粉
紅粉
牙脚
大青
青華
朱
紅粉
綠華
二綠
大綠

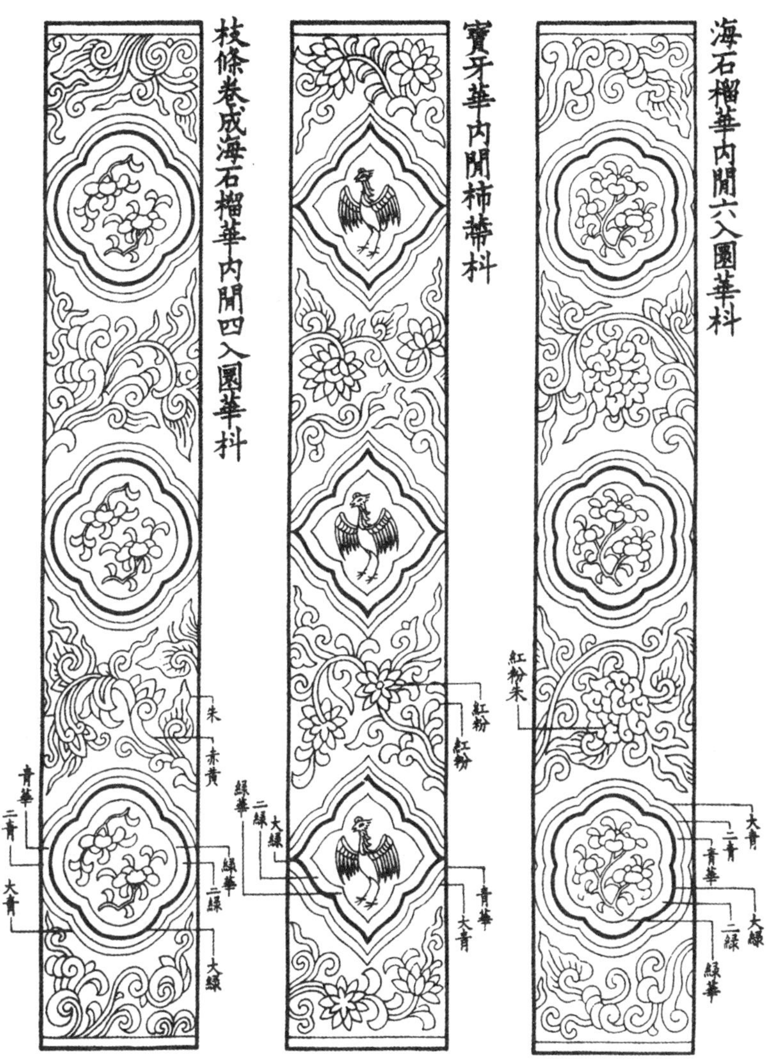
枝條卷成海石榴華内間四入圜華枓
朱
赤黄
青華
二青
大青
緑華
二緑
大緑
寶牙華内間柿蔕枓
紅粉
紅粉
緑華
二緑
大緑
青華
大青
海石榴華内間六入圜華枓
紅粉朱
大青
二青
青華
大緑
二緑
緑華

三卷如意頭

簇三

牙脚

海石榴華内間六入園華枓

寶牙華内間柿蔕枓

枝條卷成海石榴華内間四入園華枓

五彩平棊第六

其華子暈心墨者係青暈外緑者係緑渾黑者係紅並係碾玉裝不暈墨者係五彩裝造

大青
二青
青華

五彩平棊第六 其華子暈心墨者係青暈外綠者係綠渾黑者係紅並係碾玉裝不暈墨者係五彩裝造

綠
紅

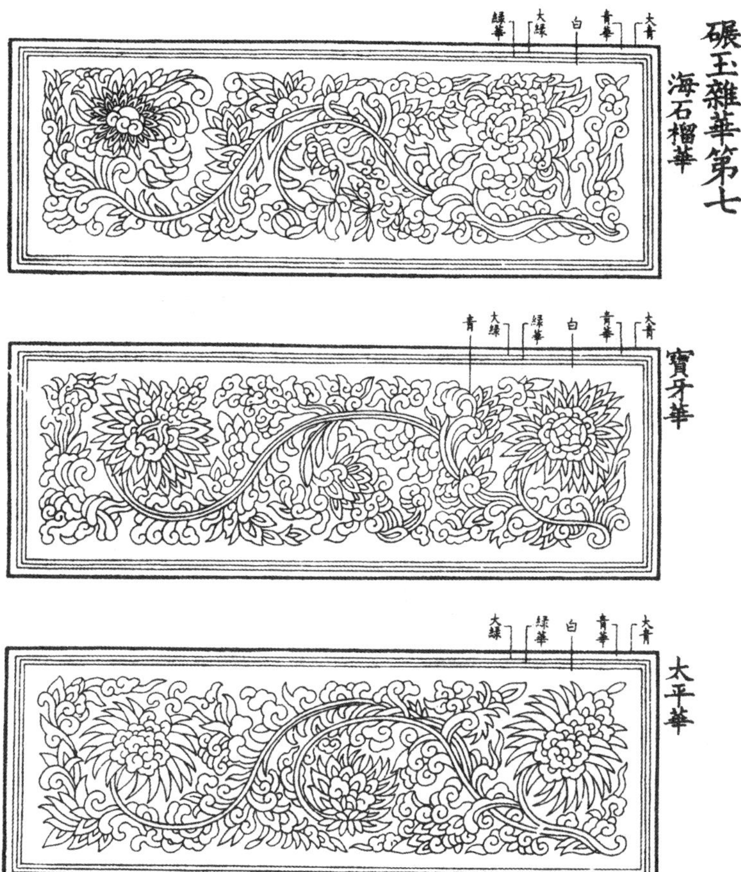
碾玉雜華第七
海石榴華
大青
青華
白
大綠
綠華
寶牙華
大青
青華
白
綠華
大綠
青
太平華
大青
青華
白
綠華
大綠

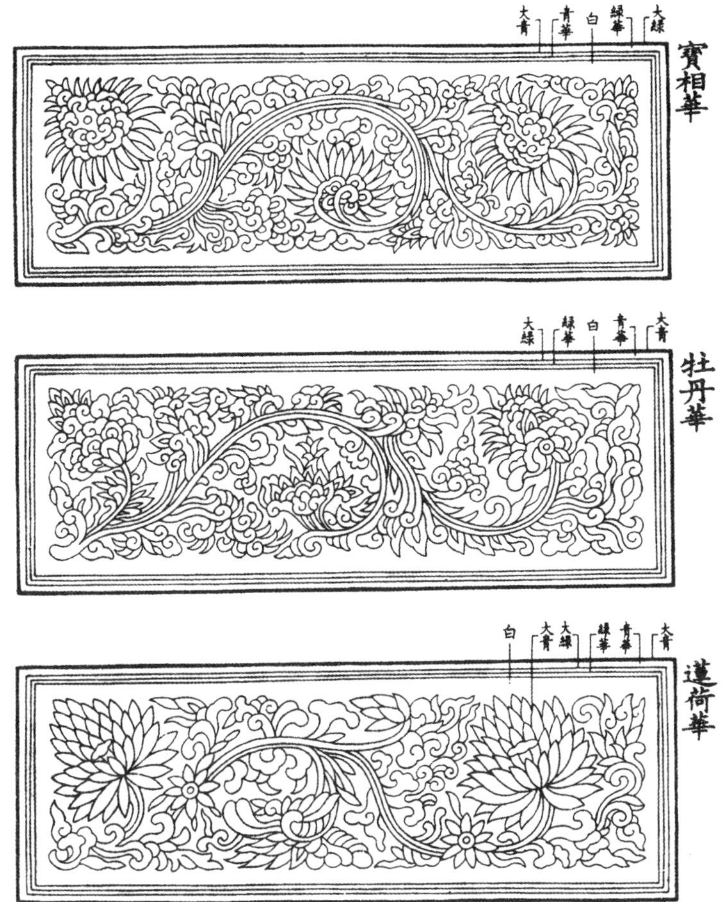
大青
青華
白
緑華
大緑
寶相華
大緑
緑華
白
青華
大青
牡丹華
白
大青
大緑
緑華
青華
大青
蓮荷華

碾玉雜華第七

海石榴華

寶牙華

太平華

寶相華

牡丹華

蓮荷華

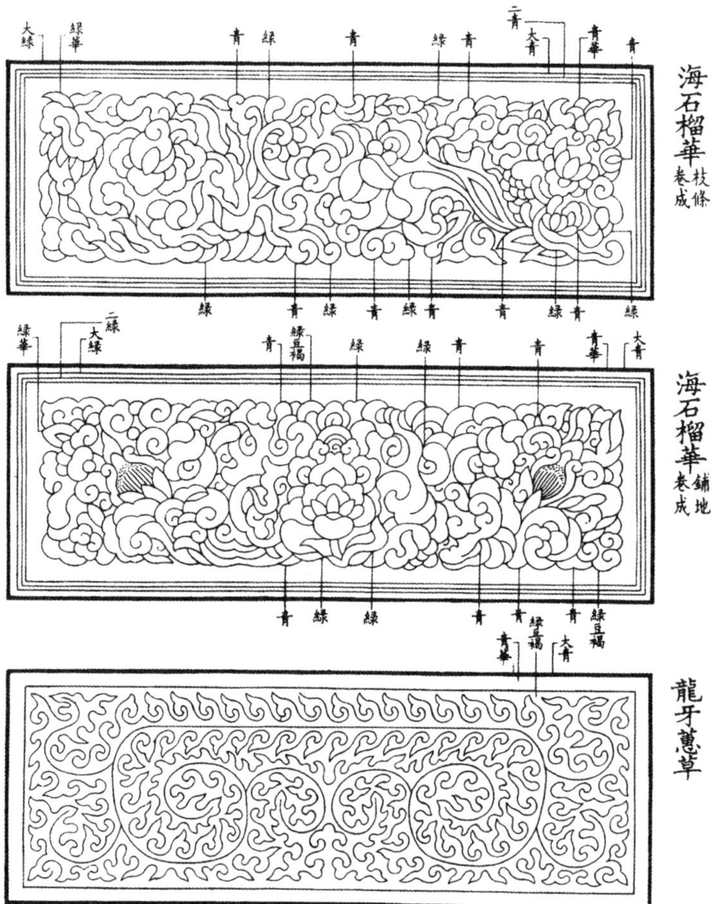
海石榴華枝條卷成
海石榴華鋪地卷成
龍牙蕙草

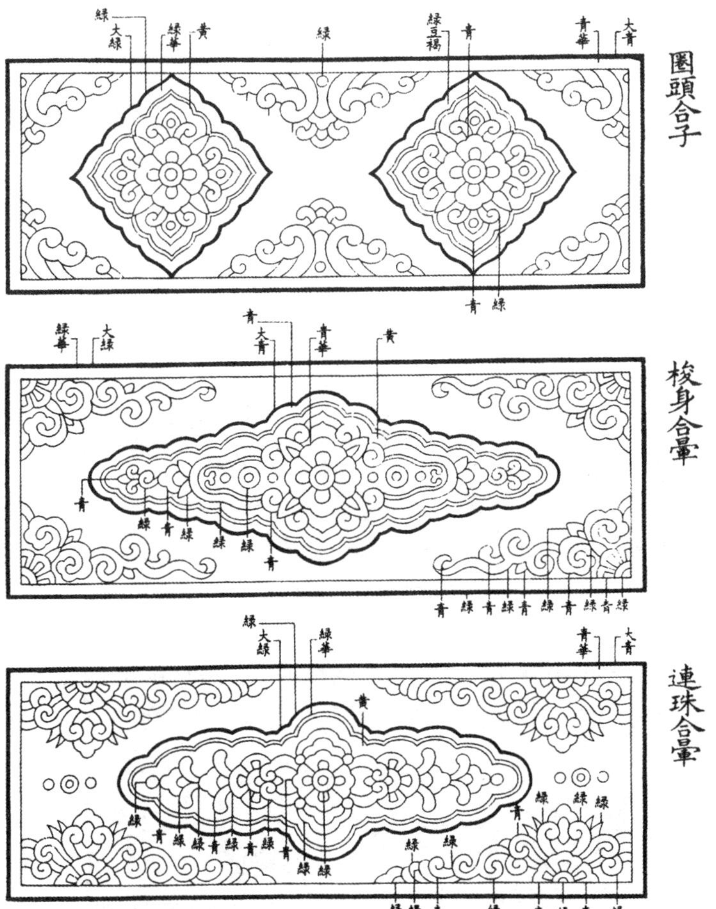
圈頭合子
綠
大綠
綠華
黃
綠
綠豆褐
青
青華
大青
青
綠
梭身合暈
綠華
大綠
青
大青
青華
黃
青
綠
青
綠
綠
綠
青
青
綠
青
綠
青
綠
青
綠
青
綠
連珠合暈
綠
大綠
綠華
青華
大青
黃
綠
青
綠
綠
青
綠
青
綠
青
綠
綠
綠
綠
綠
青
綠
綠
青
綠
青
綠
青
綠

海石榴華枝條卷成

海石榴華鋪地卷成

龍牙蕙草

圜頭合子

梭身合暈

連珠合暈

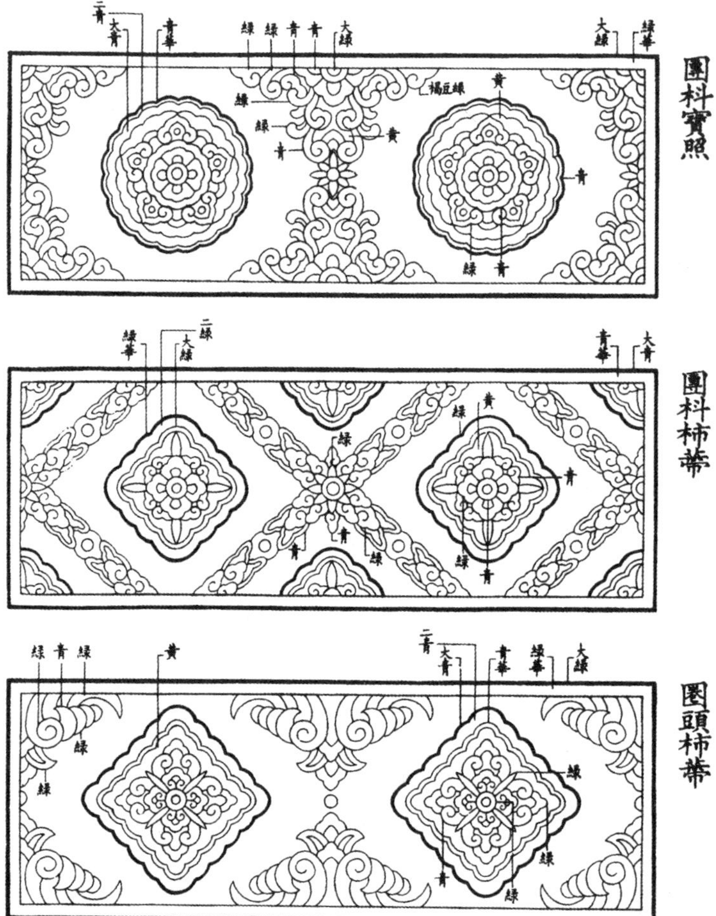

團科寶照
團科柿蒂
圜頭柿蒂

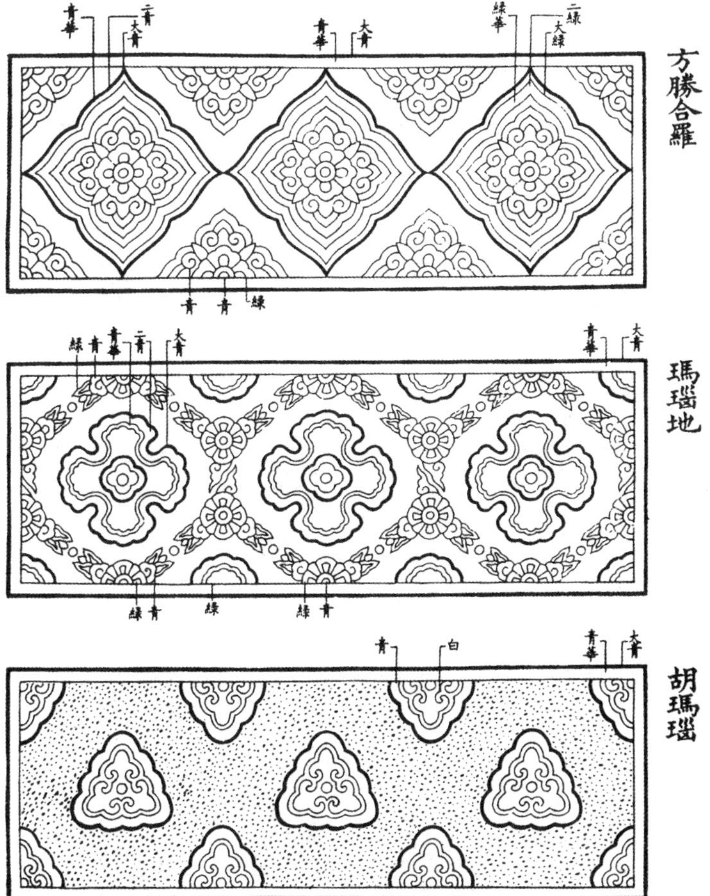
方勝合羅
青華
二青
大青
青華
大青
綠華
二綠
大綠
青
青
綠
瑪瑙地
綠
青
青華
二青
大青
青華
大青
綠
青
綠
綠
青
胡瑪瑙
青
白
青華
大青

團科寶照

團科柿蔕

圈頭柿蔕

方勝合羅

瑪瑙地

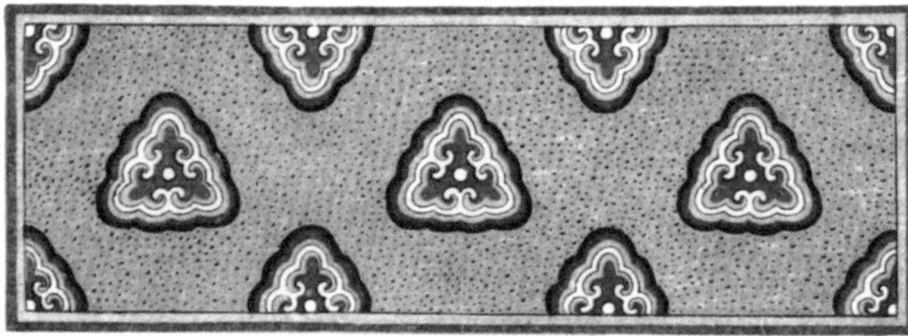
胡瑪瑙

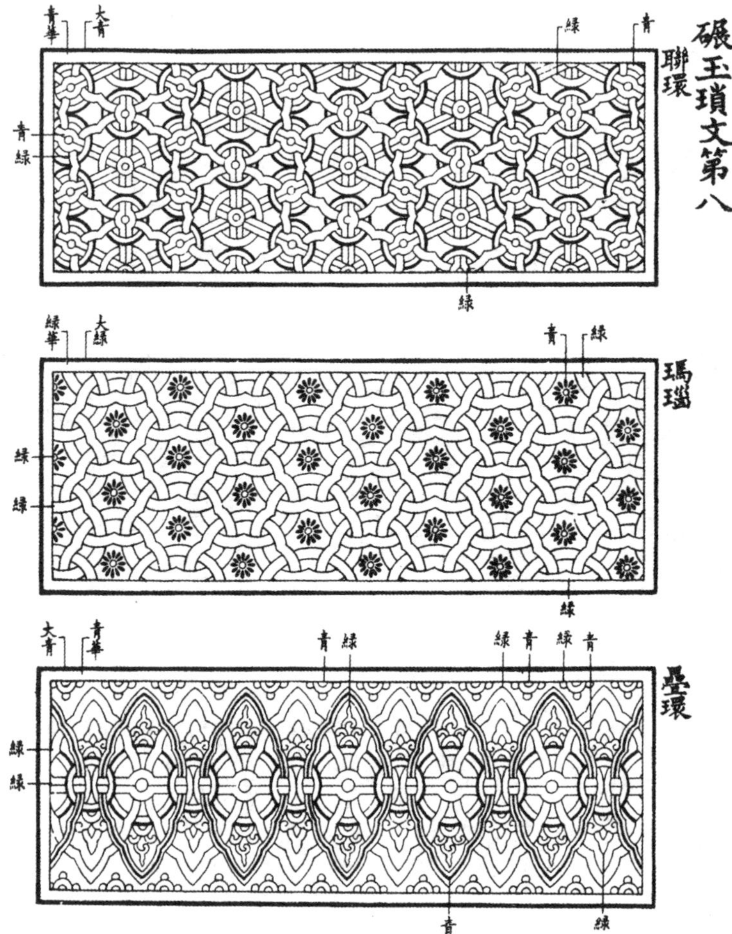
碾玉瑣文第八
聯環
青華
大青
綠
青
青
綠
綠
瑪瑙
綠華
大綠
青
綠
綠
綠
綠
疊環
大青
青華
青
綠
綠
青
綠
青
綠
綠
青
綠

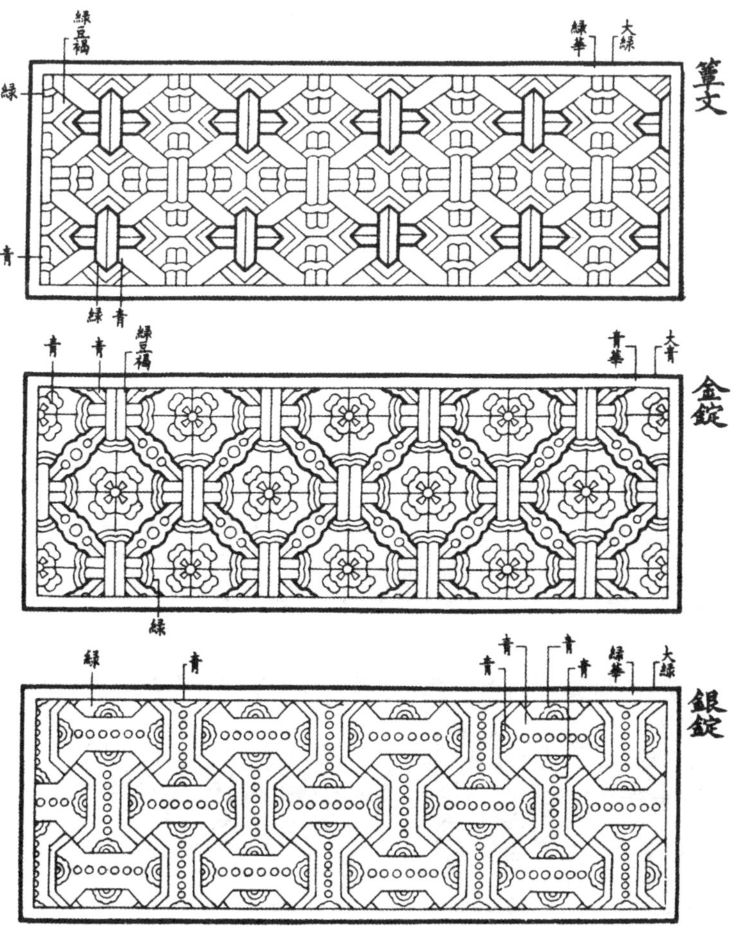
綠豆褊
綠華
大綠
綠
青
綠
青
簟文
青
青
綠豆褊
青華
大青
綠
金錠
綠
青
青
青
青
青
綠華
大綠
銀錠

碾玉瑣文第八

聯環

瑪瑙

疊環

簟文

金錠

銀錠

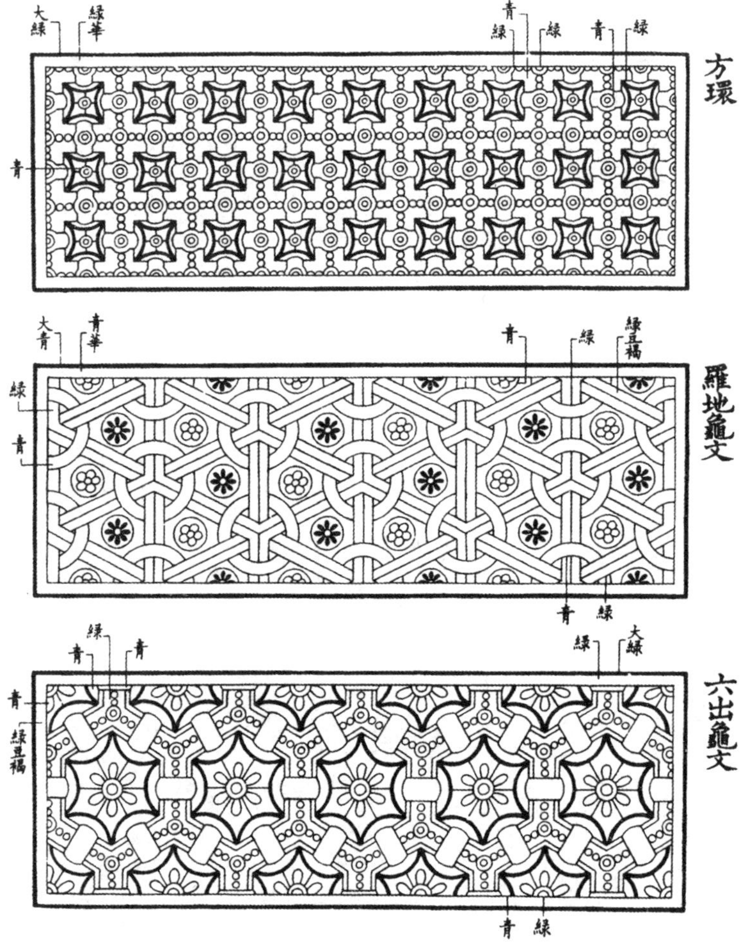
大绿
绿華
青
绿
绿
青
绿
方環
青
大青
青華
青
绿
绿豆褔
绿
青
羅地龜文
青
绿
绿
青
青
绿
大绿
青
绿豆褔
六出龜文
青
绿

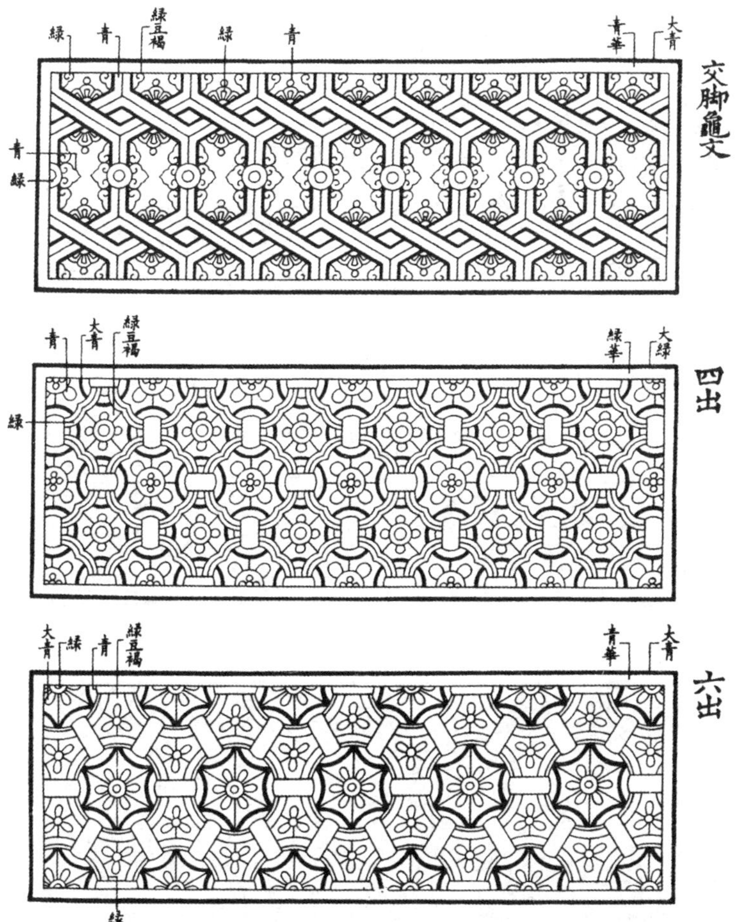

綠
青
綠豆褐
綠
青
青華
大青
交脚龜文
青
綠
青
大青
綠豆褐
綠華
大綠
四出
綠
大青
綠
青
綠豆褐
青華
大青
六出
綠

方環

羅地龜文

六出龜文

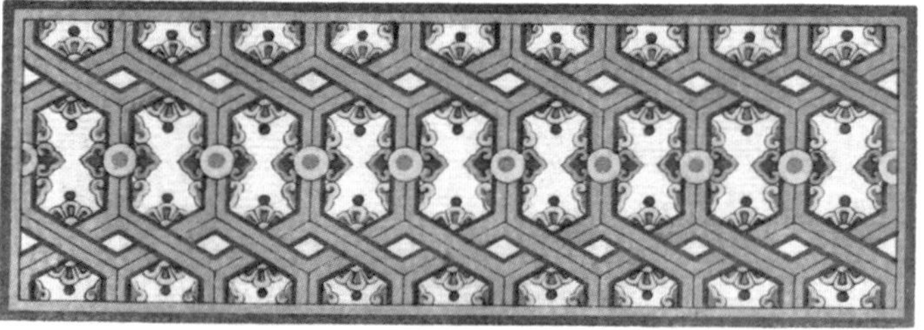

交脚龟文

四出

六出

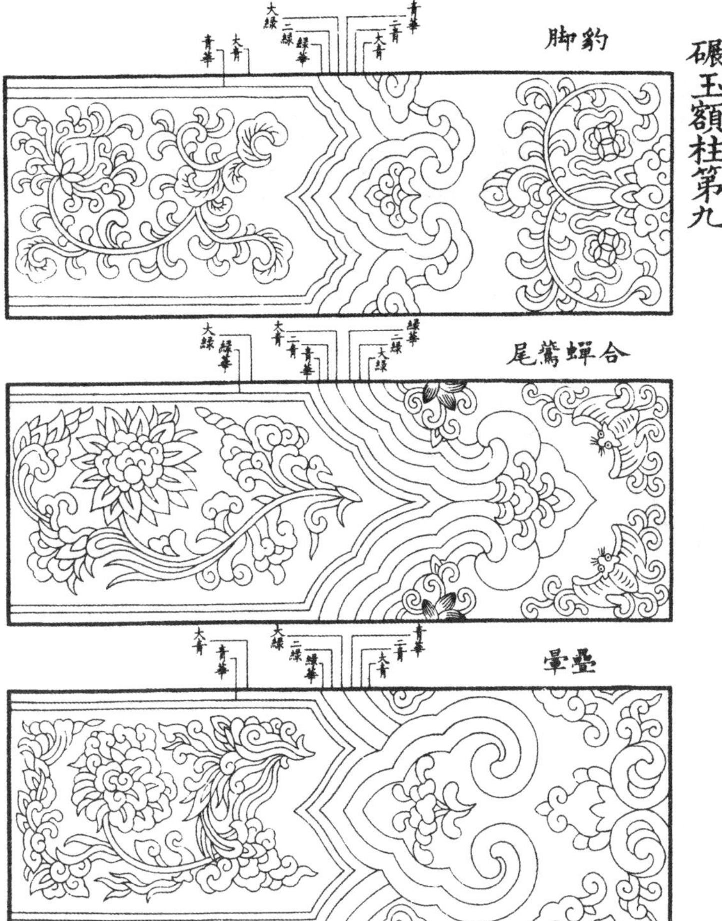

碾玉額柱第九
豹脚
青華
大青
大綠
二綠
綠華
青華
二青
大青
合蟬鷰尾
大綠
綠華
大青
二青
青華
綠華
二綠
大綠
疊暈
大青
青華
大綠
二綠
綠華
青華
二青
大青

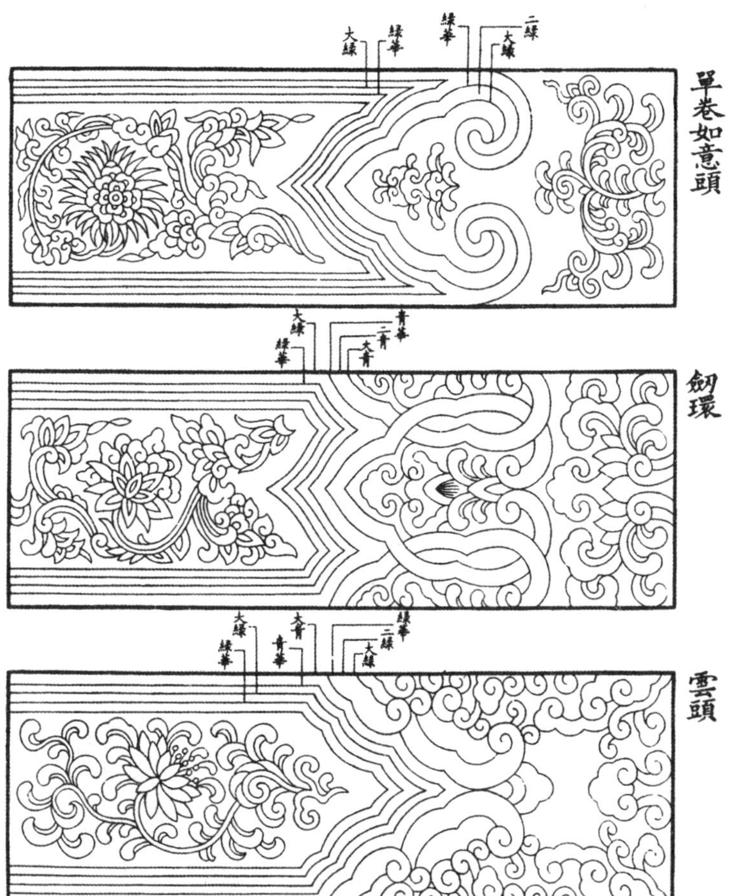
單卷如意頭
大綠
綠華
綠華
二綠
大綠
劒環
大綠
綠華
青華
二青
大青
雲頭
大綠
綠華
大青
青華
綠華
二綠
大綠

碾玉額柱第九

豹脚

合蟬鸞尾

疊暈

單卷如意頭

劔環

雲頭

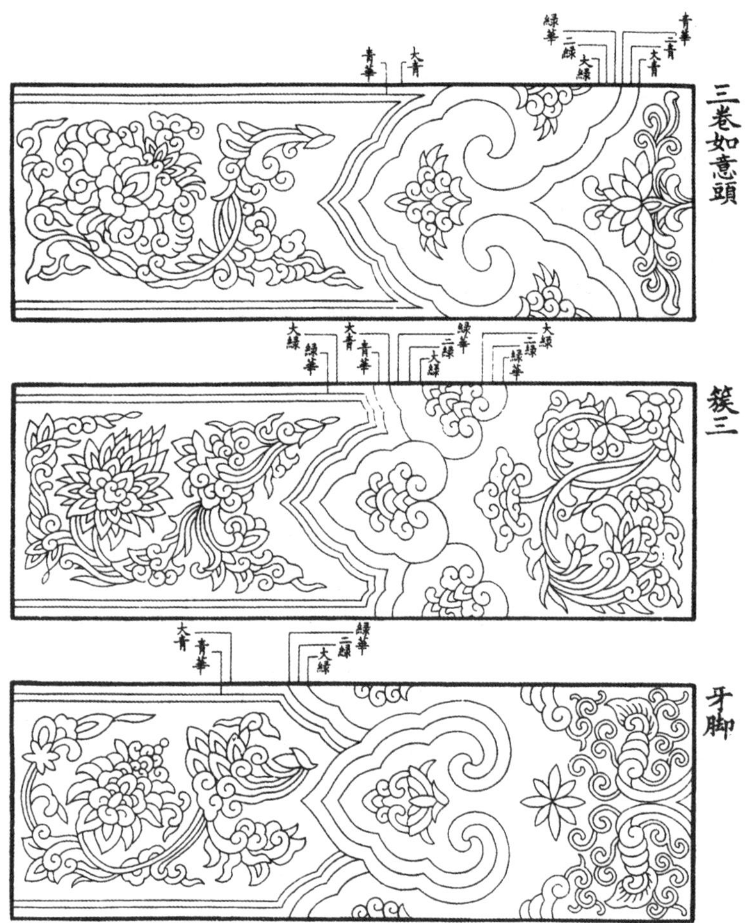
三卷如意頭
青華
大青
綠華
二綠
大綠
青華
二青
大青
簇三
大綠
綠華
大青
青華
綠華
二綠
大綠
大綠
二綠
綠華
牙脚
大青
青華
綠華
二綠
大綠

枝條卷成海石榴華内間四入圜華科
綠豆褐
二青
大青
綠華
二綠
大綠
寶牙華内間柿蔕科
綠華
大綠
大綠
大青
二青
青華
綠豆褐
海石榴華内間六入圜華科
青華
大青
大綠
二綠
綠華
綠豆褐

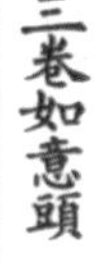

簇三

牙脚

海石榴華內間六入圜華枓

寶牙華內間柿蔕枓

枝條卷成海石榴華內間四入圜華枓

碾玉平棊第十

其華子暈心墨者係青暈外緣者係綠並係碾玉裝其不暈者白上描檯壘青綠

大青
二青
青華

碾玉平棊第十

其華子暈心墨者係青暈外緑者係緑並係碾玉裝其不暈者白上描檀疊青緑

緑
青

卷第三十四

彩畫作制度圖樣下

五彩遍裝名件第十一

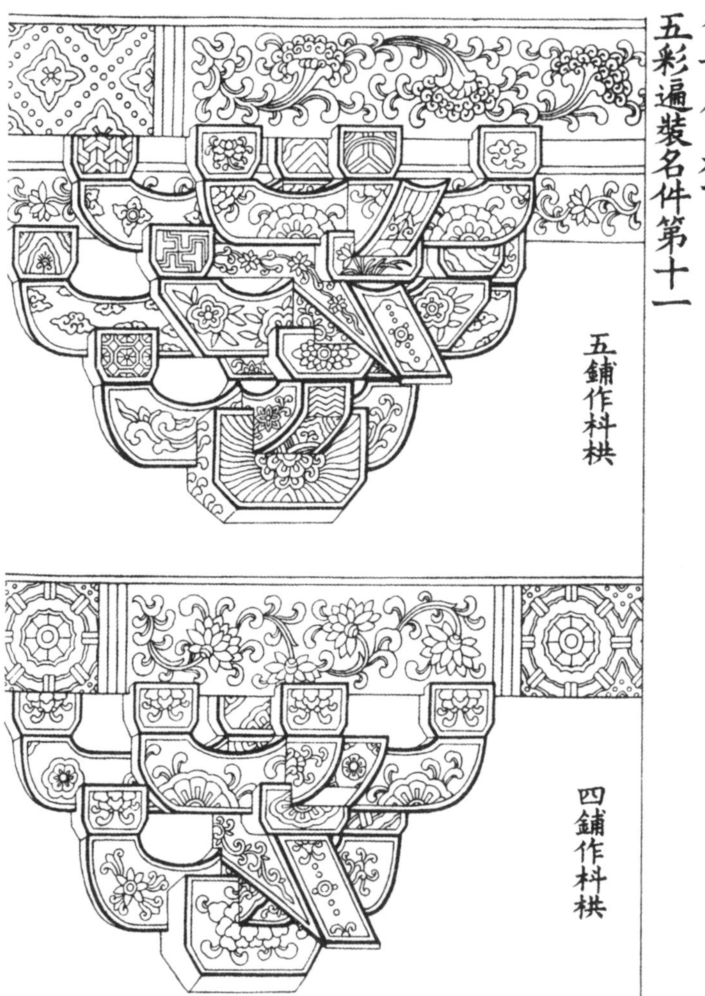

五鋪作枓栱

四鋪作枓栱

梁椽 飛子

彩畫作制度圖樣下

五彩遍裝名件第十一

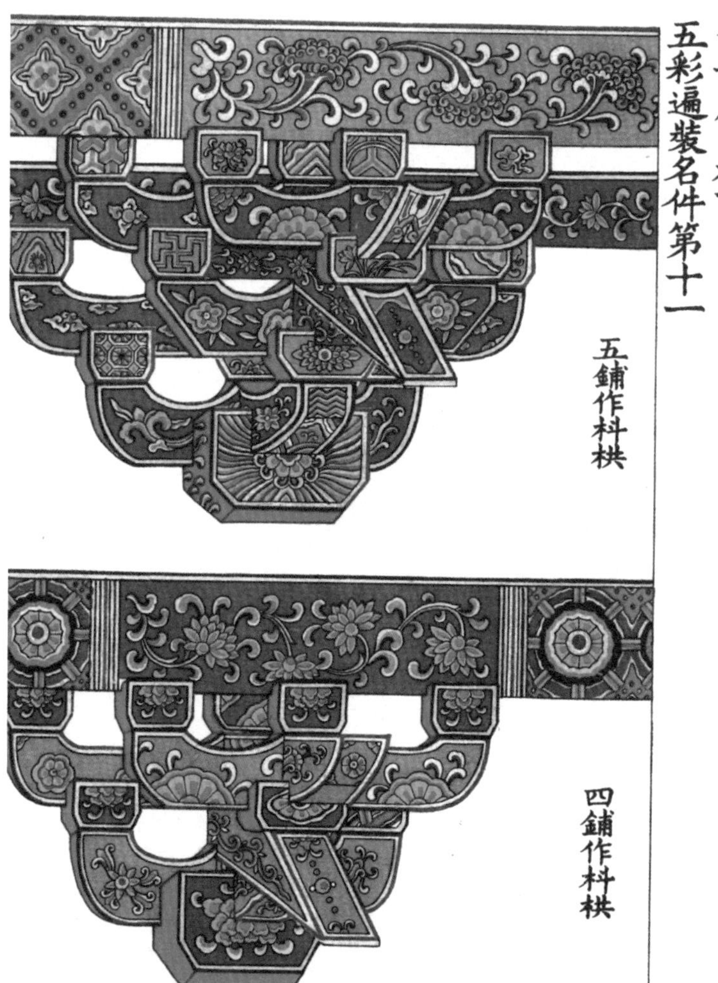

五鋪作枓栱

四鋪作枓栱

梁椽 飛子

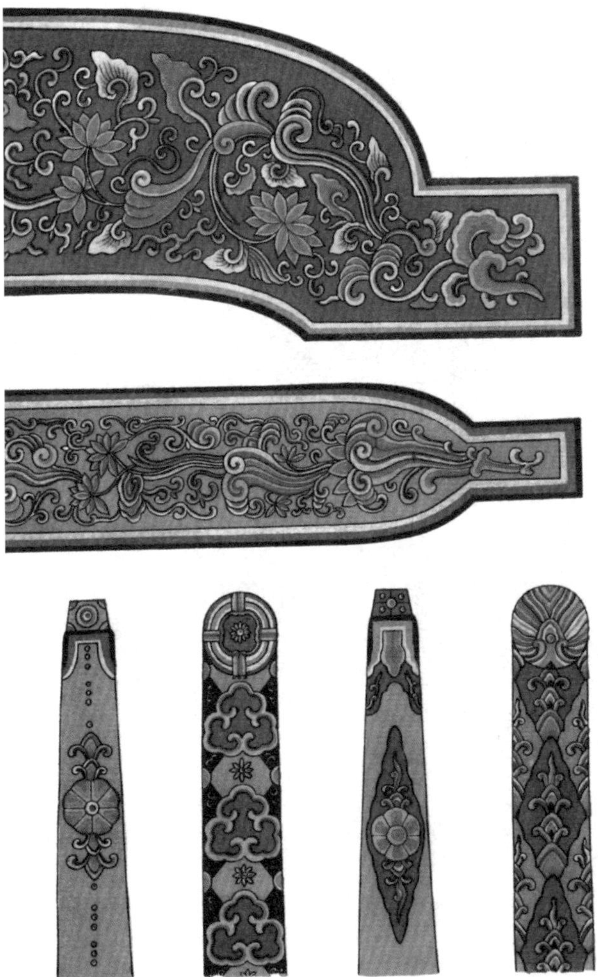

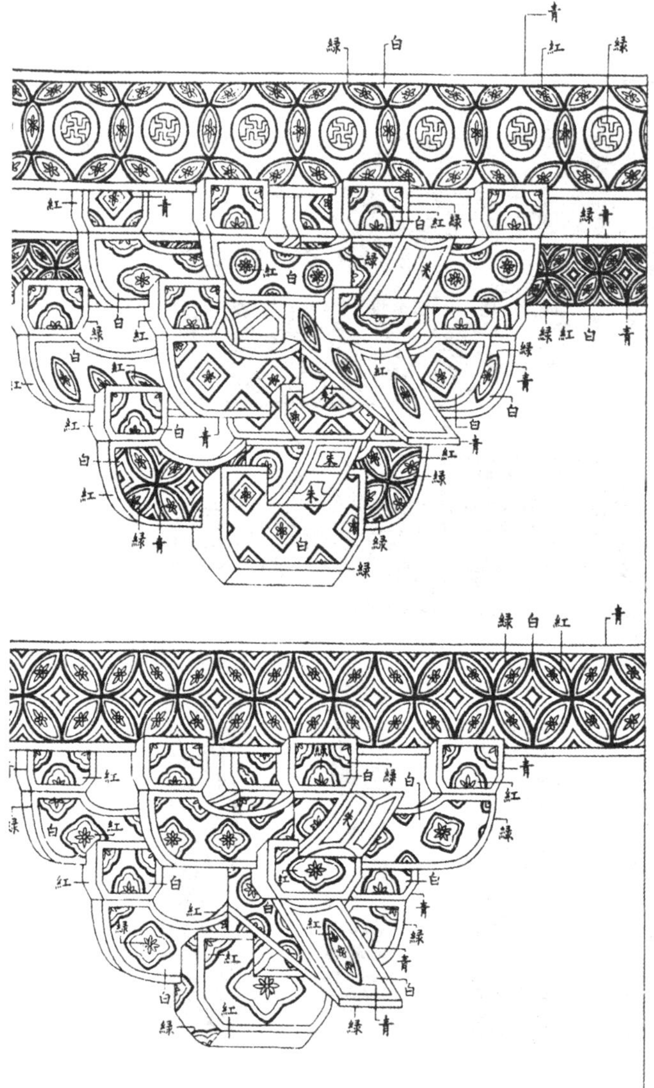
五彩裝淨地錦

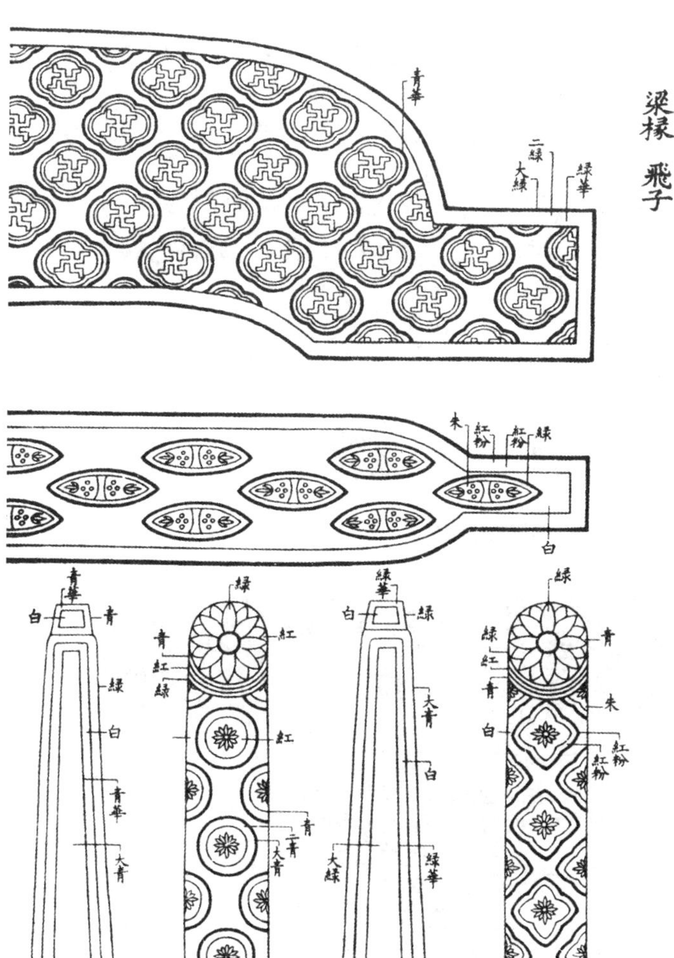
青華
二緑
大緑
緑華
朱
紅粉
紅粉
緑
白
青華
白
青
緑
白
青華
大青
緑
青
紅
紅
緑
紅
青
二青
大青
緑華
白
緑
大青
白
大緑
緑華
緑
緑
青
紅
青
朱
白
紅粉
紅粉

梁椽 飛子

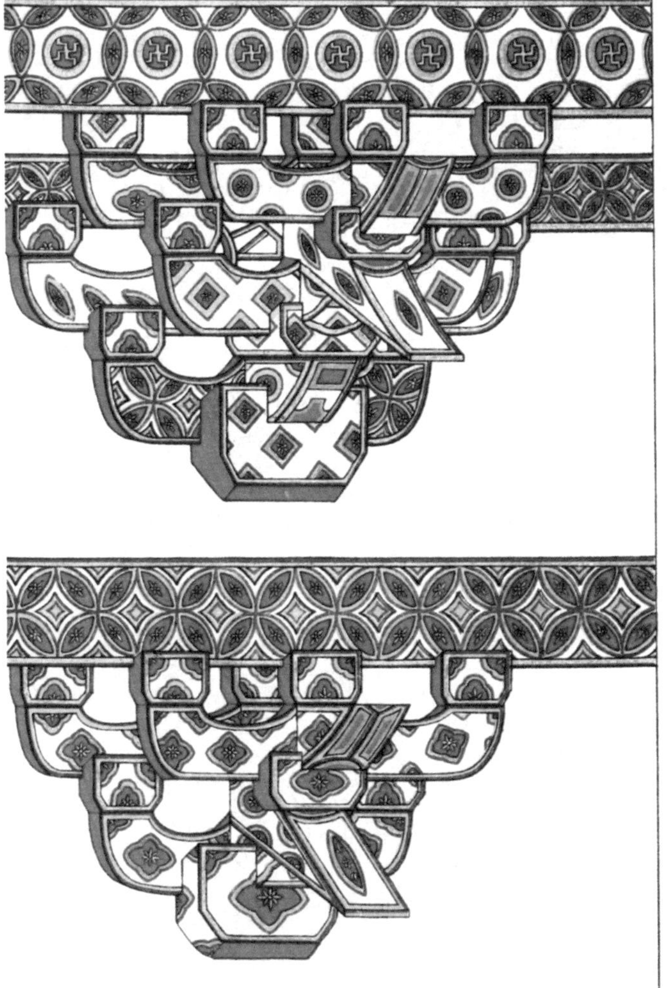
五彩裝淨地錦

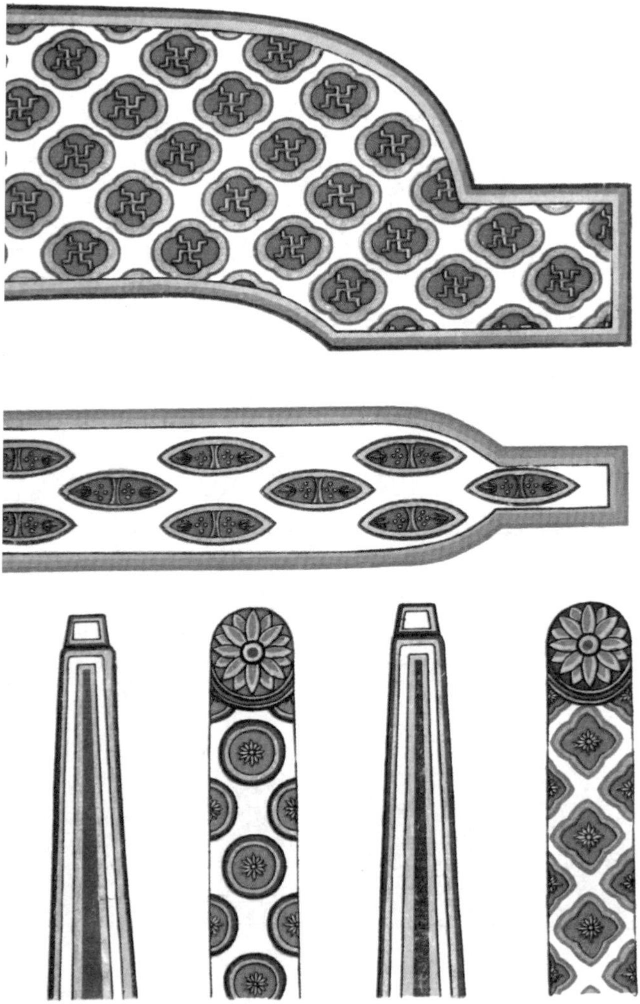

梁椽 飛子

五彩装栱眼壁

綠
青華
二青
大青

紅
青

五彩装栱眼壁

重栱内

單栱内

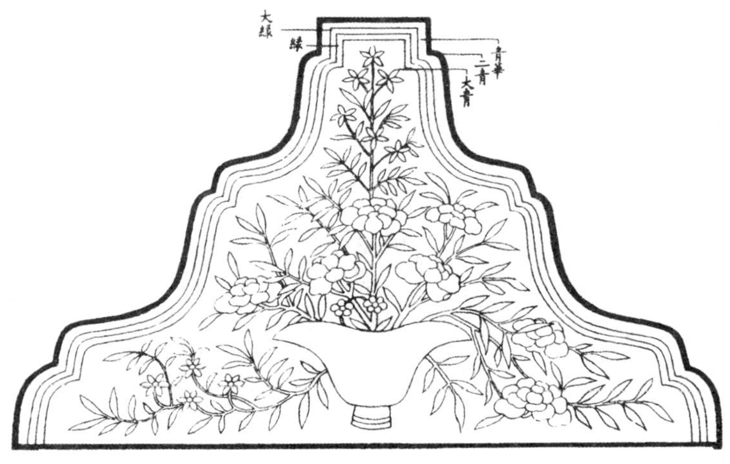
大緑
緑
青華
二青
大青

大青
青
紅粉
紅粉
紅

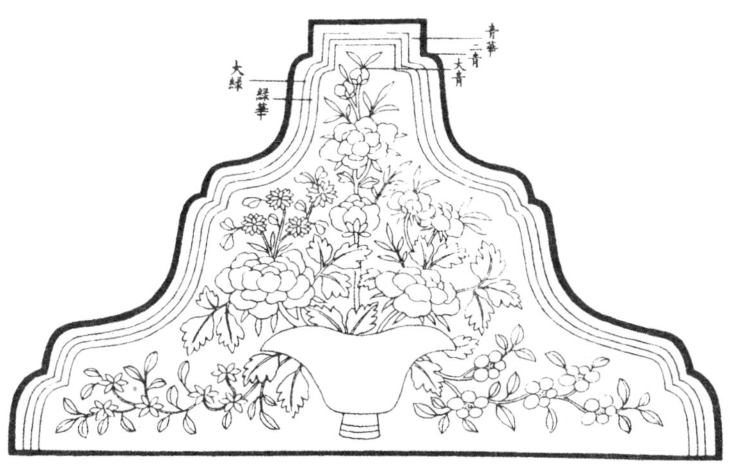
青華
二青
大青
大綠
綠華

大青
青華
白

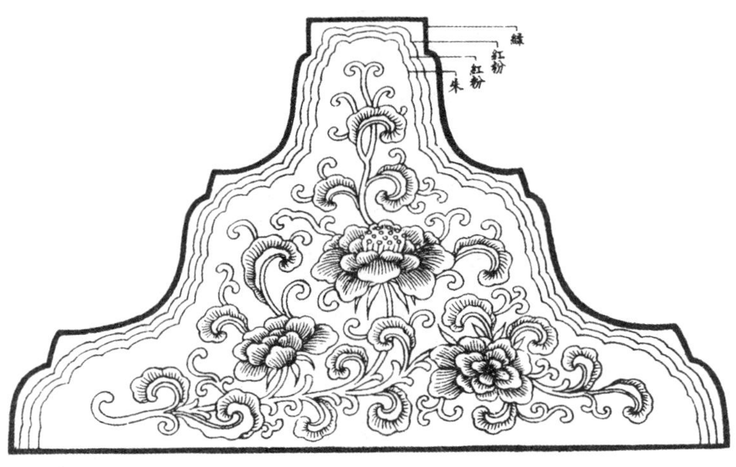
綠
紅粉
紅粉
朱

青
綠華
二綠
大綠

緑
紅粉
紅粉
朱

緑
青華
二青
大青

碾玉裝名件第十二

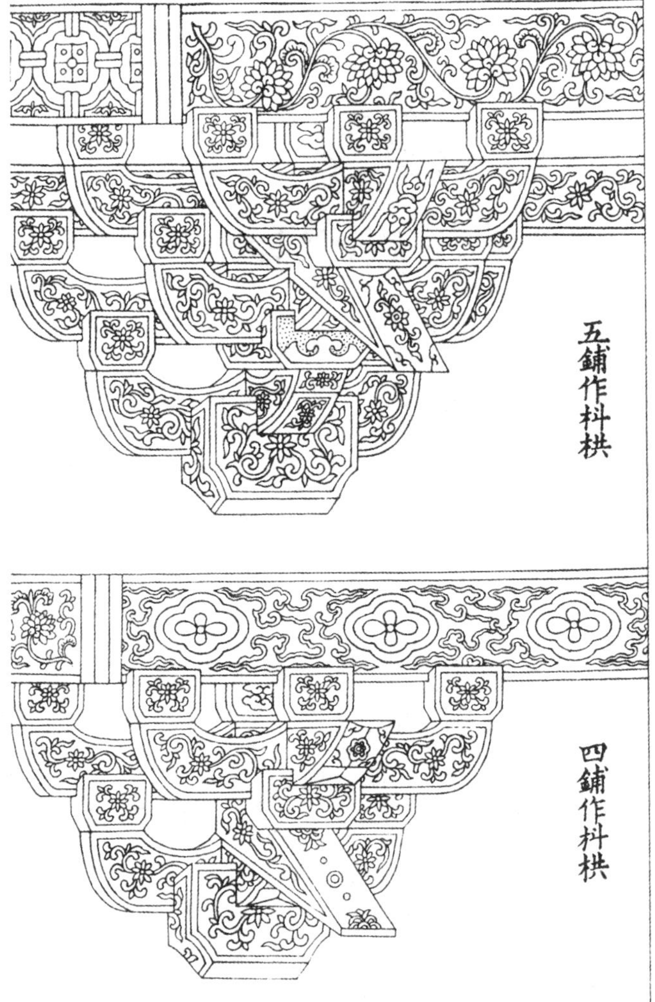

梁椽 飛子

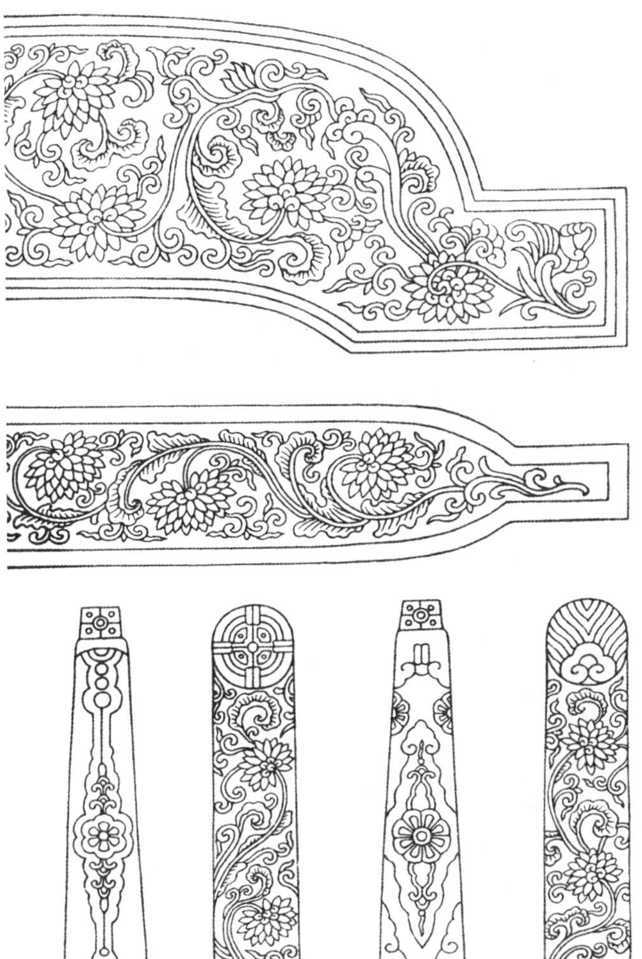

碾玉装名件第十二

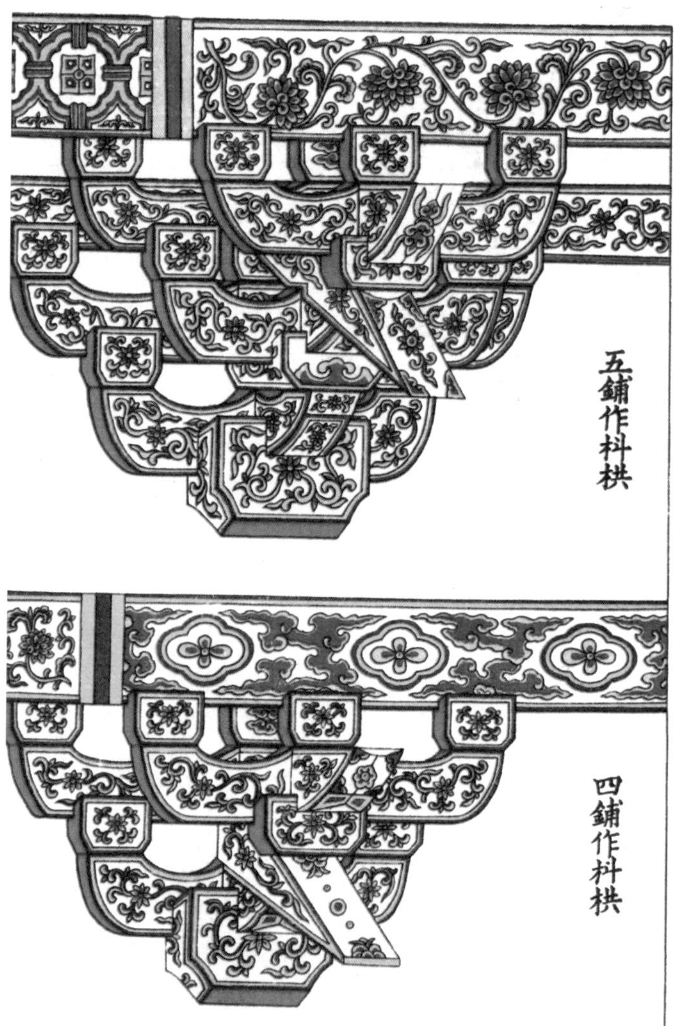

梁椽 飛子

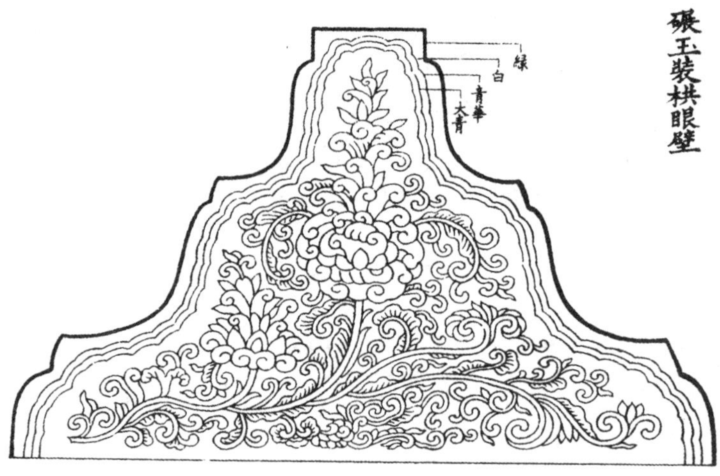

碾玉装栱眼壁

青
白
綠華
大綠

綠
白
青華
大青

碾玉装栱眼壁

青綠疊暈稜間裝名件第十三

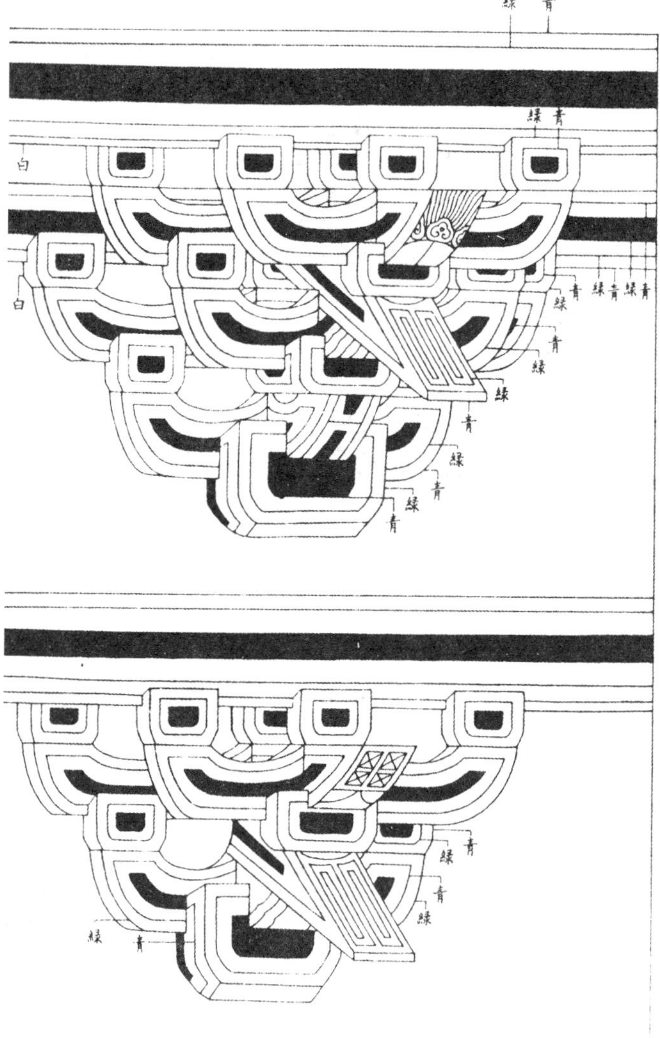

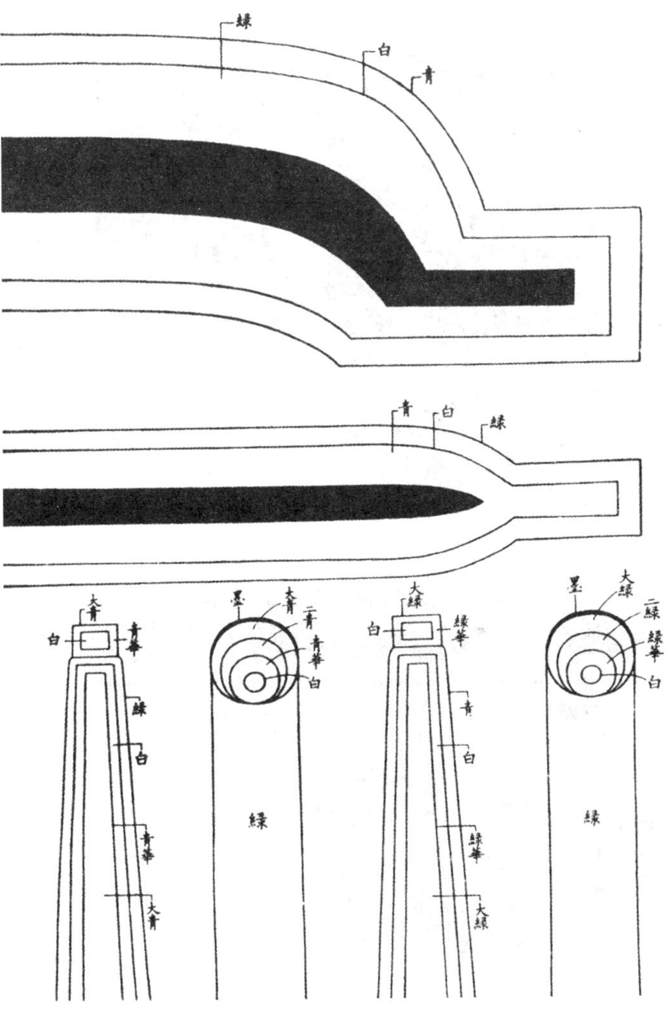
緑
白
青
青
白
緑
大青
白
青華
緑
白
青華
大青
墨
大青
二青
青華
白
緑
大緑
白
緑華
青
白
緑華
大緑
墨
大緑
二緑
緑華
白
緑

青綠疊暈棱間裝名件第十三

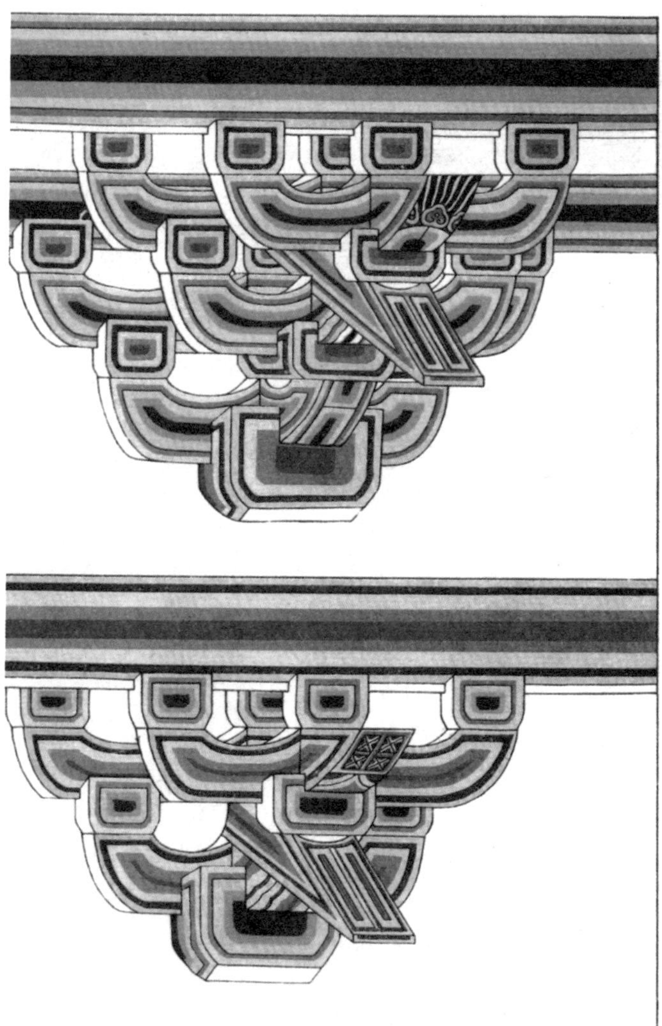

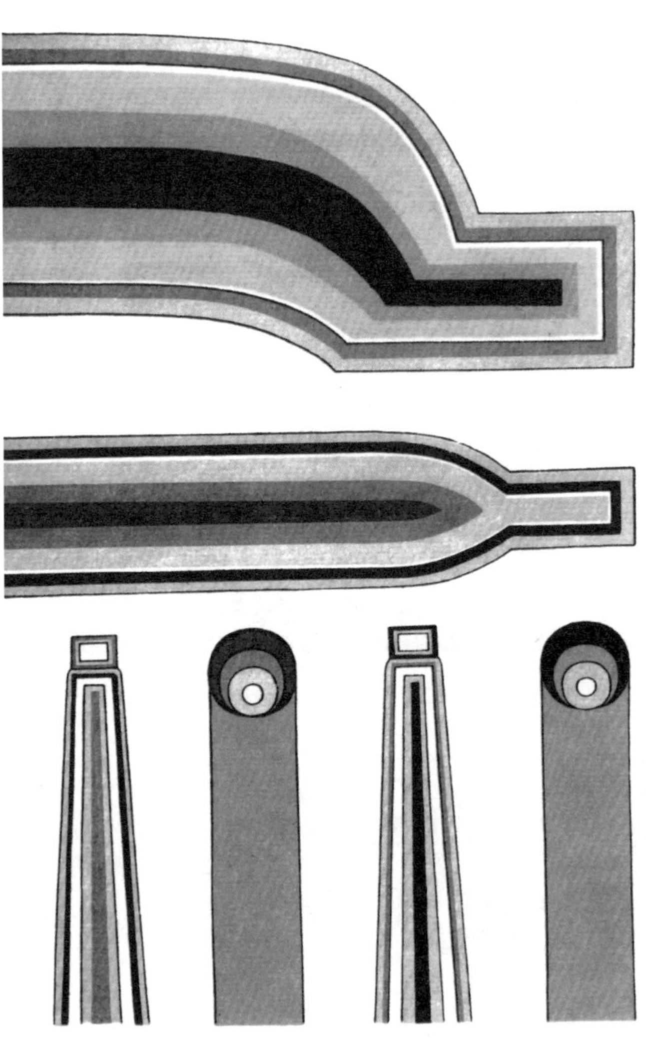

青綠疊暈三暈棱間裝

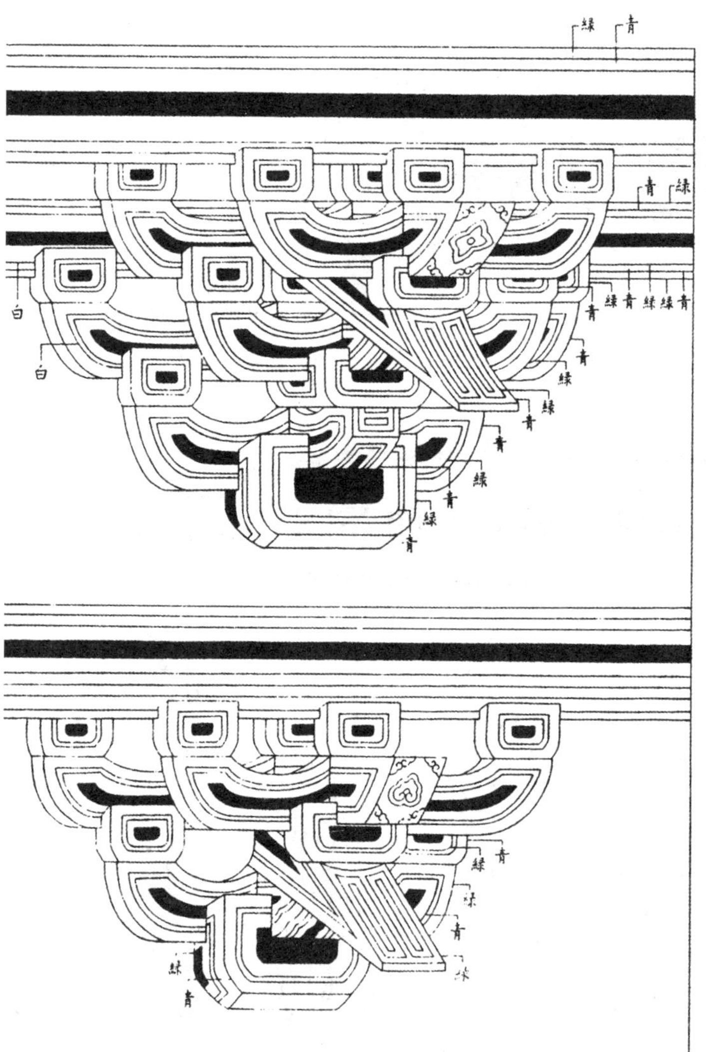

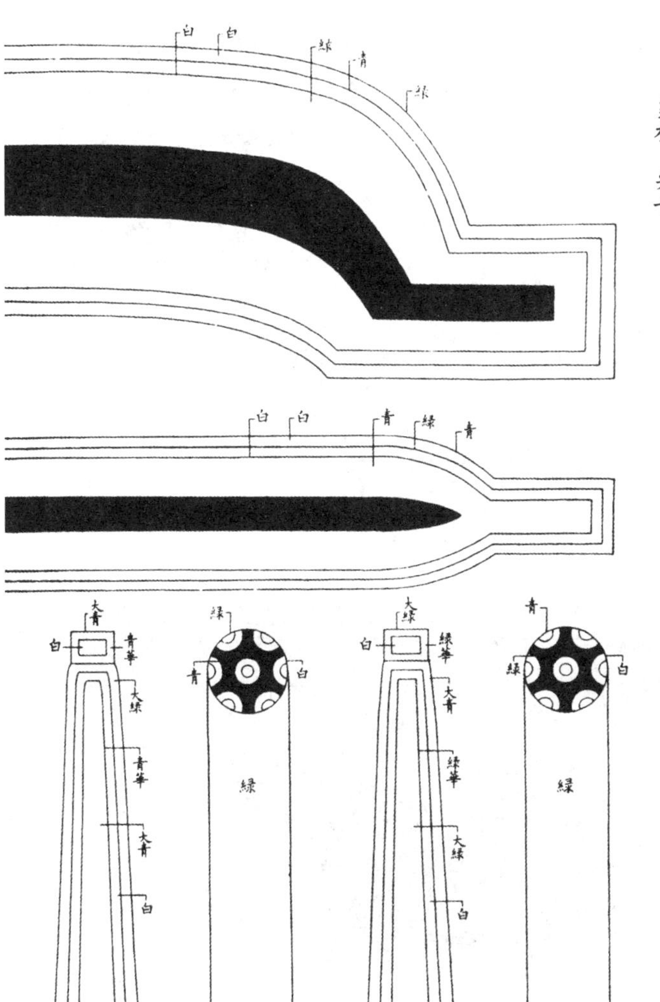

梁椽 飛子

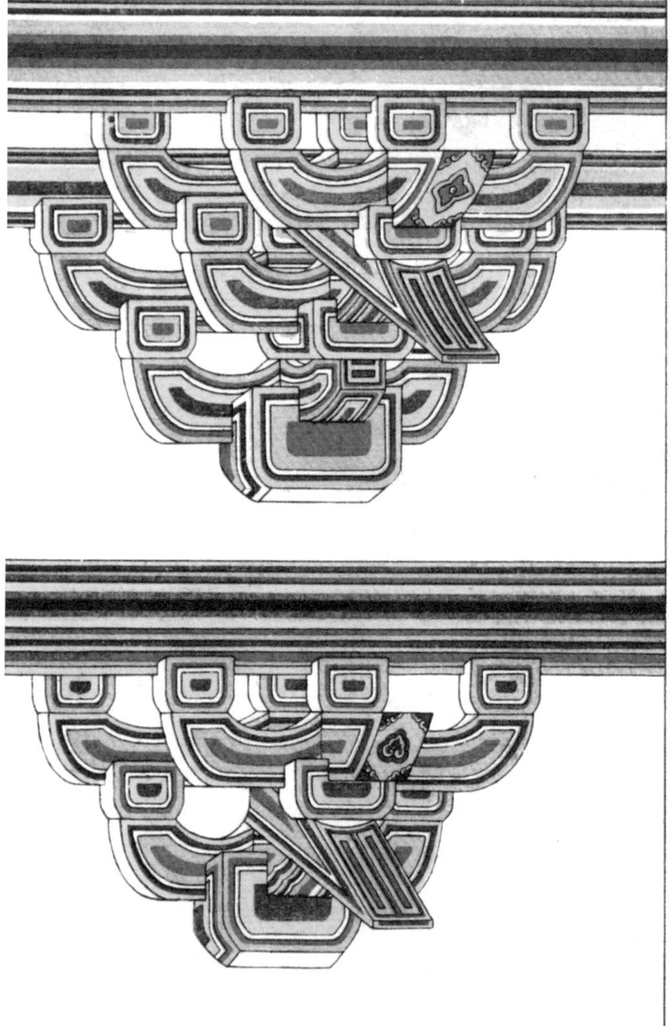

青緑疊暈三暈棱間裝

梁椽 飛子

三暈帶紅棱間裝名件第十四

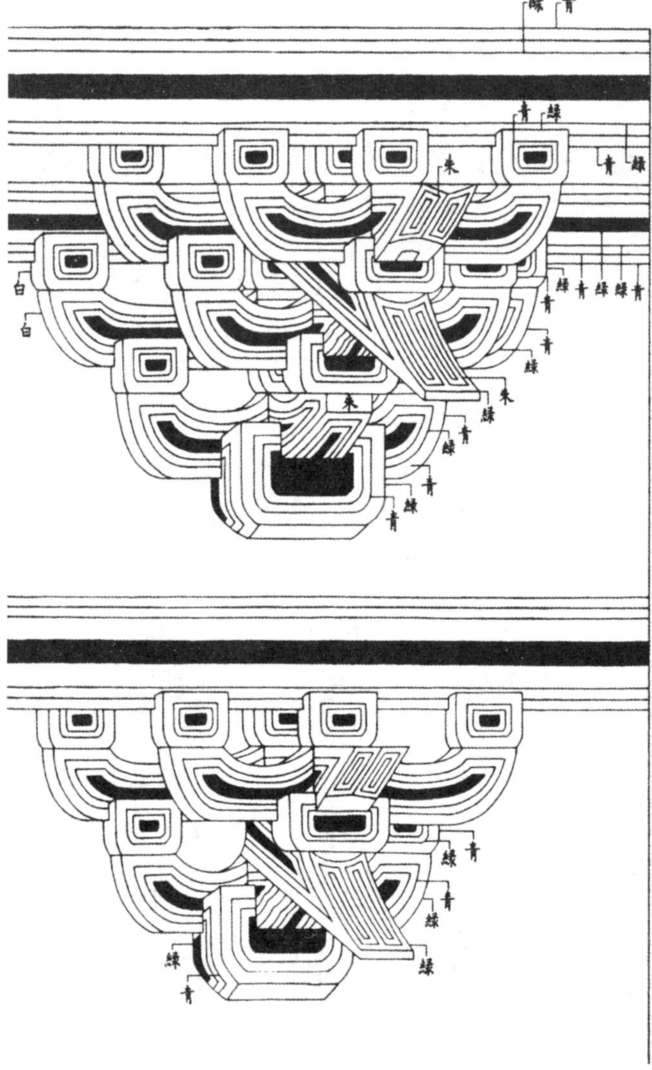

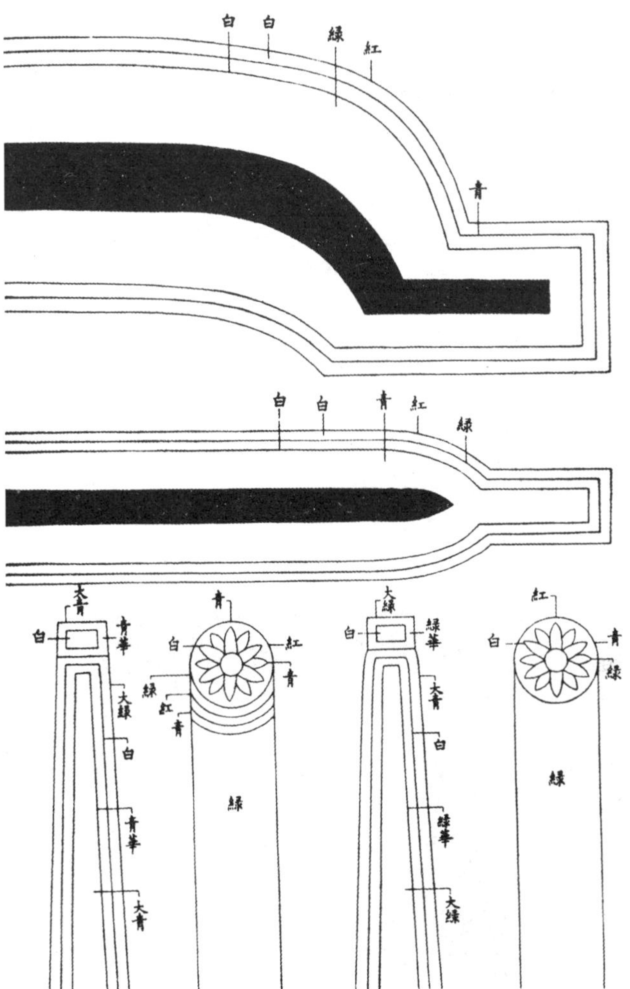

梁椽 飛子

三暈帶紅棱間裝名件第十四

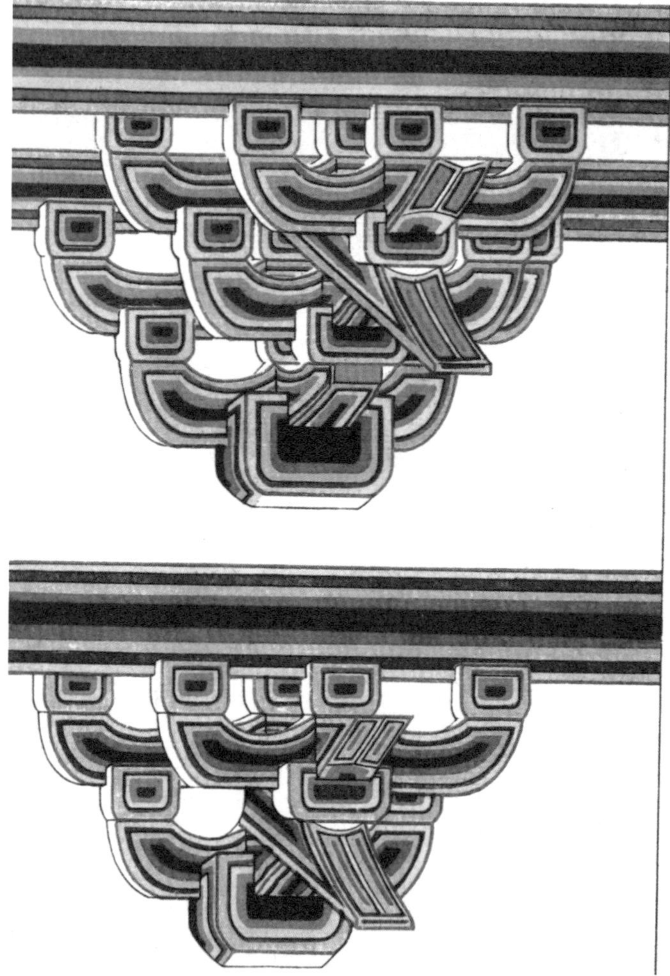

梁椽 飛子

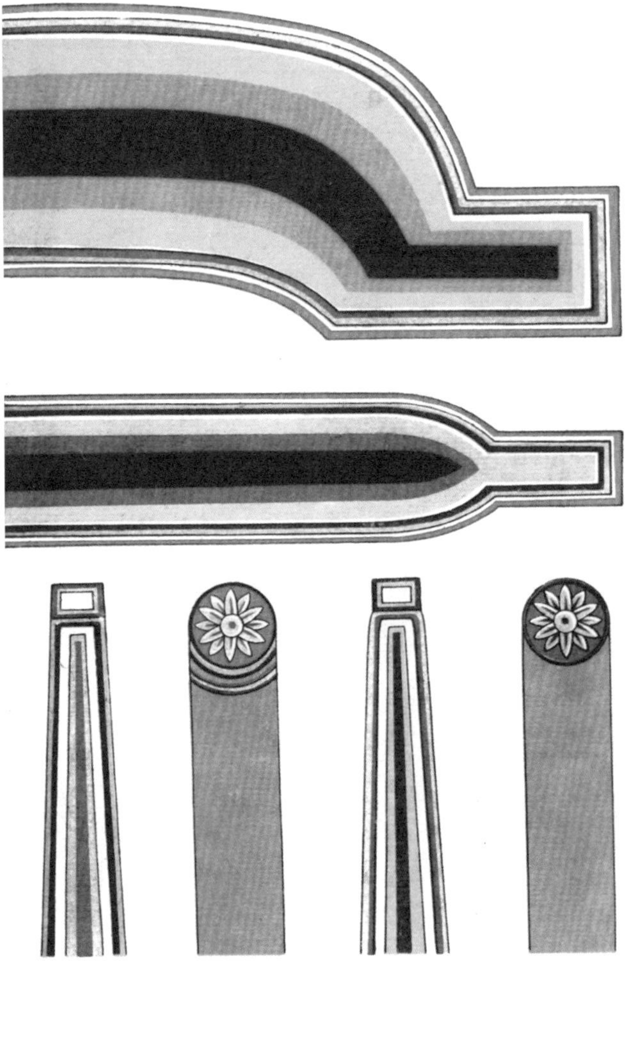

兩暈棱間内畫松文裝名件第十五

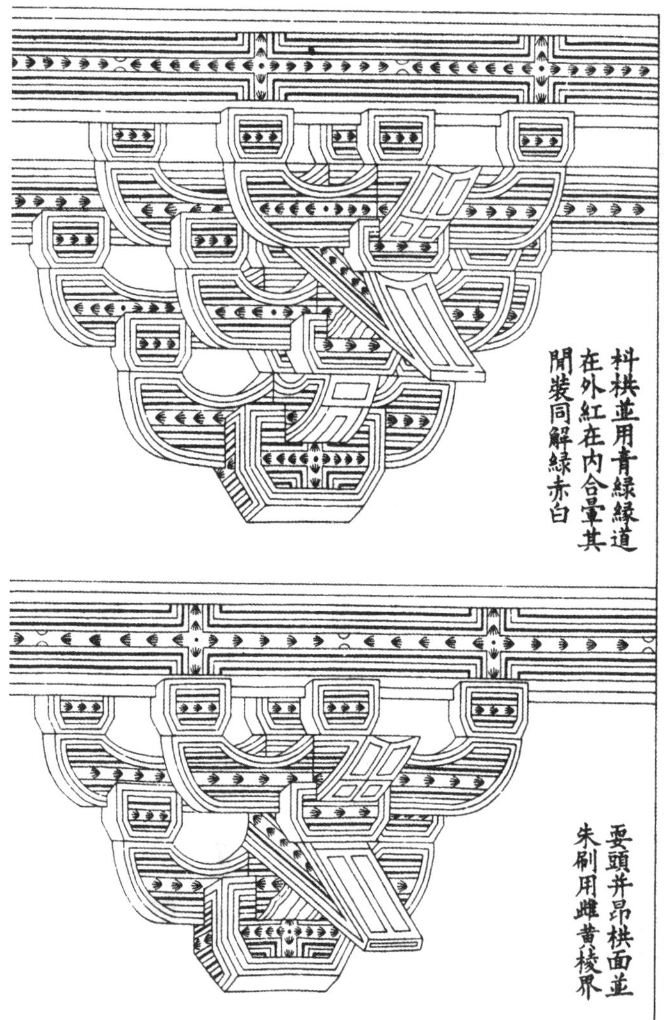

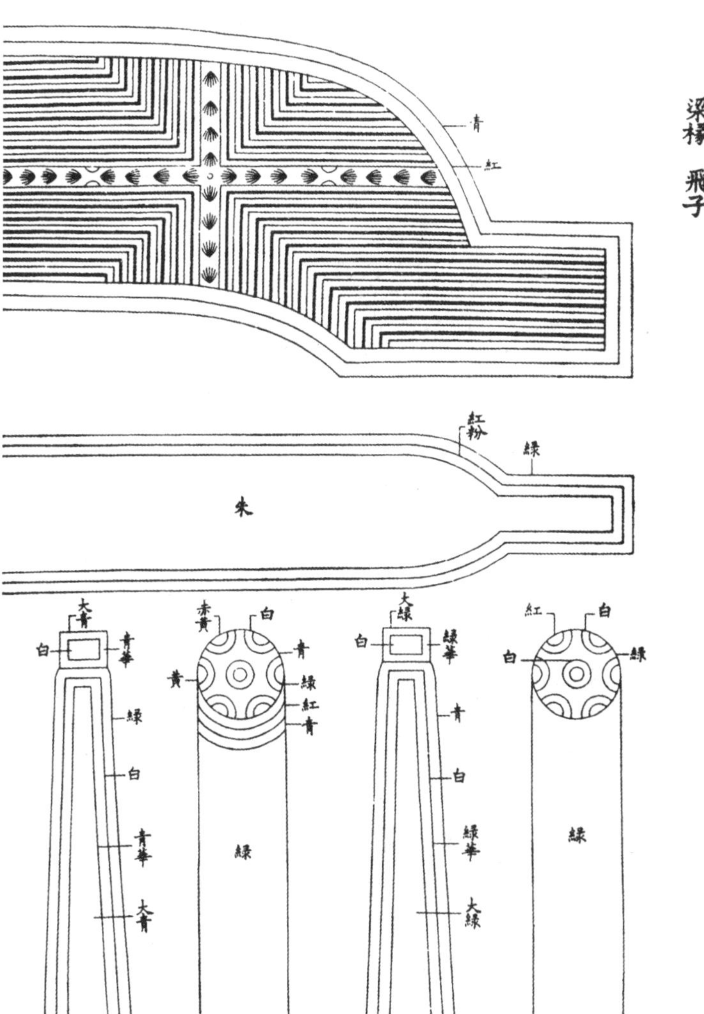

梁椽 飛子

兩暈棱間内畫松文裝名件第十五

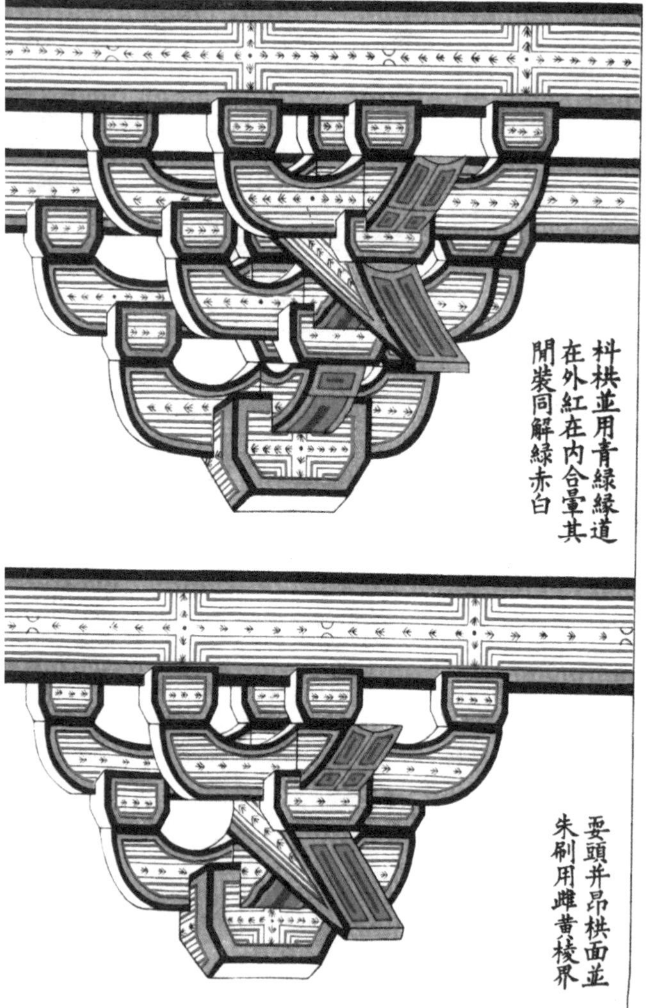

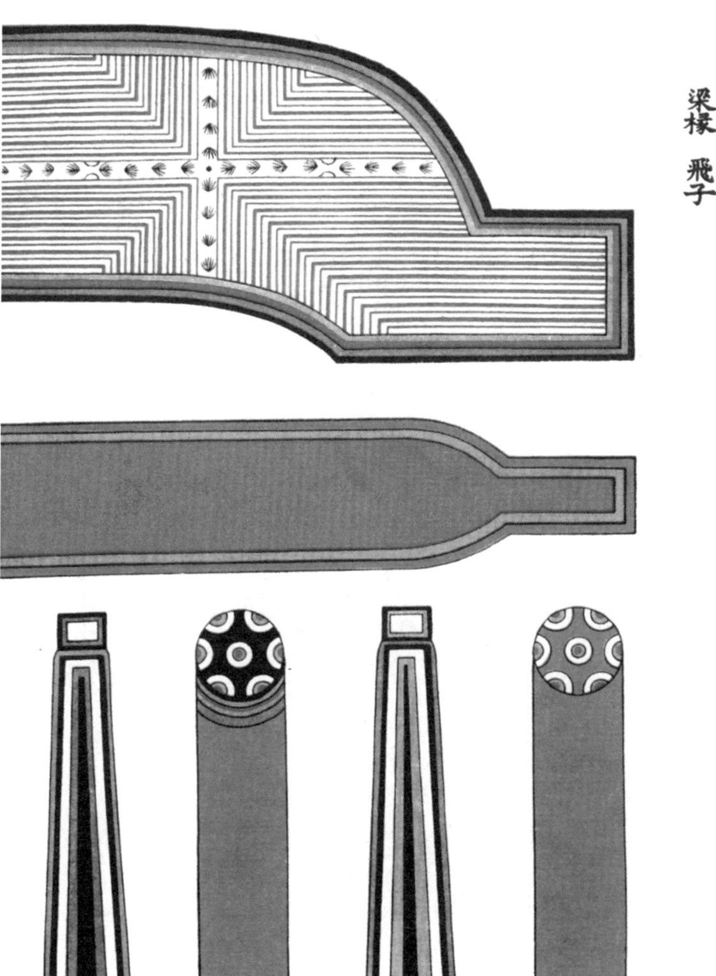

梁椽　飛子

解綠結華裝名件第十六 解綠裝附

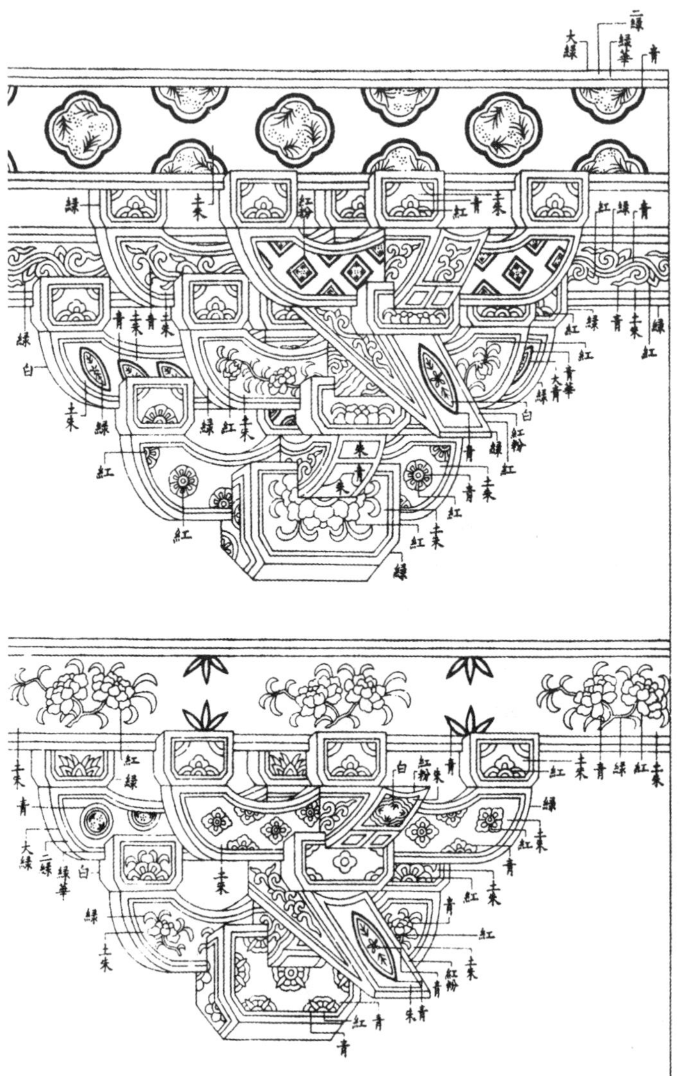

梁椽 飛子

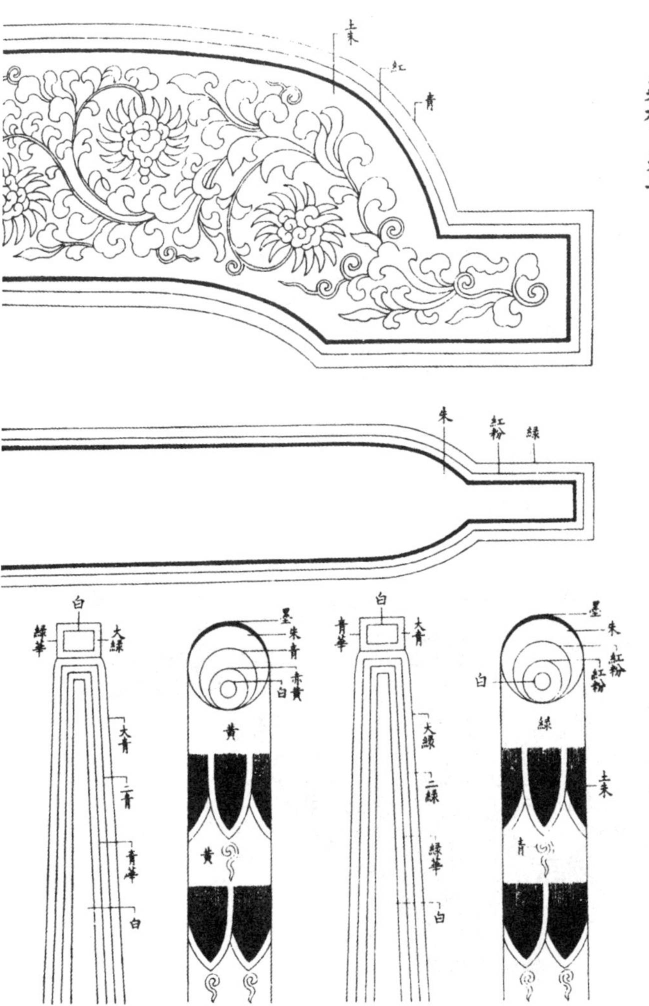
土朱
紅
青
朱
紅粉
綠
白
綠華
大綠
大青
二青
青華
白
墨
朱
青
赤黄
白
黄
黄
白
青華
大青
大綠
二綠
綠華
白
墨
朱
紅粉
紅粉
白
綠
土朱
青

解綠結華裝名件第十六 解綠裝附

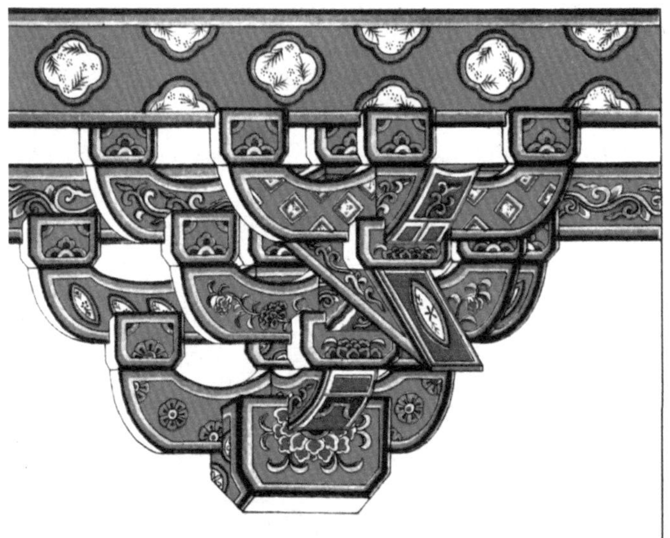

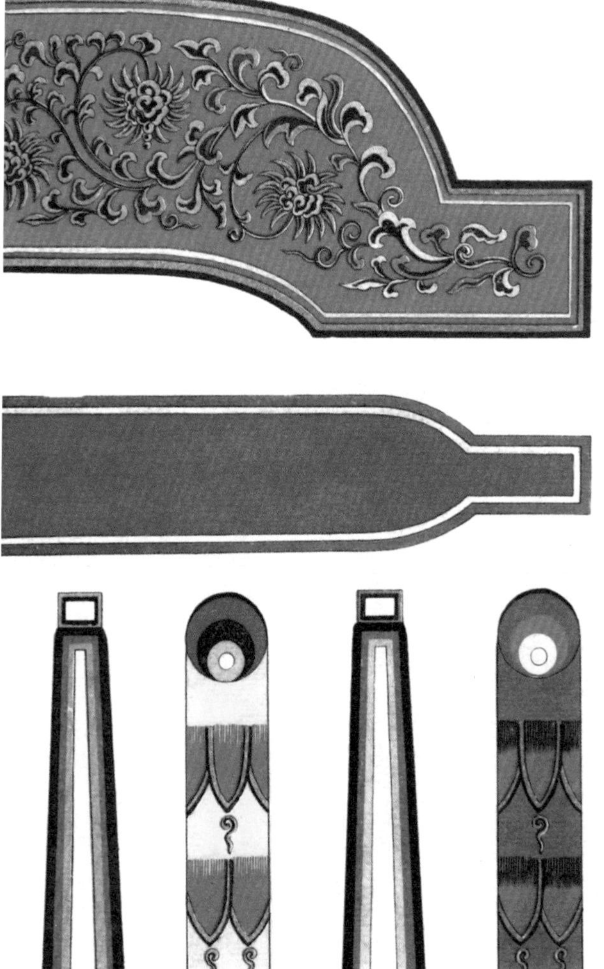

梁椽 飛子

解緑裝名件

凡青緑並大青在外青華在中粉緑在内
凡緑緣並大緑在外緑華在中粉緑在内

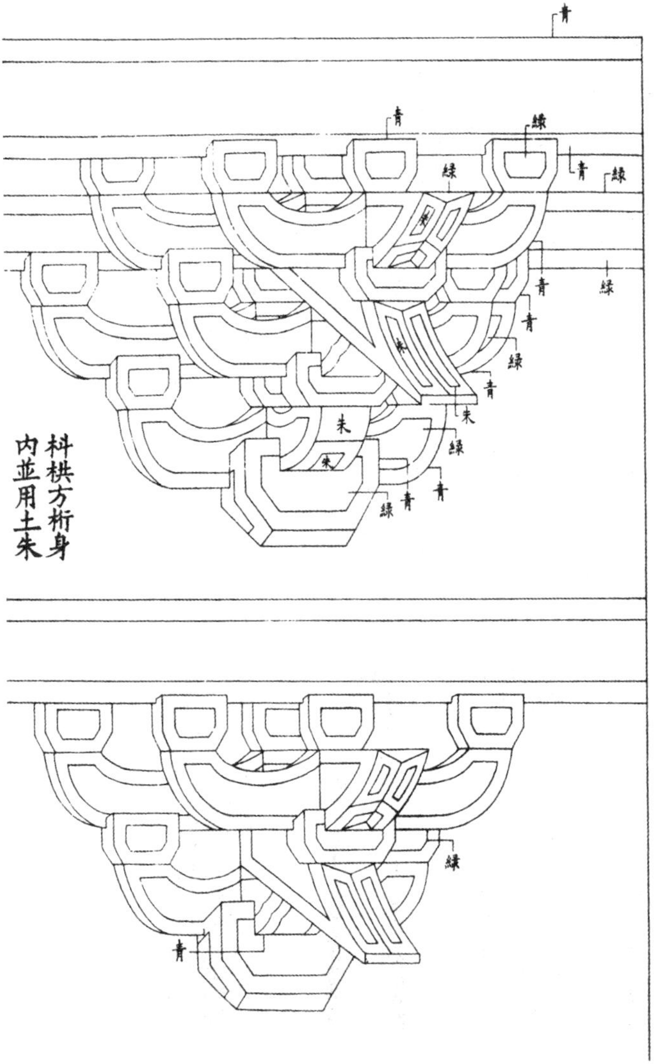

枓栱方桁身内並用土朱

梁椽 飛子

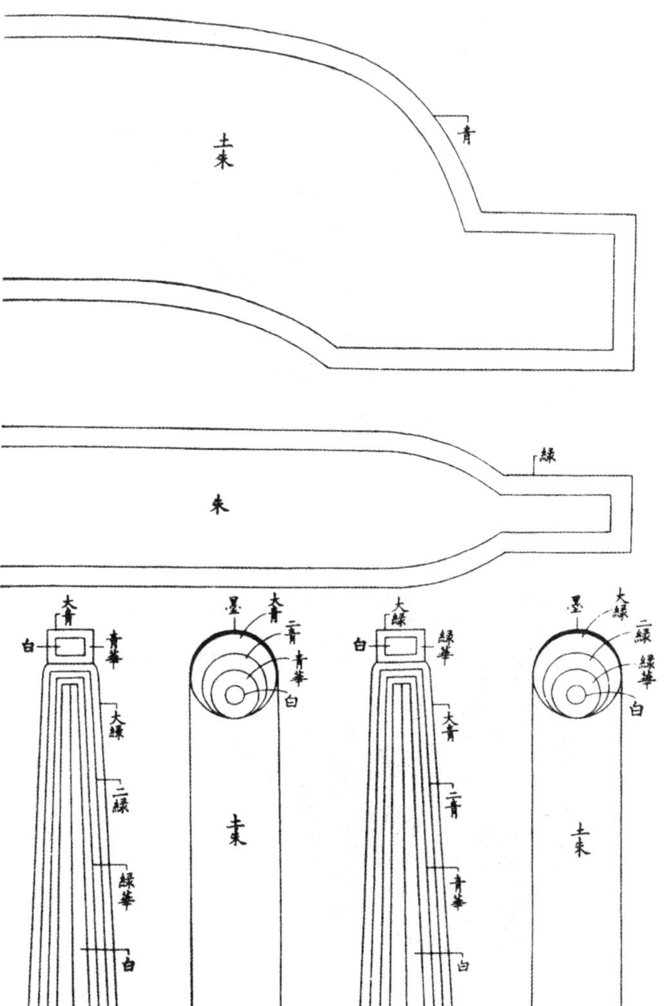

解緑裝名件

凡青緑並大青在外青華在中粉緑在内凡緑緑並大緑在外緑華在中粉緑在内

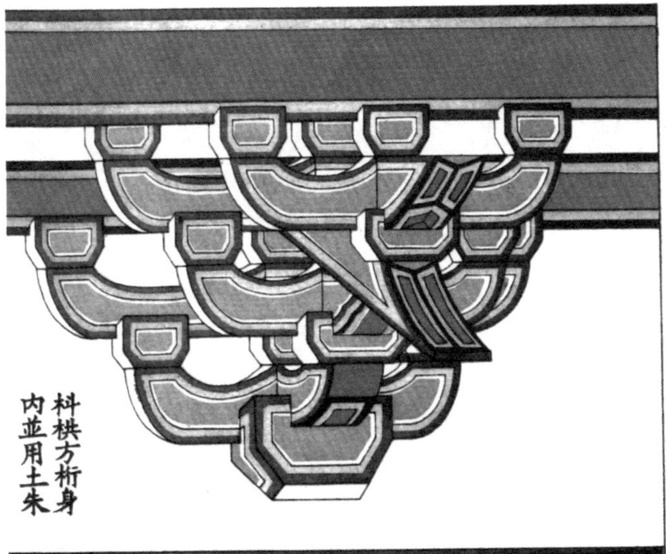

枓栱方桁身内並用土朱

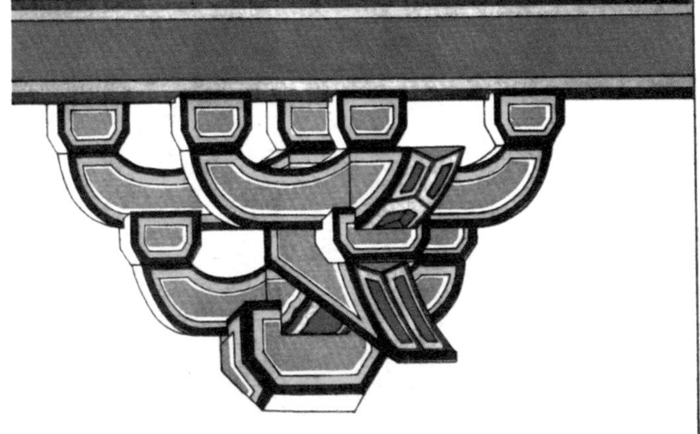

梁椽　飛子

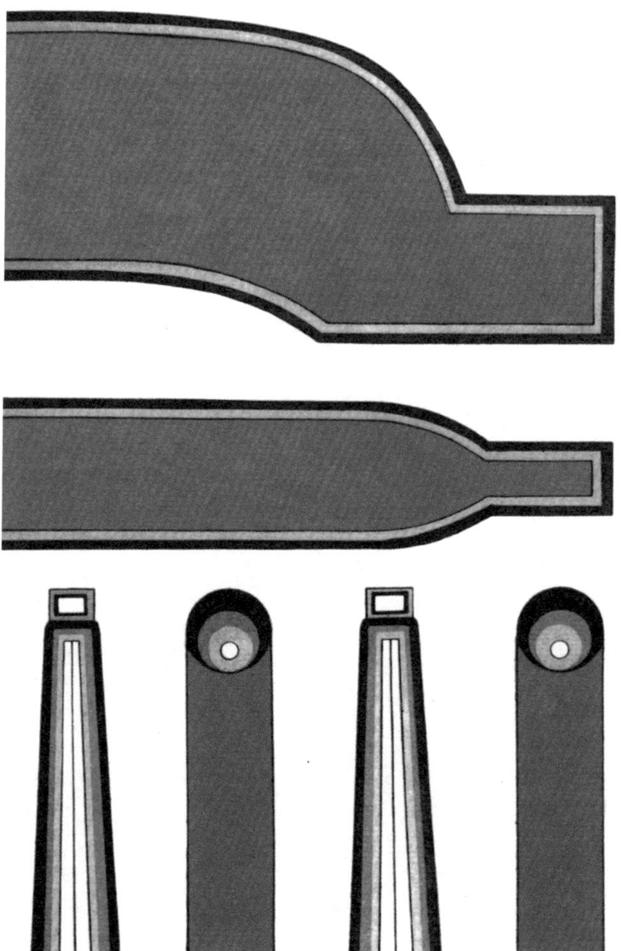

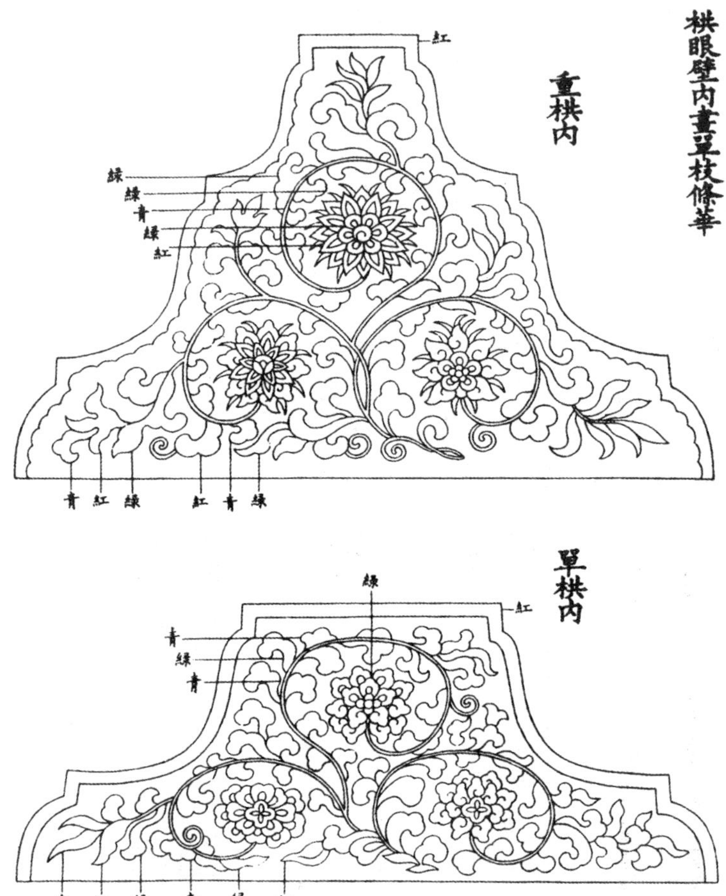
栱眼壁内畫單枝條華
重栱内
紅
綠
綠
青
綠
紅
青
紅
綠
紅
青
綠
單栱内
綠
紅
青
綠
青
青
紅
綠
青
綠
紅

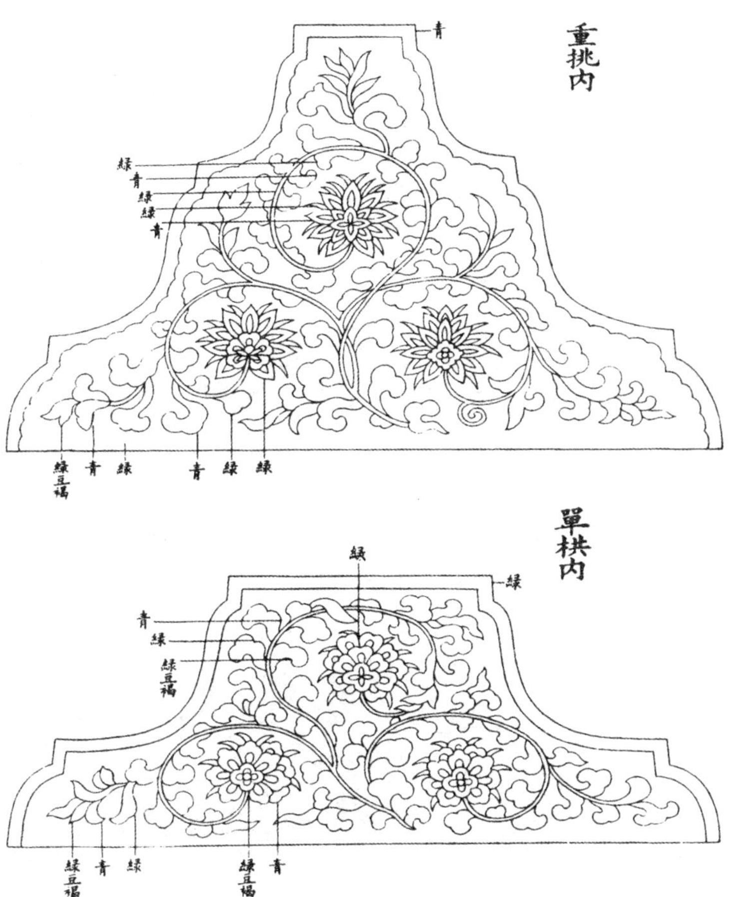
重挑内
青
緑
青
緑
緑
青
緑豆褐
青
緑
青
緑
緑
單栱内
緑
緑
青
緑
緑豆褐
緑豆褐
青
緑
緑豆褐
青

栱眼壁内畫單枝條華

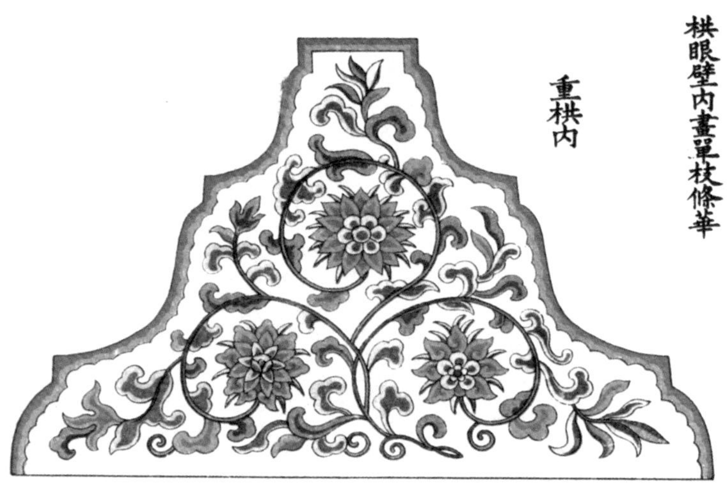

重栱内

單栱内

重挑内

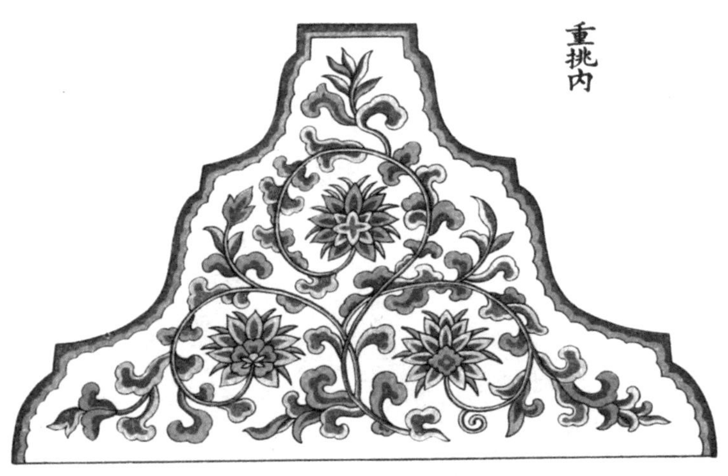

單栱内

青綠疊暈棱間裝栱眼壁内影作

解綠結華裝栱眼壁内影作

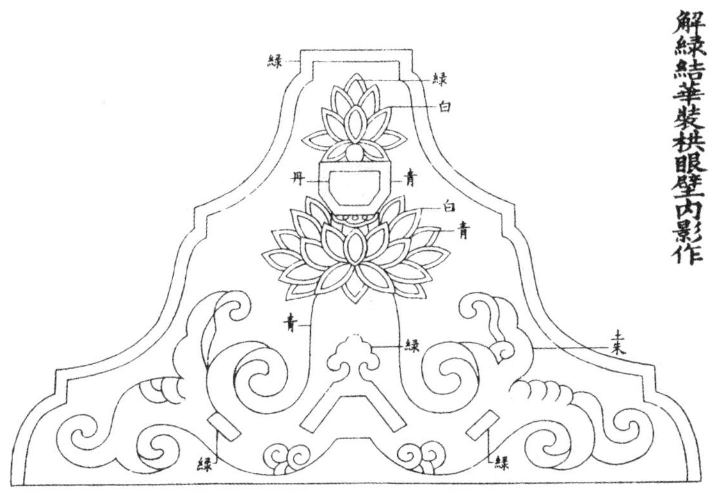

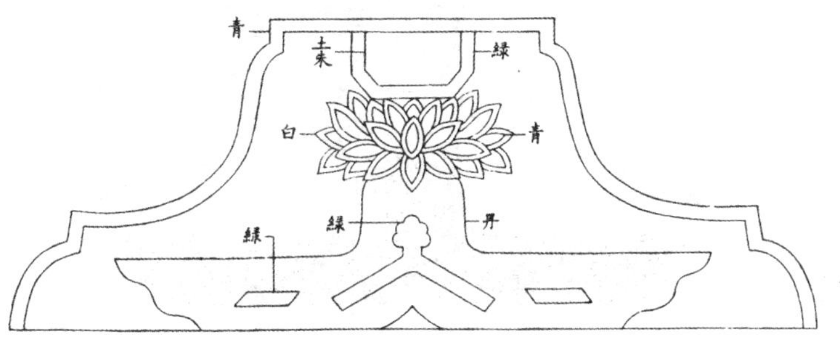

青綠疊暈棱間裝栱眼壁內影作

解緑結華裝栱眼壁内影作

刷飾制度圖樣

丹粉刷飾名件第一

枓栱方桁緣道並用白身内地並用土朱

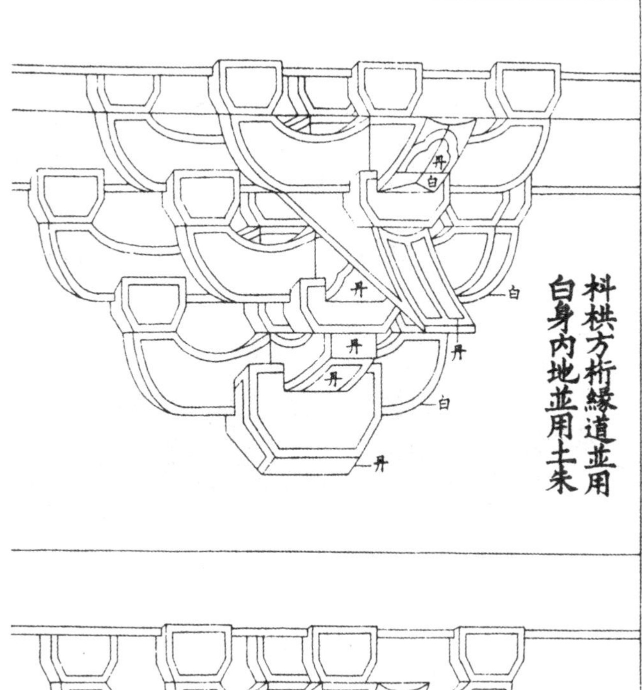

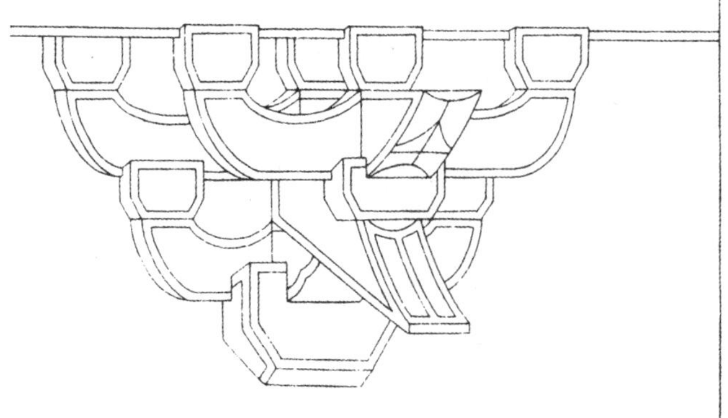

梁椽 飛子

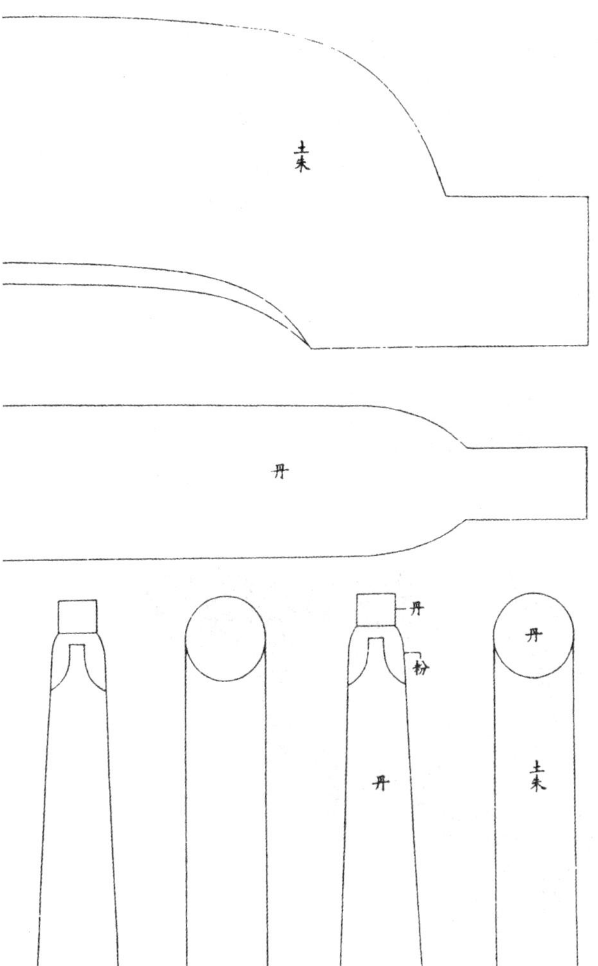

刷飾制度圖樣

丹粉刷飾名件第一

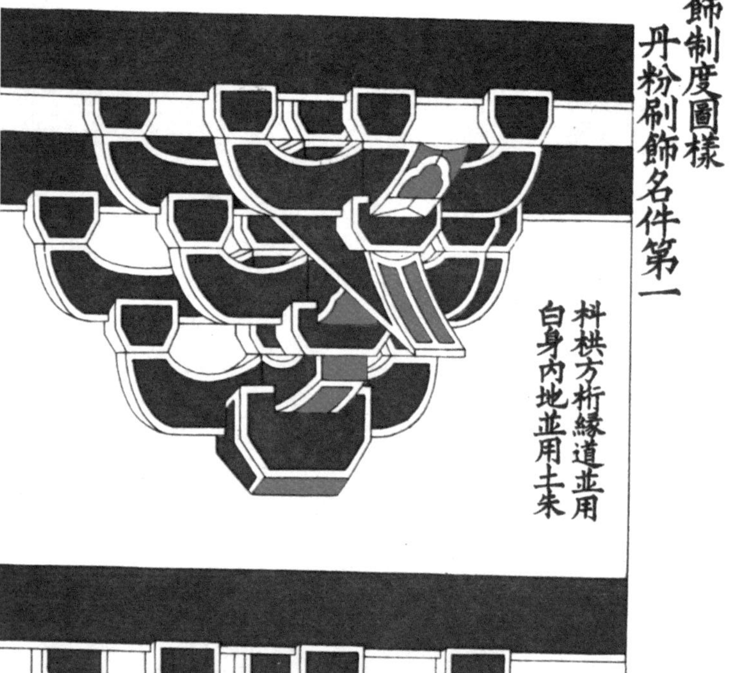

枓栱方桁緣道並用白身內地並用土朱

梁椽　飛子

黃土刷飾名件第二

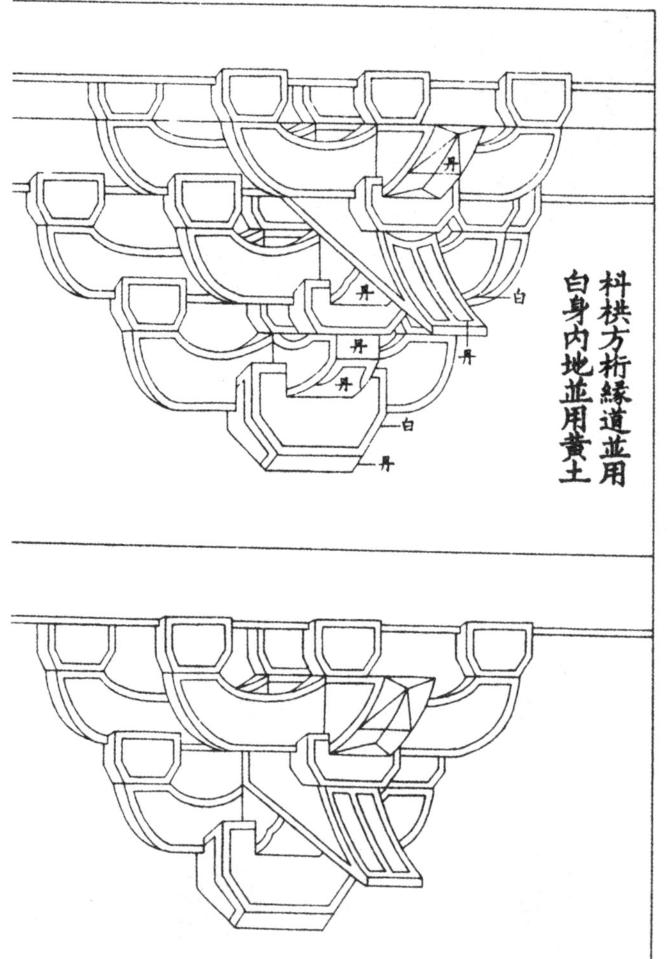

梁椽 飛子

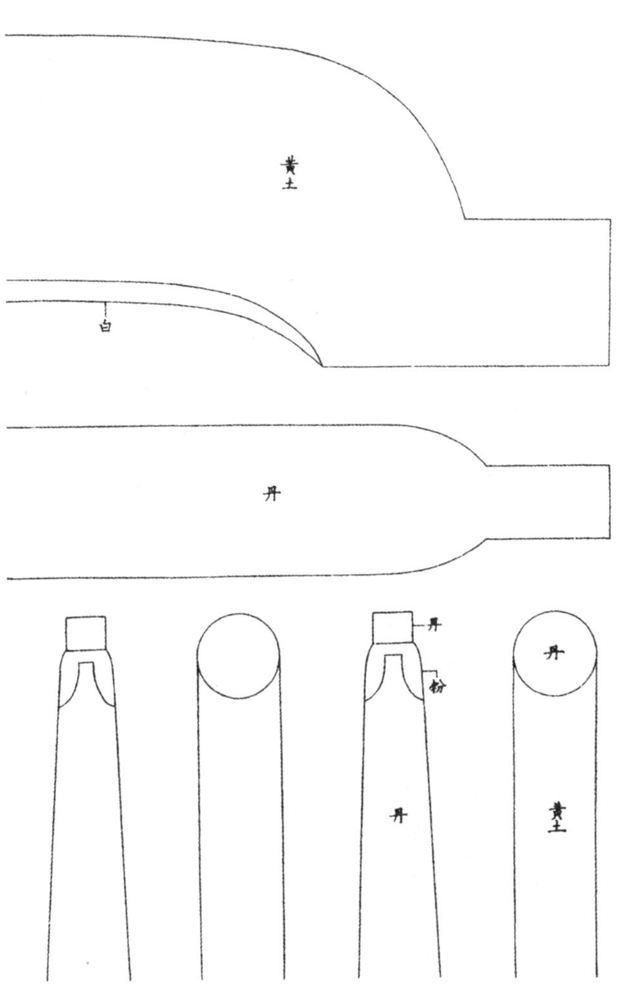

黃土刷飾名件第二

枓栱方桁緣道並用白身内地並用黃土

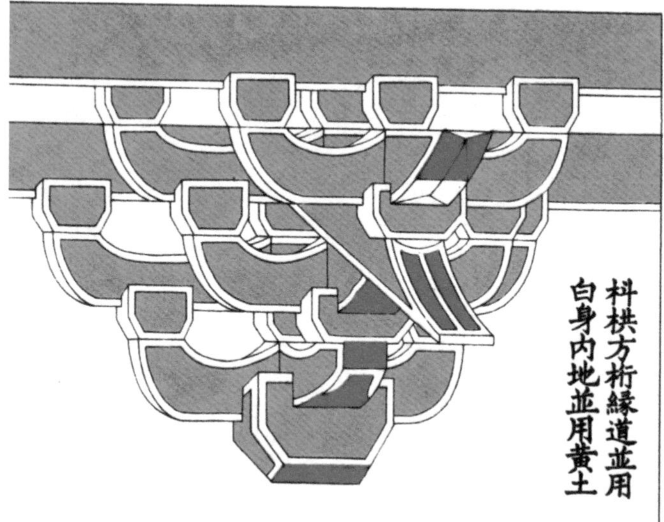

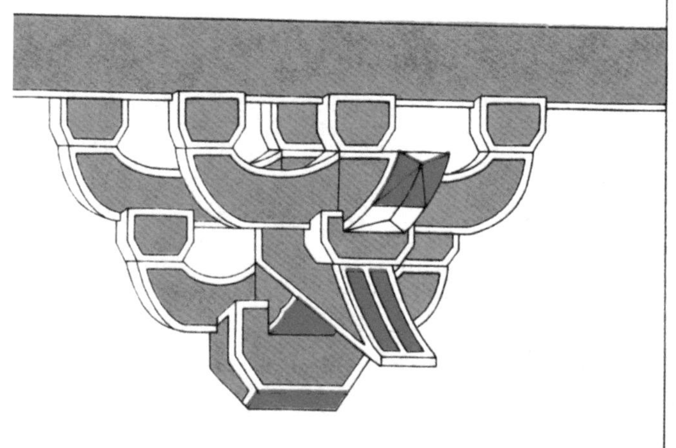

梁椽 飛子

黄土刷飾黑緣道

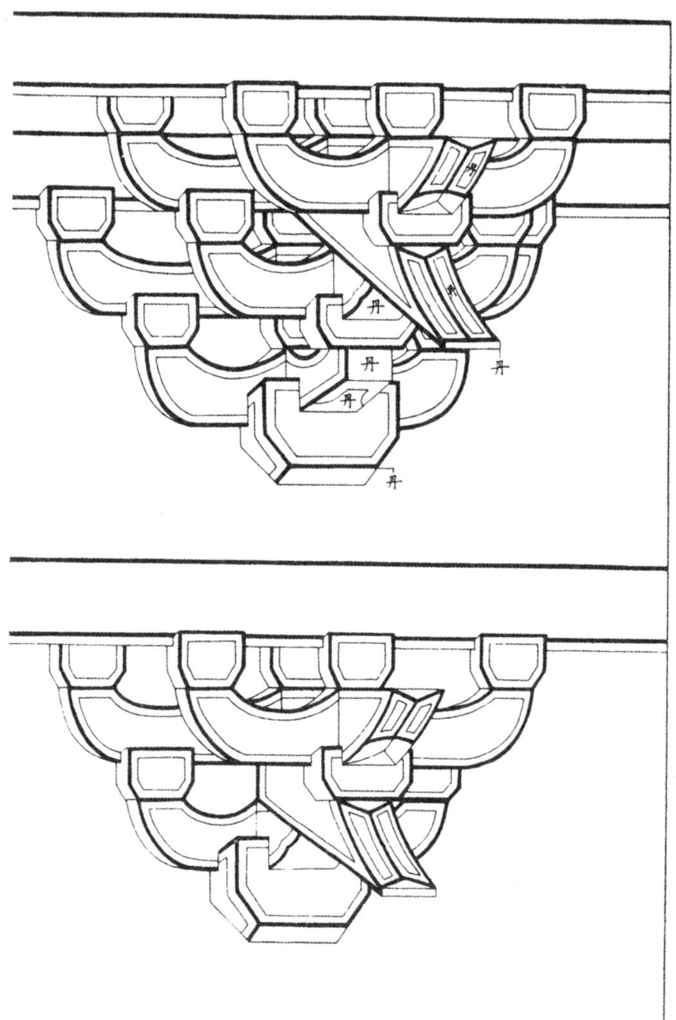

梁椽 飛子

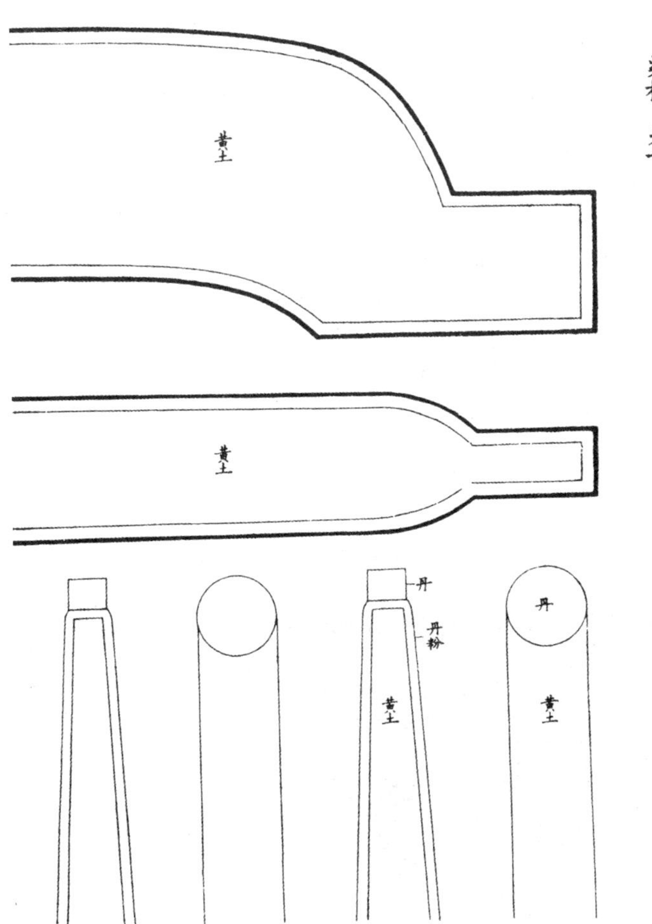

黄土刷飾黑緣道

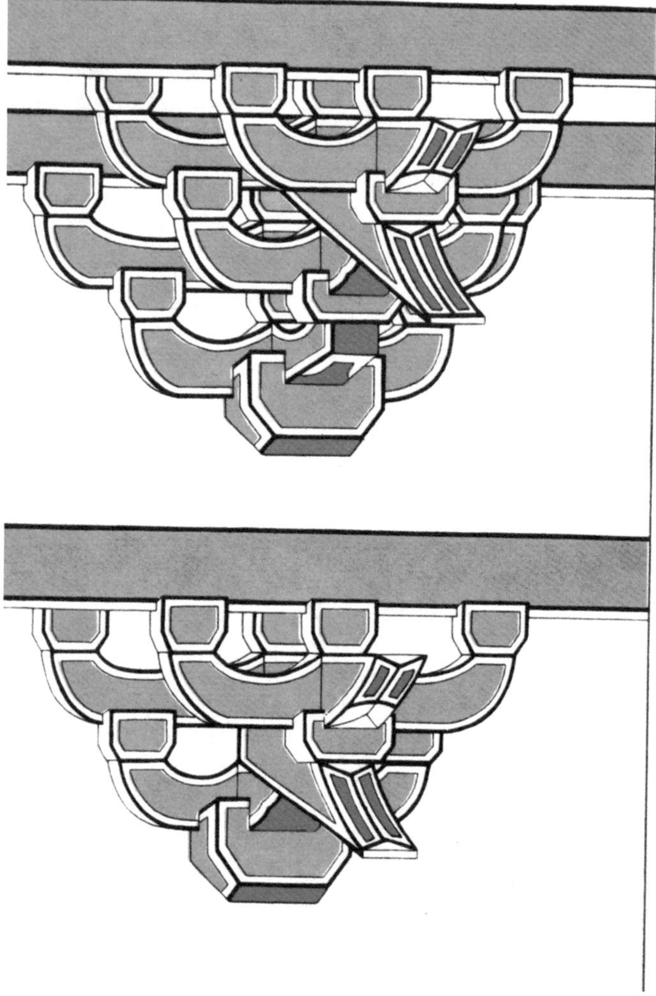

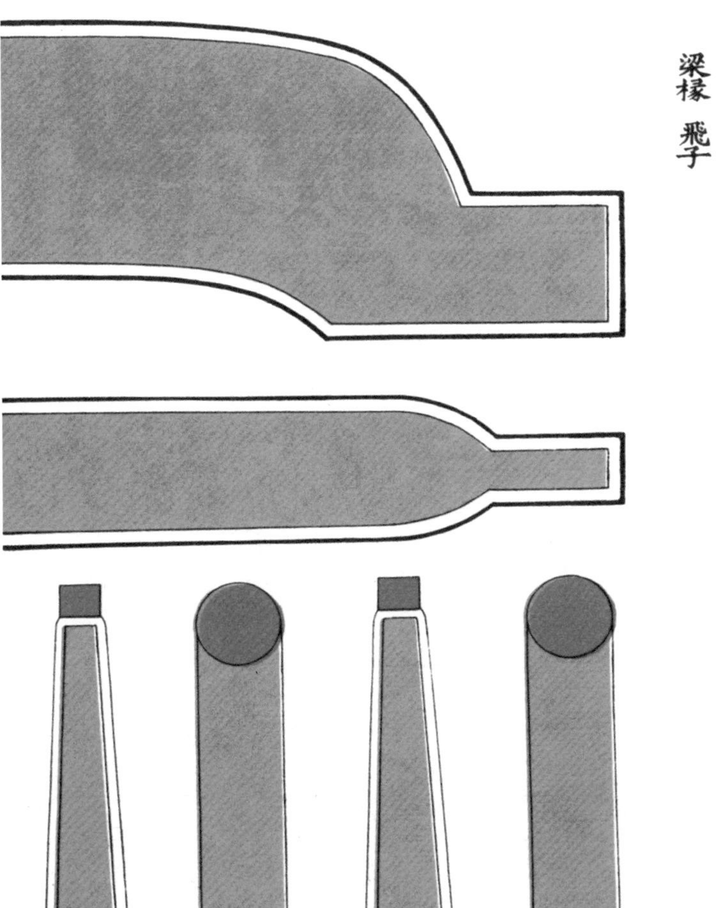
梁椽 飛子

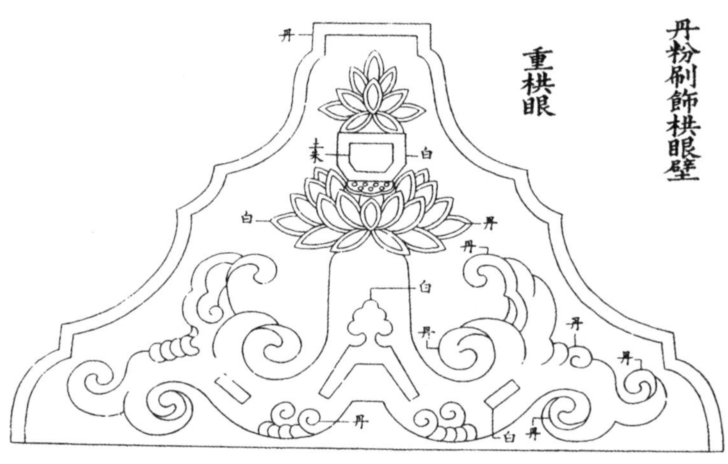
丹粉刷飾栱眼壁
重栱眼
丹
朱
白
白
丹
丹
白
丹
丹
丹
丹
白
丹

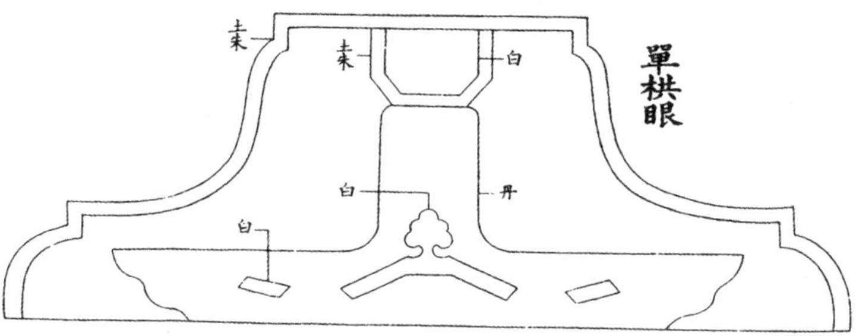
單栱眼
朱
朱
白
白
丹
白

黄土刷飾栱眼壁

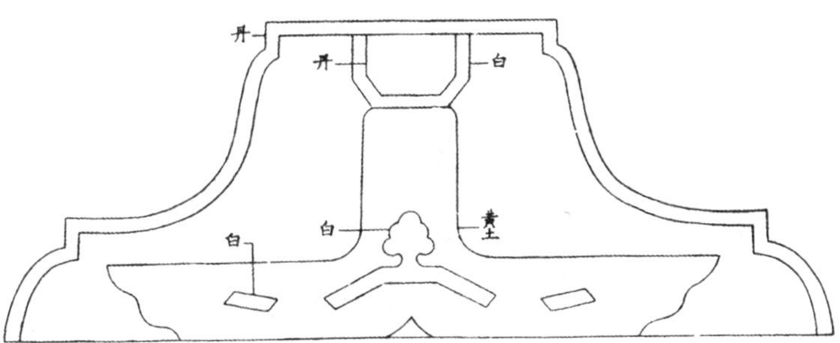

丹粉刷飾栱眼壁